"十二五"职业教育国家规划教材
经全国职业教育教材审定委员会审定
高等职业院校教学改革创新示范教材·网络开发系列
"网页设计与制作"微课教材

网页设计与制作案例教程
（第3版）

李 敏 主编

刘建超 刘春艳 参编

电子工业出版社
Publishing House of Electronics Industry
北京·BEIJING

内 容 简 介

本书由从事 Dreamweaver 课程教学的优秀教师和两位网页设计制作经验丰富的企业技术人员合作共同编写而成。全书分为 16 章，第 1～2 章介绍了网页、网站建设流程、HTML、网页版式设计与色彩搭配等基础知识；第 3～14 章系统地介绍了网页设计制作软件 Dreamweaver CS6 的功能和设计制作各类网页的方法技巧；第 15～16 章以 Div+CSS 作为技术架构，分别介绍了网站前台设计制作的综合应用案例，综合应用案例也可作为实训周的实训参考内容。

本书配有丰富的教学资源，书中重要知识要点和操作技能可以通过配套的微课进行学习。通过学习任务和"由简到繁、由易到难、承前启后"的阶梯式系列案例，使读者轻松地掌握设计制作各类网页的方法和技能，并起到举一反三的作用。本书内容组织形式新颖、学习任务明确、操作步骤讲解详尽、重点突出，非常符合高职高专学生的认知规律。

本书可作为高职高专计算机网络技术、软件技术、电子商务、计算机应用、计算机多媒体技术、动漫设计与制作、会展策划与管理以及相关专业的教材或教学辅导书，也可作为社会各类培训机构的培训教材，以及广大网页设计爱好者的自学参考书。

未经许可，不得以任何方式复制或抄袭本书之部分或全部内容。
版权所有，侵权必究。

图书在版编目（CIP）数据

网页设计与制作案例教程／李敏主编．—3 版．—北京：电子工业出版社，2015.9
ISBN 978-7-121-26849-6

Ⅰ．①网… Ⅱ．①李… Ⅲ．①网页制作工具－高等职业教育－教材 Ⅳ．①TP393.092

中国版本图书馆 CIP 数据核字（2015）第 177257 号

策划编辑：左　雅
责任编辑：左　雅　　特约编辑：王　丹
印　　刷：三河市鑫金马印装有限公司
装　　订：三河市鑫金马印装有限公司
出版发行：电子工业出版社
　　　　　北京市海淀区万寿路 173 信箱　邮编　100036
开　　本：787×1 092　1/16　印张：20.25　字数：518 千字
版　　次：2009 年 8 月第 1 版
　　　　　2015 年 9 月第 3 版
印　　次：2018 年 1 月第 6 次印刷
定　　价：45.00 元

凡所购买电子工业出版社图书有缺损问题，请向购买书店调换。若书店售缺，请与本社发行部联系，联系及邮购电话：（010）88254888，88258888。
质量投诉请发邮件至 zlts@phei.com.cn，盗版侵权举报请发邮件至 dbqq@phei.com.cn。
本书咨询联系方式：（010）88254580　zuoya@phei.com.cn。

前 言

本书第 1 版自 2009 年 8 月问世以来，以其新颖的编写体例和丰富的案例、实训内容，赢得了广大读者的普遍欢迎，2010 年本书被教育部高等学校高职高专计算机类专业教学指导委员会评为优秀教材。2012 年 11 月，结合读者的反馈信息和编写人员的反复斟酌，对本书第 1 版进行了修订，修订后的第 2 版体系结构更加合理，编排条理更加清晰，学习任务更加明确，案例和实训更加实用，内容更加通俗易懂，深受广大读者的欢迎。2013 年 8 月，本书被教育部立项为"'十二五'职业教育国家规划教材"。

随着 Dreamweaver 软件版本的升高，编者对本书第 2 版进行了修订，选用 Dreamweaver CS6 版本。Dreaweaver CS6 新增加了响应式 Web 设计工具——流体网格布局，此次修订增加了"使用流体网格布局网页"一章内容。为了进一步提升读者创建静态网站的综合能力，在第 3 版教材中，还新增了"设计制作企业类网站"综合案例，淡化了多媒体网页制作内容。本书为创新型教材，修订后的《网页设计与制作案例教程》（第 3 版）具有以下特点。

◆ 教材突出职业性。本书由多年从事"网页设计与制作"课程教学的优秀教师和经验丰富的企业网页设计师共同编写，保证了教材内容和职业标准与岗位要求相衔接，充分体现了职业性。

◆ 任务驱动教学。本书围绕学习任务，以学习者为中心，以职业能力为本位，循序渐进地介绍了网页设计制作的基本知识和操作技能，明确了"学什么""怎么学"，注重实践技能的培养。每章均安排了实训任务和课后习题，目的是增强学习的时效性和检验学习效果。

◆ 案例代表性强。本书包含一系列"由简到繁、由易到难、承前启后"的阶梯式案例，每个案例目标明确，操作步骤详尽，具有代表性。学习者通过案例学习，能有效地掌握网页设计制作的知识要点和技能技巧，并起到举一反三的作用。

◆ 编写体系合理。编者对本书的编写体系做了精心设计。全书分为 16 章，第 1~2 章介绍了网页、网站建设流程、HTML、网页版式设计与色彩搭配等基础知识；第 3~14 章系统地介绍了网页设计制作软件 Dreamweaver CS6 的功能和设计制作各类网页的方法技巧；第 15~16 章以 Div+CSS 作为技术架构，分别介绍了网站前台设计制作的综合应用实例。

◆ 教学资源丰富。本书是电子工业出版社"网页设计与制作"课程多媒体教学资源库的配套教材，配置了优质丰富的动画、微课、教学视频、案例、图片、教案、题库、教学文件等资源，学习者可以实现不受时间和空间限制的全天候学习。其中，微课视频涵盖了全书重要知识要点和操作技能难点，请扫描封底二维码或登录华信教育资源网（www.hxedu.com.cn）浏览。

本书非常适合高职高专院校学生学习，也是社会各类培训机构培训网页设计师的首选教程，或广大网页设计爱好者的自学参考书。

本书由李敏统稿和定稿。全书编写分工如下：第1、7、8、9、12、13章由李敏编写，第2、4、10、14章由刘建超编写，第3、5、6章由刘春艳编写，第11章由李敏和刘建超共同编写，第15章由企业的高级工程师孙绪江编写，第16章由企业的网页设计师王洵编写。

本书是编者长期教学和实践经验的积累和总结，但书中难免存在疏漏和不妥之处，恳请广大读者提出宝贵意见和建议，以便修订时加以完善，谢谢。联系邮箱：lmbook@126.com。

编　者

目 录
CONTENTS

第 1 章　网页设计与制作基础 …………1
1.1　学习任务：认识网页 …………1
1.1.1　什么是网页 …………1
1.1.2　网页类型 …………2
1.1.3　网页基本元素 …………3
1.1.4　网页制作常用软件和技术 …………5
1.2　学习任务：认识网站 …………7
1.2.1　什么是网站 …………7
1.2.2　网址与域名 …………7
1.2.3　网站建设的一般流程 …………8
1.3　学习任务：HTML 基础知识 …………11
1.3.1　HTML 简介 …………11
1.3.2　HTML 的基本语法与结构 …………12
1.3.3　常用的 HTML 标签 …………14
1.3.4　HTML5.0 标签及属性 …………25
1.4　实训 …………28
1.4.1　实训一　使用记事本编辑简单的网页 …………28
1.4.2　实训二　制作滚动图片链接 …………28
1.5　习题 …………29

第 2 章　网页版式设计与色彩搭配 …………31
2.1　案例分析：不同风格网页作品欣赏与解析 …………31
2.2　学习任务：网页版式设计 …………33
2.2.1　版式设计概述 …………34
2.2.2　网页版式的尺寸和构成要素 …………34
2.2.3　网页的版式设计风格 …………35
2.2.4　网页版式设计原则 …………37
2.2.5　网页版式设计的视觉流程 …………37
2.2.6　网页版式设计的步骤 …………37
2.3　学习任务：色彩的基本理论及其视觉效果 …………38
2.3.1　色彩的基本理论 …………38
2.3.2　色彩的视觉效果 …………39
2.4　学习任务：网页中的色彩及配色 …………40
2.4.1　网页色彩 …………41
2.4.2　网页中色彩的作用 …………41
2.4.3　网页配色原理 …………41
2.4.4　网页配色技巧 …………42
2.5　实训 …………43
2.5.1　实训一　总结不同主题网站的版式设计及配色 …………43
2.5.2　实训二　网页配色练习 …………43
2.5.3　实训三　校友网首页效果图设计 …………44
2.6　习题 …………45

第 3 章　Dreamweaver CS6 入门 …………46
3.1　学习任务：认识中文版 Dreamweaver CS6 …………46
3.1.1　Dreamweaver CS6 的特点 …………46
3.1.2　Dreamweaver CS6 的新增功能 …………47
3.1.3　Dreamweaver CS6 的安装与卸载 …………48
3.2　学习任务：Dreamweaver CS6 工作区介绍 …………50
3.2.1　启动 Dreamweaver CS6 …………50
3.2.2　Dreamweaver CS6 工作区布局介绍 …………51
3.3　学习任务：规划与创建站点 …………56

	3.3.1	站点概述	56
	3.3.2	规划站点	56
	3.3.3	创建本地站点	57
	3.3.4	管理站点	59
3.4	案例：创建欢迎光临网页		60
	3.4.1	创建网页文档	60
	3.4.2	设置页面属性	62
	3.4.3	保存网页文档	66
	3.4.4	预览网页文档	67
3.5	实训：制作网上家园欢迎页面		68
3.6	习题		69

第4章 CSS 样式基础 ... 70

- 4.1 学习任务：CSS 概述 ... 70
  - 4.1.1 CSS 的基本概念 ... 70
  - 4.1.2 使用 HTML 和 CSS 格式化网页 ... 71
  - 4.1.3 CSS 样式面板 ... 72
  - 4.1.4 CSS 基本语法 ... 73
  - 4.1.5 CSS 样式表的引用 ... 74
- 4.2 学习任务：CSS 样式的创建与属性设置 ... 77
  - 4.2.1 创建 CSS 样式 ... 77
  - 4.2.2 设置 CSS 属性 ... 78
  - 4.2.3 使用 CSS 样式面板设置 CSS 属性 ... 85
- 4.3 学习任务：管理 CSS 样式 ... 86
  - 4.3.1 链接或导入外部 CSS 样式 ... 86
  - 4.3.2 查看 CSS 样式 ... 87
  - 4.3.3 编辑与删除 CSS 样式 ... 87
- 4.4 案例：使用 CSS 样式美化网页 ... 88
- 4.5 实训 ... 91
  - 4.5.1 实训一 为网页元素应用 CSS 样式 ... 91
  - 4.5.2 实训二 新浪新闻头条 ... 91
- 4.6 习题 ... 92

第5章 网页的文本和图像 ... 94

- 5.1 案例1：设计唐诗赏析网页 ... 94
  - 5.1.1 在网页中添加文本 ... 95
  - 5.1.2 设置项目符号或编号 ... 97
  - 5.1.3 插入特殊字符、水平线和日期 ... 98
  - 5.1.4 设置文本属性 ... 100
  - 5.1.5 使用 CSS 设置段落样式 ... 103
- 5.2 学习任务：网页图像 ... 104
  - 5.2.1 网页中常用的图像格式 ... 105
  - 5.2.2 在网页中添加图像 ... 105
  - 5.2.3 设置网页图像属性 ... 106
  - 5.2.4 用 CSS 设置网页图像样式 ... 107
  - 5.2.5 用 CSS 设置网页的背景图像 ... 109
  - 5.2.6 插入图像占位符和鼠标经过图像 ... 110
- 5.3 案例2：图文混排——设计电影介绍网页 ... 112
- 5.4 实训：设计畅销书介绍网页 ... 113
- 5.5 习题 ... 114

第6章 网页超链接与导航 ... 116

- 6.1 案例1：设计制作过节乐网页 ... 116
  - 6.1.1 超链接概述 ... 117
  - 6.1.2 创建各类超链接 ... 118
  - 6.1.3 用 CSS 设置超链接样式 ... 122
- 6.2 案例2：图像地图——设计国家地理网站页面 ... 123
- 6.3 学习任务：网页导航设计 ... 125
  - 6.3.1 网页导航概述 ... 125
  - 6.3.2 网页导航分类 ... 126
  - 6.3.3 网页导航方向 ... 128
- 6.4 案例3：设计制作网页导航 ... 129
- 6.5 实训：设计制作点点星空网站页面 ... 131
- 6.6 习题 ... 132

第7章 使用表格布局网页 ... 134

- 7.1 案例1：设计学生成绩单 ... 134
  - 7.1.1 创建表格 ... 135
  - 7.1.2 设置表格属性 ... 136

		7.1.3 编辑表格 ……………… 137
		7.1.4 使用 CSS 美化表格 …… 140
7.2	学习任务：表格标签 ……………… 141	
		7.2.1 使用表格标签制作网页表格 ……………………… 141
		7.2.2 在标签选择器中设置表格的属性 …………………… 142
7.3	案例 2：使用表格布局图书资源网 ……………………………… 143	
		7.3.1 使用表格布局网页 ……… 143
		7.3.2 导入 Excel 文档 ………… 146
		7.3.3 使用 CSS 美化页面 …… 147
7.4	案例 3：设计旅游信息网 ………… 148	
		7.4.1 使用表格布局页面 ……… 149
		7.4.2 在表格中插入网页元素 … 149
		7.4.3 使用 CSS 美化页面 …… 151
7.5	实训 ……………………………… 151	
		7.5.1 实训一 设计健康美食网 ………………………… 151
		7.5.2 实训二 设计时尚礼品网 ………………………… 152
7.6	习题 ……………………………… 155	

第 8 章 使用框架布局网页 …………… 156

8.1	案例 1：使用框架布局休闲音乐网页 ……………………… 156
	8.1.1 认识框架与框架集 ……… 157
	8.1.2 创建框架和框架集 ……… 157
	8.1.3 保存框架和框架集 ……… 158
	8.1.4 向框架中添加内容 ……… 159
8.2	学习任务：框架标签 ……………… 160
8.3	案例 2：使用框架布局校园论坛页面 …………………………… 161
	8.3.1 选择框架 ………………… 162
	8.3.2 拆分框架 ………………… 162
	8.3.3 设置框架集和框架属性 … 163
	8.3.4 在框架中添加页面内容 … 164
	8.3.5 通过链接框架制作导航 … 165
	8.3.6 使用 CSS 美化页面 …… 166
8.4	案例 3：使用浮动框架布局宝贝相册网页 ……………………… 167
8.5	实训：设计花园式楼盘网页 …… 169
8.6	习题 ……………………………… 171

第 9 章 使用流体网格布局网页 ……… 173

9.1	学习任务：流体网格布局概述 …… 173
9.2	案例：使用流体网格布局购物网 … 173
	9.2.1 创建流体网格布局 ……… 174
	9.2.2 创建模块内容 …………… 175
9.3	实训：使用流体网格布局宠物网 ……………………………… 180
9.4	习题 ……………………………… 181

第 10 章 使用 Div 布局网页 …………… 182

10.1	案例 1：使用 AP Div 布局电影资讯网页 …………………… 182
	10.1.1 AP Div 概述 …………… 183
	10.1.2 AP Div 属性面板 ……… 183
	10.1.3 "AP 元素"面板 ……… 184
	10.1.4 在 AP Div 中添加网页元素 ……………………… 185
	10.1.5 使用 CSS 美化页面 …… 187
10.2	学习任务：使用 CSS+Div 布局网页基础 ……………………… 187
	10.2.1 AP Div 标签与 Div 标签 …………………………… 188
	10.2.2 Div 标签与 span 标签 … 189
	10.2.3 盒子模型 ……………… 190
	10.2.4 元素的定位 …………… 192
	10.2.5 常用 CSS+Div 布局版式 ……………………… 193
10.3	案例 2：定位在网页布局中的应用 ……………………………… 197
10.4	案例 3：使用 CSS+Div 布局个人 Blog ……………………… 199
10.5	实训 ……………………………… 203
	10.5.1 实训一 网页定位与布局 ………………………… 203
	10.5.2 实训二 使用 Div+CSS 布局页面 ……………………… 204

10.6 习题 ·············· 205

第11章 多媒体网页与网页特效设计 ·············· 207

11.1 学习任务：在网页中插入多媒体对象 ·············· 207
 11.1.1 插入 Flash 动画 ·············· 207
 11.1.2 添加声音 ·············· 210
 11.1.3 插入 FLV 视频 ·············· 211

11.2 学习任务：认识行为 ·············· 212
 11.2.1 行为概述 ·············· 213
 11.2.2 动作与事件 ·············· 214
 11.2.3 添加行为 ·············· 216

11.3 学习任务：使用行为创建网页特效 ·············· 217
 11.3.1 制作网页加载时弹出公告页 ·············· 217
 11.3.2 使用行为设置图像特效 ·············· 218
 11.3.3 使用行为设置状态栏文本 ·············· 220
 11.3.4 使用行为设置跳转菜单效果 ·············· 222

11.4 实训 ·············· 224
 11.4.1 实训一 为宝贝相册网页添加背景音乐 ·············· 224
 11.4.2 实训二 设置变换图像的导航栏 ·············· 224

11.5 习题 ·············· 225

第12章 使用表单对象 ·············· 227

12.1 学习任务：表单和表单对象 ·············· 227
 12.1.1 表单 ·············· 227
 12.1.2 表单对象 ·············· 229

12.2 案例1：设计网页中的留言簿 ·············· 231
 12.2.1 留言簿界面设计 ·············· 231
 12.2.2 创建文本域 ·············· 233
 12.2.3 创建按钮 ·············· 235
 12.2.4 使用 CSS 样式美化留言簿网页 ·············· 236

12.3 案例2：设计会员注册页面 ·············· 237
 12.3.1 会员注册界面设计 ·············· 237
 12.3.2 创建单选按钮 ·············· 239
 12.3.3 创建复选框 ·············· 241
 12.3.4 创建列表菜单 ·············· 241

12.4 案例3：在网页中使用 Spry 布局对象 ·············· 243
 12.4.1 插入 Spry 菜单栏 ·············· 244
 12.4.2 插入 Spry 选项卡式面板 ·············· 245
 12.4.3 插入 Spry 折叠式控件 ·············· 246
 12.4.4 插入 Spry 可折叠面板控件 ·············· 247

12.5 实训 ·············· 248
 12.5.1 实训一 设计网上报名页面 ·············· 248
 12.5.2 实训二 设计客户调查页面 ·············· 249

12.6 习题 ·············· 250

第13章 创建基于模板的网页 ·············· 252

13.1 案例1：创建基于模板的时尚礼品网 ·············· 252
 13.1.1 模板概述 ·············· 252
 13.1.2 创建模板 ·············· 253
 13.1.3 定义模板的可编辑区域 ·············· 256
 13.1.4 创建基于模板的网页 ·············· 257
 13.1.5 管理模板 ·············· 258

13.2 案例2：应用库项目 ·············· 260
 13.2.1 库概述 ·············· 260
 13.2.2 创建库项目 ·············· 261
 13.2.3 在网页中应用库项目 ·············· 262
 13.2.4 更新库项目 ·············· 263

13.3 实训 ·············· 264
 13.3.1 实训一 使用模板制作网页 ·············· 264
 13.3.2 实训二 在网页中应用库项目 ·············· 265

13.4 习题 ·············· 266

第 14 章 测试、发布与维护网站 ……… 267
14.1 学习任务：测试站点 ……… 267
14.1.1 测试浏览器的兼容性 ……… 267
14.1.2 测试链接 ……… 269
14.1.3 使用报告测试站点 ……… 270
14.2 学习任务：注册域名、申请空间及发布网站 ……… 271
14.2.1 注册域名 ……… 271
14.2.2 申请空间 ……… 272
14.2.3 发布站点 ……… 273
14.3 案例：为网站在 Internet 上安个家 ……… 274
14.4 学习任务：网站的宣传 ……… 278
14.4.1 提交搜索引擎 ……… 278
14.4.2 友情链接 ……… 279
14.4.3 网络广告 ……… 279
14.4.4 邮件广告 ……… 280
14.4.5 使用留言板、博客 ……… 281
14.5 实训：注册免费空间并提交搜索引擎 ……… 281
14.6 习题 ……… 281

第 15 章 综合应用案例 1：设计制作工作室网站 ……… 282
15.1 网站建设流程 ……… 282
15.2 网站需求分析 ……… 283
15.3 网站原型设计 ……… 284
15.3.1 首页效果图的作用 ……… 284
15.3.2 首页效果图的设计 ……… 285
15.4 创建站点 ……… 286
15.5 网站首页设计 ……… 287
15.5.1 设置固定宽度且居中版式 ……… 287
15.5.2 顶部 Banner 设计 ……… 288
15.5.3 导航栏设计 ……… 289
15.5.4 插入 Flash 动画 ……… 292
15.5.5 最新作品模块设计 ……… 293
15.5.6 底部导航栏设计 ……… 294
15.5.7 版权信息模块设计 ……… 295
15.6 栏目页设计 ……… 295
15.7 type.css 参考代码 ……… 296

第 16 章 综合应用案例 2：设计制作企业类网站 ……… 302
16.1 规划网站首页的布局 ……… 302
16.1.1 网站首页的布局 ……… 302
16.1.2 搭建首页页头的 Div ……… 304
16.1.3 搭建"公司简介"部分的 Div ……… 305
16.1.4 首页主体部分的 Div ……… 306
16.2 栏目页设计 ……… 308
16.2.1 Flash 动画展示部分的 Div ……… 310
16.2.2 搭建"产品系列"部分的 Div ……… 311

第1章 网页设计与制作基础

互联网的迅速发展与普及，为人们提供了更方便、快捷的信息交流平台。上网已经成为很多人工作、生活中必不可少的一部分，这主要是由于网页承载了其他任何一种媒介都无法比拟的丰富资源。

本章学习要点：
- 网页及网页类型；
- 网页基本元素；
- 网页制作常用软件和技术；
- 网站与域名；
- 网站建设的一般流程；
- HTML 基础知识。

1.1 学习任务：认识网页

互联网是一个蕴藏着无穷资源的宝库，在资源共享和信息交互方面具有得天独厚的优势，网页正是传递这些资源和信息的重要载体。网页不但可以用于浏览文字、图片、多媒体信息，而且在娱乐、商务等领域都有重要应用（如电子邮件、聊天室、搜索引擎、网上购物、电子政务等）。

本节学习任务

认识什么是网页，熟悉网页类型和网页基本构成元素，了解设计制作网页常用的软件和技术。

1.1.1 什么是网页

网页是一种可以在互联网上传输、能被浏览器识别和翻译成页面并显示出来的文件，网页是网站的基本构成元素。在联网的计算机上安装浏览器后，在浏览器的地址栏中输入诸如 http://cy.ncss.org.cn 的网址，即可在浏览器中打开网页，如图 1-1 所示。该网页是全国大学生创业服务网站的主页（即 Homepage），具有呈现整个网站主题及页面导航的门户功能。

一般网页上都会有文本和图片等信息，复杂一些的网页上还会有声音、视频、动画等多媒体内容。在网页上单击鼠标右键，选择"查看源文件"命令，可以查看网页的代码结构。用户可以使用记事本对网页中的文字、图片、表格、多媒体等页面内容进行编辑，并通过超文本标记语言 HTML 对这些元素进行描述和控制，最后由浏览器对这些标签进行解释并生成最终呈现给用户的丰富多彩的网页。

网页比报纸、广播、电视等传统媒介在信息传递上更加迅速、多样化，交互能力更强。掌握一定的网页设计理念和网站开发技术，将有助于用户更好地利用网络资源。

图 1-1 网页

1.1.2 网页类型

网页分为静态网页和动态网页两种类型。

1. 静态网页

在网站设计中，使用纯 HTML 格式的网页通常称为静态网页，它运行于客户端。早期的网站一般都是由静态网页组成的，它们是以.htm、.html、.shtml 和.xml 等为扩展名的。静态网页的内容仅仅是标准的 HTML 代码，但静态网页上也可以出现各种动态效果，如 GIF 格式的动画、Flash 动画等，只不过这些"动态效果"只是视觉上的，与下面将要介绍的动态网页是不同的概念。

静态网页的基本特点归纳如下。

- 每个静态网页都有一个固定的 URL，并且网页 URL 的扩展名为.htm、.html 和.shtml 等格式。
- 网页内容发布到网站服务器上之后，无论是否有用户访问，每个静态网页的内容都是保存在网站服务器上的，也就是说，静态网页是实实在在保存在服务器上的文件，每个网页都是一个独立的文件。
- 静态网页的内容相对稳定，因此容易被搜索引擎检索。
- 静态网页没有数据库的支持，在网站制作和维护方面工作量较大，因此当网站信息量很大时完全依靠静态网页的制作方式是比较困难的。
- 静态网页的交互性较差，在功能方面有较大的限制。

2. 动态网页

采用了动态网页技术，在服务器端运行的网页和程序被称为动态网页，它们会根据编写的程序访问数据库，并动态地生成页面。动态网页的优点是效率高、更新快、移植性强，可以根据先前制定好的程序页面，根据用户的不同请求返回相应的数据，从而达到资源的最大利用和节省服务器的物理资源。

动态网页的基本特点归纳如下。

- 动态网页以数据库技术为基础，可以大大降低网站维护的工作量。但是，动态网页的高效率要通过频繁地和数据库进行通信才能实现，频繁地读取数据库会花费大量的时间，当访问量达到一定的数量时，会导致效率成倍下降。
- 采用动态网页技术的网站可以实现更多的功能，如用户注册、用户登录、在线调查、用户管理、订单管理等。
- 动态网页实际上并不是存在于服务器上的独立的网页文件，只有当用户请求时，服务器才生成并返回一个完整的网页。
- 动态网页中 URL 的字符 "?" 对搜索引擎检索存在一定的问题。搜索引擎一般不可能从一个网站的数据库中检索全部网页，或者出于技术方面的考虑，搜索引擎不会去抓取网址中 "?" 后面的内容，因此，采用动态网页的网站在进行搜索引擎检索设计时，需要做一定的技术处理才能适应搜索引擎的要求。

由此可见，静态网页和动态网页各有特点，网站采用动态网页还是静态网页主要取决于网站的功能需求和网站内容的多少。如果网站功能比较简单，内容更新量不是很大，采用纯静态网页的方式会更简单，反之，一般要采用动态网页技术来实现。

在静态网页的基础上，结合动态网页技术是目前常用的网站建设方法。网页固定不变的内容可以使用静态方法设计，而特殊的功能以及日常更新部分使用动态网页技术来实现，如用户注册、用户登录、新闻发布等。由于动态网页以数据库技术为基础，数据库的存储方式存在搜索引擎的检索问题，另外如何最大程度保证数据库的安全也是动态网页技术中的核心问题。出于以上考虑，同时也为了提高网页访问速度，使用动态网页技术将网页内容生成为 HTML 格式的静态网页发布也是一种好办法。

1.1.3 网页基本元素

设计网页时要组织好页面的基本元素，同时再配合一些特效，这样才能构成一个图文并茂、绚丽多彩的网页。网页包括文本、图像、音频、视频、动画和超链接等基本元素。

1. 文本

文本是网页传递信息的主要载体，如图 1-2 所示。文本传输速度快，而且网页中的文本可以设置其大小、颜色、段落、样式等属性，风格独特的网页文本设置会给浏览者以赏心悦目的感觉。

提示：在网页中应用了某种字体样式后，如果浏览者的计算机中没有安装该种样式的字体，文本会以计算机系统默认的字体显示出来，此时就无法显示出网页应有的效果了。

图1-2　网页中的文本

2. 图像

图像给人的视觉效果要比文字强烈得多，在网页中灵活运用图像可以起到点缀的效果，如图1-3所示。

图1-3　网页中的图像

网页上的图像文件大部分是 JPEG 格式或 GIF 格式，因为它们除了具有压缩比例高的特点外，还具有跨平台特性。图像在网页中的应用主要有以下几种形式。

- 图像标题：在网页中一般都有标题，起到导航的作用，应用图像标题可以使网页更加美观。
- 网页背景：图像的另一个重要应用是作为网页背景，特别是一些个人网站，应用图像背景比较多。
- 网页主图：在网页上，除了用小的图像美化网页外，有时还会用一些大的图片来突出网页主题，特别是网站主页中用主图的比较多。
- 超链接：有时可以用图片取代文字作为超链接按钮，使网页更加美观。

☞提示：一般情况下，图像在网页中不可缺少，但也不能太多，网页上放置过多的图片会显得很乱，也影响网页的下载速度。

▶3．动画

动画是网页最活跃的元素，有创意的动画是吸引浏览者的有效方法。网页中的动画不易太多，否则会使浏览者眼花缭乱，无心细看。在网页中加入的动画一般是 GIF 格式或者 SWF 格式的动画。

▶4．超链接

超链接是最为有趣的网页元素。在网页中单击超链接对象，即可实现在不同页面之间的跳转、访问其他网站、下载文件、发送 E-mail 等操作。无论是文本还是图像都可以加上超链接标签，当鼠标移至超链接对象上时，鼠标会变成小手形状，单击鼠标左键即可链接到相应地址（URL）的网页。在一个完整的网站中，至少要包括站内链接和站外链接。

- 站内链接：如果网站规划了多个主题版块，必须给网站的首页加入超链接，让浏览者可以快速地转到感兴趣的页面。在各个子页面之间也要有超链接，并有能够回到主页的链接。通过超链接，浏览者可以迅速找到自己需要的信息。
- 站外链接：在制作的网站上放置一些与网站主题有关的对外链接，不但可以把好的网站介绍给浏览者，而且能使浏览者乐意再度光临该网站。如果对外链接信息很多，可以进行分类。

▶5．音频和视频

通过音频进行人机交流逐步成为网页交互的重要手段。浏览网页时，一些网页设置了背景音乐，伴随着优美的乐曲，浏览者在网上冲浪会更加惬意。但是加入音乐后，网页文件会变大，下载时间会增加。

在网页中加入视频，会使网页具有较强的吸引力。常见的网络视频有视频短片、远程教学、视频聊天、视频点播和 DV 播放等。但是，在应用视频时要考虑网速问题，如果视频播放不流畅也会影响浏览效果。

1.1.4　网页制作常用软件和技术

制作不同类型的网站，首先做出一个个的网页，再把这些网页链接起来。制作网页可以直接使用 HTML 语言，也可以使用工具软件。网站开发涉及的工具和技术多种多样，应根据网站的不同需求，以及设计者掌握开发工具的熟练程度，灵活应用开发工具和技术。下面介绍目前常用的设计软件和开发技术。

▶1．网页编辑排版软件 Dreamweaver

Dreamweaver 是一款由 Macromedia 公司（已被 Adobe 公司并购）开发的专业网页编辑工具，是一个优秀的所见即所得的网页编辑器。它集网页设计与网站管理于一身，能够使网页和数据库关联起来，支持最新的 HTML 和 CSS，用于对 Web 站点、Web 页面和 Web 应用程序进行设计、编码和开发。网页设计者利用它可以轻而易举地制作出跨平台和跨浏览器的网页。Dreamweaver 对动态网站的支持也毫不逊色，使用 Dreamweaver 及相关的服务器技术可以方便地创建功能强大的 Internet 应用程序。

☎提示：除了 Dreamweaver 之外，微软公司的办公软件 Office 家族成员之一的 FrontPage 也是一种所见即所得的网页制作软件。由于其使用简单，并且软件容易获得，也很受初学者的欢迎。

2．网页图像处理软件 Photoshop 和 Fireworks

想要制作出界面精美的网页，还需要使用以下软件工具为每一件网页作品设计主题鲜明、风格各异的网页图像。

（1）Photoshop。Photoshop 是 Adobe 公司最为著名、也最为流行的专业平面图像处理软件。其功能十分强大，使用范围广泛，一直占据着图像处理软件的领袖地位。Photoshop 支持多种图像及色彩模式，还可以任意调整图像的尺寸、分辨率及画布的大小，使用 Photoshop 不仅可以设计出网页的整体效果图，还可以设计网页 Logo、网页按钮和网页宣传广告等图像。长期以来它一直是众多平面设计师进行平面设计、图像处理的首选工具。

（2）Fireworks。Fireworks 是 Adobe 推出的一款网页作图软件，软件可以加速 Web 设计与开发，是一款创建与优化 Web 图像和快速构建网站与 Web 界面原型的理想工具。Fireworks 不仅具备编辑矢量图形与位图图像的灵活性，还提供了一个预先构建资源的公用库，可与 Adobe Photoshop、Adobe Illustrator、Adobe Dreamweaver 和 Adobe Flash 软件省时集成，在 Fireworks 中将设计迅速转变为模型，或利用来自 Illustrator、Photoshop 和 Flash 的其他资源，直接置入 Dreamweaver 中轻松地进行开发与部署。

3．网页动画制作软件 Flash

Flash 又被称之为闪客，是由 Macromedia 公司推出的交互式矢量图和 Web 动画的标准，由 Adobe 公司收购。Flash 以界面简洁、功能强大而见长，具有强大的动画编辑功能，能把动画、音效、交互方式完美地融合在一起，是动画设计初学者和专业动画制作人员的首选。使用 Flash 可以制作体积非常小的 banner 动画、小游戏、MTV、广告等动画效果，是最主要的 Web 动画形式之一。

4．网页标签语言 HTML

HTML 是用来制作网页的标签语言。HTML 是 Hyper Text Markup Language 的英文缩写，即超文本标签语言。用 HTML 编写的超文本文档称为 HTML 文档，必须使用 .html 或 .htm 为文件扩展名，它不需要编译，直接由浏览器执行。HTML 是网页技术的核心与基础，不管是制作静态网页，还是编写动态交互网页，都离不开 HTML 语言。所以，要灵活地实现想要的网页效果，必须了解 HTML 语言。

5．网页脚本语言 JavaScript

使用 HTML 只能制作静态网页，无法独立完成与客户端动态交互的网页。JavaScript 是一种通用、跨平台、基于原型的面向对象脚本语言，它不需要事先进行编译，而是嵌入到 HTML 文本中，由客户端浏览器对其进行解释执行。JavaScript 是动态特效网页设计的最佳选择，它的作用在于控制网页中的对象元素，实现网页浏览者与网页内容之间的动态交互。

1.2 学习任务：认识网站

网站的概念是网页设计者必须掌握的。学习本书的最终目的，就是希望用户能够熟练利用 Dreamweaver CS6，配合其他的网站开发工具完成网站设计。

本节学习任务

认识什么是网站，理解网址与域名，掌握网站建设的一般流程。

1.2.1 什么是网站

网站是提供各种信息和服务的平台，例如，用户熟悉的新浪、搜狐、京东网、当当网等都是典型网站。网站由许多网页组成，也可以通俗地理解成网站是存储在某个服务器上的，包含了网页、图片、数据库和多媒体信息等资源的一个文件夹。

网站包含多个网页，网页彼此之间由超链接关联在一起。用户浏览一个网站时看到的第一个页面是主页，从主页出发，通过站内超链接可以访问到本网站的每一个页面，也可以通过站外链接，登录到其他网站，方便地共享网站资源。

提示：在 Dreamweaver 中，网页设计都是以一个完整的 Web 站点为基本对象的，所有的资源和网页的编辑都在此站点中进行，建议不要脱离站点环境，初学者要养成良好的习惯。

1.2.2 网址与域名

每个网站都拥有一个 Internet 地址。浏览者要访问 Internet 上的一个站点就必须通过访问这个网站的地址来实现。域名是 Internet 上网站的名称，是一个服务器或网络系统的名字，是解决 IP 地址对应问题的一种方法。

1. 网址

浏览网页时，在浏览器地址栏中输入的诸如 http://www.sohu.com 这样的字符串就是一个网址，访问网页是通过统一资源定位器（Uniform Resource Locator，URL）的方式来实现的。这里所说的网址实际上有两个内涵，即 IP 地址和域名地址。

每一台计算机都必须标有唯一的地址，就像打电话必须知道对方的电话号码，且这个号码必须是唯一的。地址通常用四个十进制数表示，中间用小数点"."隔开，称为 IP（Internet Protocol）地址，如 192.168.59.221。

对于用户来说，记忆如此众多的网站 IP 地址是件很困难的事，为了解决这一问题，Internet 规定了一套命名机制，称为域名系统。采用域名系统命名的网址，即为域名地址。域名地址采用了人们善于识记的名字来表示。

2. 域名

域名就是网站的名称，企业在注册域名时一般都会申请一个符合网站特点的域名，甚至会把域名看做企业的网上商标。在 Internet 中，域名与 IP 地址之间是一一对应的，它们之间的转换工作称为域名解析，这项工作专门由域名系统（Domain Name System，

DNS）来完成。域名系统是一个分布式数据库系统，为 Internet 上的主机分配域名地址和 IP 地址。用户输入域名地址，DNS 就会根据数据库中域名与 IP 地址的映射关系自动把域名地址转换为 IP 地址，然后通过计算机的 IP 地址访问站点。

此外，使用域名也便于网址的分层管理和分配。一个完整的域名通常由几个层次组成，不同层次之间用"."隔开，例如，新浪中国的网址是 http://www.sina.com.cn，其中 sina.com.cn 为域名，sina 是第三层次域名，com 是第二层次域名，cn 是国家顶级域名。

目前互联网中有两类顶级域名：一类是地理顶级域名，如 cn 代表中国，jp 代表日本，uk 代表英国等；另一类是类别顶级域名，如 com 代表商业公司，net 代表网络机构，org 代表组织机构，edu 代表教育机构，gov 代表政府部门等。随着互联网的不断发展，会有越来越多的顶级域名不断被扩充到现有的域名体系中来。

1.2.3 网站建设的一般流程

从开始计划创建网站到最后网站的广为人知包含了一个完整的工作流程。作为一名网页设计师或者网页设计爱好者，应当熟悉一个网站从无到有的创建流程。

▶ 1. 网站策划

网站策划是网站建设的第一阶段，总的目的是根据调查分析，明确建设网站的目的与内容。

（1）确定行业。策划一个网站之前首先确定所要策划的网站所属的行业，只有明确了这一点，后期的网站内容规划才能有的放矢。

（2）确定网站主题。网站的主题就是网站的题材，即做一个什么类型的网站。当前的网站有很多，按类型分有行业站、地方站，按领域分有游戏类、教育类、IT类等，也可以按网站模式和网站的服务人群进行细分。只有确定了网站的题材和内容，设计工作才能做到有的放矢，取得理想的效果。网站主题要鲜明突出、要点明确。

（3）用户定位与分析。网站用户的定位很重要，只有用户定位对了，网站的自身内容规划才能把握准确。用户分析包括用户群以及用户群规模的分析、用户特点的分析、用户需求的分析，以及用户需求满足情况的分析等。

（4）确定网站的配色方案。一个成功的网站，首先吸引访问者目光的是网站良好的颜色搭配，其次才是网站的内容，由此可见，良好的配色方案对于网站成功与否也起到非常重要的作用。有关网站的色彩配色，将在第 2 章详细介绍。

（5）规划网站结构。规划网站结构可以用树状结构先把每个页面的内容大纲列出来，尤其当制作一个很大的网站时，特别需要把这个架构规划好，也要考虑到可扩充性，免得做好以后又要一改再改，带来不必要的麻烦。图 1-4 是一个企业网站的栏目结构图。

大纲列出来后，还必须考虑每个页面之间的链接关系是星形、树形还是网形，这也是评价一个网站优劣的重要标志。链接混乱、层次不清的站点会导致浏览困难，影响网页内容的展示。

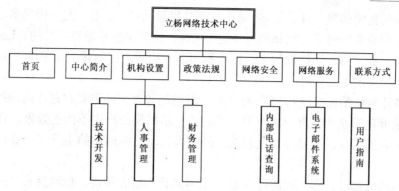

图 1-4　网站栏目结构图

▶**2．收集网站的素材和内容**

网站建设过程中常常需要大量的素材，素材包括文字、图片、音频、视频和动画等。素材可以从图书、报刊、光盘以及多媒体上收集，也可以自己制作或者从网上搜集。

（1）文本内容素材的收集。文本内容可以从网络、书本、报刊上找，也可以自己编写文字材料。可以将这些素材制作成 Word 文档保存在"文字资料"子目录下。收集的文本素材既要丰富，又要便于有机地组织，这样才能做出内容丰富、整体感强的网站。

（2）艺术类内容素材的收集。在网页中适当添加艺术感强的图片、视频、动画等素材，可使网页充满活力和生机，具有吸引力。艺术类素材可以从以下几个方面搜集。

- 从网上获取。通过百度（http://www.baidu.com）、Google（http://www.google.com）、北大天网（http://e.pku.edu.cn/）、搜狗（http://www.sogou.com）等搜索引擎搜集素材。
- 从光盘中获取。市场上有许多关于图片素材库的光盘，也有许多教学软件，可以选取其中的图片资料。
- 利用现成图片或自己拍摄。既可以从各种图书出版物中获取图片，也可以使用自己拍摄或积累的照片资料。
- 自己动手制作一些特殊效果的素材。对于动态图像或动画素材，用户选择熟悉的软件亲自动手制作往往效果更好。

提示：搜集的素材最好放置在一个总的文件夹中，如，D:\mysite，然后根据素材类别在这个目录下建立需要的子目录，如，images、text 等。放入目录的文件名最好全部用英文小写，因为有些主机不支持大写英文和中文。

▶**3．设计制作网站**

网站的主题和风格明确后，就应该围绕网站主题制作网页内容，设计题材栏目等。

（1）网站的栏目设计。以下列出了一些常见的栏目名称，希望对用户有所启发。

- 资讯信息类：产品展示、在线加盟、股市信息、流行情报、在线搜索、购物消费、网上招聘、阳光服务、支持下载、网上公布、直击热点等。
- 教育学习类：网上图书、在线学习、电子杂志、硬件园地、少年家园、影像合成、网上教室、软件宝库、病毒字典等。
- 娱乐生活类：漫画天地、摄影俱乐部、体育博览、国画画廊、电子贺卡、旅游天地、电影世界、影视偶像、天文星空、MIDI 金曲、儿歌专集、健康资讯等。

（2）设计网站 Logo。网站 Logo 是网站的标志，如同公司的商标一样。Logo 是站点特色和内涵的集中体现，看见 Logo 就让大家联想起站点。目前，网站相当多，要想吸引更多的人访问企业的网站，跟别的网站进行 Logo 链接交换是很有必要的。Logo 可以由中文文字、英文字母、阿拉伯数字、符号和图案等构成。比如新浪用字母"sina"+大眼睛图案作为网站的 Logo。

（3）设计网站的标准色彩。"标准色彩"是指能体现网站形象和延伸内涵的色彩。确定网站的标准色彩是相当重要的一步，不同的色彩搭配会产生不同的效果，并可能影响到网页浏览者的情绪。网站标准色彩的选择和确定，是由网站的主题和企业自身的特点决定的。

一个网站的标准色彩不宜超过 3 种，太多则让人眼花缭乱。标准色彩要用于网站的 Logo、标题、主菜单和主色块，从整体上给人以统一的感觉。至于其他色彩也可以用，但只作为点缀和衬托，不能喧宾夺主。

（4）制作网页。网页设计是一个复杂而细致的过程，一定要按照先大后小、先简单后复杂的次序来进行制作。也就是说在制作网页时，先把大的结构设计好，然后再逐步完善小的结构设计；先设计出简单的内容，然后再设计复杂的内容，以便出现问题时好修改。

在制作网页时应该灵活运用模板和库，这样可以大大提高制作效率。如果很多网页都使用相同的版面布局，就把这个版面设计定义成一个模板，然后创建基于该模板的其他多个网页。

页面设计制作完成后，如果需要动态功能，就需要开发动态功能模块。网站中常用的动态功能模块有新闻发布系统、在线搜索、产品展示管理系统、在线调查系统、在线购物、会员注册、管理系统、招聘系统、统计系统、留言系统、论坛及聊天室等。

4．网站测试与发布

在网站发布之前，通常要检查网页在不同版本浏览器中的显示情况，尤其是制作大型的或访问量高的网站，这个步骤十分重要。由于各种版本浏览器支持的 HTML 语言版本不同，所以要让网页能够在大多数浏览器中正常显示，需要仔细地检查，必要时可以对网站的特殊效果做舍弃处理。

网站的发布是指将制作的网站上传到指定的主机服务器上。在网站测试无误后，就可以通过 Dreamweaver 或 FTP 软件发布网站了。有关网站测试与发布的详细内容，请参见第 14 章。

5．网站推广与维护

互联网的应用和繁荣为用户提供了广阔的电子商务市场和商机，但是互联网上大大小小的各种网站不计其数，如何让更多的浏览者迅速访问到网站，需要对网站进行宣传推广。

网站推广的目的在于让尽可能多的潜在用户了解并访问网站，通过网站获得有关产品和服务等信息，为最终形成购买决策提供支持。网站推广需要借助一定的网络工具和资源，常用的网站推广工具和资料包括搜索引擎、分类目录、电子邮件、网站链接、在线黄页和分类广告、电子书、免费软件、网络广告媒体、传统推广渠道等。

网站发布完成后，还要进行管理和维护，就像一栋房子或者一部汽车，如果长期搁置无人维护，必然变成朽木或者废铁。网站也是一样，只有不断地更新、管理和维护，才能留住已有的浏览者并且吸引新的浏览者。

1.3 学习任务：HTML 基础知识

HTML 是一种用来制作超文本文档的简单标记语言，用 HTML 编写的超文本文档称为 HTML 文档。自 1990 年以来，HTML 就一直被用作万维网的信息表示语言，使用 HTML 语言描述的文件，需要通过 Web 浏览器显示出效果。

本节学习任务

认识 HTML 及显示原理，掌握 HTML 的基本语法和文档结构，理解 HTML5.0 常用的标签及标签主要属性。

1.3.1 HTML 简介

1. 认识 HTML

HTML（Hypertext Marked Language，超文本标记语言），它可以加入图片、声音、动画、影视等内容，事实上每一个 HTML 文档都是一种静态的网页文件，这个文件里面包含了 HTML 指令代码，这些指令代码并不是一种程序语言，它只是一种排版网页中资料显示位置的标记结构语言，易学易懂，非常简单。

HTML5.0 是 W3C（World Wide Web Consortium，万维网联盟）与 WHATWG（Web Hypertext Application Technology Working Group）合作的结果。HTML5.0 将取代 1999 年制定的 HTML 4.01、XHTML 1.0 标准，并期望能够在互联网应用迅速发展的时候，使网络标准达到符合当代的网络需求，为桌面和移动平台带来无缝衔接的丰富内容。

HTML5.0 是近十年来 Web 标准最巨大的飞跃。HTML5.0 和以前的版本不同，它并非仅仅用来表示 Web 内容，而是将 Web 带入一个成熟的应用平台，在这个平台上，视频、音频、图像、动画以及同计算机的交互都被标准化。HTML5.0 有以下优点。

- 提高可用性和改进用户的友好体验；
- 有几个新的标签，例如，canvas、video、article、footer、header、nav、section 等，这将有助于开发人员定义重要的内容；
- 可以给站点带来更多的多媒体元素（视频和音频）；
- 可以很好地替代 Flash 和 Silverlight；
- 当涉及网站的抓取和索引的时候，对于 SEO 很友好；
- 将被大量应用于移动应用程序和游戏；
- 可移植性好。

2. HTML 制作工具及显示原理

HTML 语言由文本和标签构成，HTML 文档的扩展名是.html 或.htm。制作 HTML 文档需要两个基本工具，一个是 HTML 编辑器，一个是 Web 浏览器，HTML 编辑器用来生成和保存 HTML 文档，Web 浏览器用来浏览和测试 HTML 文档。

因为 HTML 代码是纯文本的，所以任何文本编辑器，如写字板、记事本等都可以作为 HTML 编辑器，这些编辑器要求手工输入 HTML 代码，可以帮助学习 HTML，所以建议初学者使用文本编辑器。此外，市面上也有一些优秀的所见即所得编辑器，常用的有 Dreamweaver、Frontpage 等，它们会根据用户的操作自动生成 HTML 代码，大大提高了网页制作的效率。

Web 浏览器用来浏览 HTML 文档，在 Windows 操作系统上，常用的浏览器是 Microsoft Internet Explorer（常简称为 IE）。同一个 HTML 文档在不同种类的浏览器或不同版本的浏览器中显示可能有所不同，在不同计算机上的显示也可能有所不同。

HTML 文档显示原理可概括为：HTML 使用一组约定的标签符号，对 Web 上的各种信息进行标记，浏览器会解释这些标记符号并以它们指定的格式把相应的内容显示在屏幕上，而标记符号本身不会在屏幕上显示出来。

图 1-5 所示内容是在记事本中编辑的一个最基本的 HTML 文档，文档的保存格式是.html；图 1-6 所示是该 HTML 文档在浏览器中的显示效果。

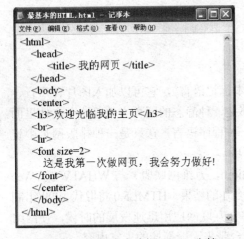

图 1-5　在记事本中编辑 HTML 文档　　　　图 1-6　HTML 文档在浏览器中的显示效果

在图 1-5 的 HTML 代码中，用尖括号括起来的是 HTML 标签，如<html>、<head>等。标签往往成对出现，分别是起始标签和结束标签，起始标签与结束标签之间的部分是标签的内容。例如，<title>为起始标签，</title>为结束标签，"我的网页"是<title>标签的内容，显示在浏览器的标题栏上。有些起始标签里有形如"size=12"的代码，称为标签的属性，用来修饰标签的内容。属性等号左边的称为属性名，等号右边的称为属性值。

提示：HTML 文档的最终显示效果是由浏览器决定的，所以，同样的文档在不同的浏览器中（如 IE 和 Netscape）显示的效果可能会有所差别。另外，浏览器如果没有正常显示网页文件，说明文件代码有错误，这时可以重新切换到 HTML 编辑器窗口，对代码进行修改并保存，然后再切换到浏览器窗口并刷新，即可看到修改后的页面。

1.3.2　HTML 的基本语法与结构

1. HTML 的基本语法

HTML 的语法主要由标签（tag）和属性（attribute）组成。所有标签都由一对尖括号"<"和">"括起来。

（1）一般标签。一般标签由一个起始标签（Opening Tag）和一个结束标签（Ending Tag）组成，其语法格式为：

```
<x>受控内容</x>
```

其中，"x"代表标签名称，<x>为起始标签，</x>为结束标签，结束标签前应有一个斜杠。例如，若使文本内容成为斜体字，可以使用标签<i>…</i>；若使文本内容成为一级标题，可以使用标签<h1>…</h1>。另外，还有许多常用的标签，如，<body>…</body>，<html>…</html>等。

在标签之中可以附加一些属性，用来完成某些特殊效果或功能。大多数标签的起始标签内可以包含一些属性，属性是可选的，不写即使用默认值。不同属性间用空格分隔，属性值要加双引号，其语法形式为：

<标签名称 属性1 属性2 属性3 …>受控内容</标签名称>

也可以写为：

```
<x a₁="v₁" a₂="v₂" … aₙ="vₙ">受控内容</x>
```

其中，a_1，a_2，…，a_n为属性名称，v_1，v_2，…，v_n为属性名称对应的属性值。

（2）空标签。大部分标签是成对出现的，但也有一些是单独存在的，这些单独存在的标签称为空标签。空标签的语法形式非常简单，只需要直接写<标签名称>即可。最常见的空标签有<hr>、
等。其中，<hr>标签表示要在页面上加一条水平线，常用来分割页面的不同部分。空标签也可以附加一些属性，用来完成某些特殊效果或功能，一般形式为：

```
<x a₁="v₁" a₂="v₂" … aₙ="vₙ">
```

例如，<hr align="center" width="80%" size="2">，<hr>标签含有3个属性align、size、width属性，其中，align属性表示水平线的对齐方式，属性值可取left（左对齐）、center（居中，默认值）、right（右对齐）；width属性定义水平线的长度，可以取相对值（由一对引号括起来的百分数，表示相对于充满整个窗口的百分比），也可以取绝对值（用整数表示屏幕像素点的个数，如width="300"），默认值为100%；size属性定义水平线的粗细，属性值取整数，默认为1px。另外，<hr>标签中还包含一个noshade属性，用于设定线条为平面显示，若删去则具有阴影或者立体效果，这是默认值。

2．网页的HTML结构

HTML文件的主体结构由<html>、<head>和<body>3对标签组成。下面是一个典型的HTML文档结构。

```
<html>
<head>
    头部信息：如<title>、<meta>等
</head>
<body>
    文档主体
</body>
</html>
```

（1）<html>与</html>标签在最外层，包含了整个文档的内容，分别表示HTML文档的开始与结束。

（2）<head>…</head>标签之间是网页的头部信息，这部分主要定义了一些浏览器用于显示文档的参数，如网页的标题、meta信息、CSS样式定义等。其中，<title>与</title>标签之间指定了网页的标题，<meta>标签用于提供HTML网页的字符编码、关键字、描述、作者、自动刷新等多种信息。

（3）<body>…</body>标签定义文档的主体，包含文档的所有内容，比如文本、超链

接、图像、动画、表格等。可以通过设置 <body> 标签的属性或样式来设置网页的风格，包括边距、背景、字体、颜色等，这些风格决定了网页的整体效果。

在 HTML 文档结构中还包含了大量的标签，规定了 Web 文档的逻辑结构，并且控制文档的显示格式，也就是说，设计者用标签定义 Web 文档的逻辑结构，但是文档的实际显示则由浏览器来负责解释。

书写 HTML 代码时应注意以下几点。
- HTML 标签及属性中字母不区分大小写，如<html>与<HTML>对浏览器来说是完全相同的。
- 标签名与左尖括号之间不能留有空格，如<␣body>是错误的。
- 属性要写在开始标签的尖括号中，放在标签名之后，并且与标签名之间要有空格；多个属性之间也要有空格；属性值最好用单引号或双引号括起来，且引号一定要是英文的引号，不能是中文的引号。
- 结束标签要书写正确，不能忘掉斜杠。

1.3.3 常用的 HTML 标签

1. 文本标签

为了对网页中的文本元素进行修饰、排版，使网页丰富多彩，往往使用大量的文本标签，文本标签分为文本的基本设置与文本的修饰设置。

（1）段落标签<p>…</p>。<p>是 HTML 基本标签之一，使用<p></p>标签可实现分段，即在段落开始时用<p>，在段落结束时用</p>。<p>标签是非空元素标签，所标识的文本代表同一个段落，必须成对使用。

语法格式举例：

```
<p align="center"> 段落内容 </p>
```

属性说明：align（对齐）属性的属性值有 3 个参数：left（默认）、center 和 right，分别代表设置段落文字居左、居中、居右对齐。

（2）换行标签
。
是换行标签，在网页设计中比较常用。使用
标签能够使文档在该标签处强制换行，这一点与<p>相同。但与<p>不同的是，换行后行与行之间不留空白行，页面看起来比较紧凑。
属于单标签，没有结束标签。

（3）预格式化标签<pre>…</pre>。<pre>称为预格式化标签，它的作用是按原始代码的排列方式显示内容。通常情况下，浏览器显示时会忽略内容中的空格及换行，而<pre>与</pre>之间的空格及换行会被保留。

（4）水平线标签<hr>。<hr>是水平线标签，可以在页面中生成一条水平线，用于分隔文档或者修饰网页。<hr>属于单标签，没有结束标签。语法格式举例：

```
<hr align="left" size="4" width="80%" color="red" noshade>
```

<hr>标签的常用属性如表 1-1 所示。

表 1-1 <hr>标签的属性

属 性 名	功　　能
size	设置水平线的粗细，属性值为整数，单位为像素
width	设置水平线的宽度，属性值单位为像素或%，如 width="300"

属性名	功能
align	设置水平线的对齐方式，取值 left、center、right
color	设置水平线的颜色，默认值 black
noshade	使线段无阴影属性

（5）底部<footer>标签。<footer>标签用于定义文档或节的页脚。页脚通常包含文档的作者、版权信息、使用条款链接、联系信息等。需要注意的是，<footer>标签在 IE8 及以下 IE 浏览器不兼容，谨慎使用。

（6）区块标签<div>…</div>。<div>标签成对出现，常用于组合块级元素，以便通过样式表来对这些元素进行格式化。在<div>标签中可以包含各种网页元素，如文字、图片、动画、表格、表单等。通过<div>标签属性不仅能够控制区块，还可以通过定义 CSS 样式来控制区块，为网页设计者提供内容与结构分离的网站构建。

（7）特殊字符。由于 HTML 文档是 ASCII 文本，只支持 ASCII 字符。但是，还有一些有特殊用途的字符在 HTML 中无法直接显示成原来的样式，想要在浏览器中显示这些字符就必须输入特殊字符来代替。HTML 常见特殊字符实体代码如表 1-2 所示。

表 1-2　HTML 常见特殊字符实体代码

屏幕显示符号	字符实体代码	屏幕显示符号	字符实体代码
<	&lt;	"	&quot;
>	&gt;	'	&apos;
&	&amp;	空格	

（8）标题标签<hn>…</hn>。<hn>标签用于设置网页中各个层次的标题文字，被设置的文字将以黑体显示，并自成段落。<hn>标签是成对出现的，共分为 6 级，n 取 1~6 之间的正整数。其中<h1>…</h1>表示最大的标题，<h6>…</h6>表示最小的标题。语法格式举例：

```
<h3 align="center">标题部分</h3>
```

属性说明：align 属性用于设置标题的对齐方式，其参数为 left、center、right。

2．列表标签

列表标签可以将网页中相关的信息有条不紊地组织起来。作为块级元素，在 DIV+CSS 网页设计中列表标签的使用非常普遍。列表标签可分为：无序列表、有序列表、嵌套列表和自定义列表，下面介绍前两种常用的列表。

（1）无序列表标签<ul>…</ul>。<ul>称为无序列表标签或项目列表标签，在网页中显示项目形式的列表，列表中的每一项前面会加上●、■等符号，每一项需要用<li>标签，所以<ul>标签应与<li>标签结合使用。语法格式举例：

```
<ul>
    <li type="circle">列表项 1</li>
    <li type="square">列表项 2</li>
    …
</ul>
```

<ul>的常用属性只有一个 type，用来设定列表项前面出现的符号，可取属性值如下。

● disc：列表项前面加上符号●。

- circle：列表项前面加上符号○。
- square：列表项前面加上符号■。

（2）有序列表标签<ol>…</ol>。<ol>称为有序列表标签或编号列表标签，用来在页面中显示编号形式的列表，列表中每一项的前面会加上如 A、a、i 或 I 等形式的编号，编号会根据列表项的增删自动调整。每一项需要用<li>标签，所以需要和<li>标签结合使用。语法格式举例：

```
<ol type="A" start="1">
    <li>列表项 1</li>
    <li>列表项 2</li>
    …
</ol>
```

start 属性用于设置编号的起始值，取任意整数，默认为 1。如 start="3"，则列表编号从 3 开始。type 属性用来设定列表的编号形式，可取属性值如下。

- 1：用阿拉伯数字 1、2、3、…编号。
- a：用小写英文字母 a、b、c、…编号。
- A：用大写英文字母 A、B、C、…编号。
- i：用小写罗马字母 i、ii、iii、…编号。
- I：用大写罗马字母 I、II、III、…编号。

例如，type="a"，表示列表项目用小写字母编号（a、b、c…）。

在特定列表项的<li>标签中设置 value 属性可以改变该列表项的起始值，如<li value="5">。另外，在列表使用中有时也会用到列表的嵌套。将一个列表嵌入到另一个列表中，作为它的一部分，这就是列表的嵌套。有序列表和无序列表之间也可以进行嵌套。

（3）<li>…</li>。<li>标签定义列表项，在有序列表标签<ol> 和无序列表标签<ul>中都使用<li>标签。<li>标签的属性如下。

- type：用来设定列表项的符号，如果<li>用在<ul>里，属性取值为 disc、circle 或 square；如果<li>用在<ol>里，则属性取值为 1、a、A、i 或 I。需要说明的是，在 HTML 5.0 中，<li>标签不再支持 type 属性。
- value：此属性仅当<li>用在<ol>里有效，属性值为一个整数，用来设定当前项的编号，其后的项目编号将以此值为起始数目递增，前面各项不受影响。

3. 超链接

超级链接是网页的灵魂，Web 上的网页是依靠单击设置在文本、图像、Flash 等元素上的超级链接实现相互间的访问。建立超链接的标签是一对<a>…</a>，它是网页中最为常用的标签。

由于定义超链接时常常需要设置文件的路径，所以首先介绍文件路径的写法，然后再介绍超链接标签的用法。

（1）文件路径。网页设计中，经常需要设置文件路径，文件的路径可分为绝对路径和相对路径。

- 绝对路径：文件的绝对路径提供文档完整的 URL 地址，而且包括所使用的协议（如对于 Web 页，通常使用 http://），例如，http://www.sdcet.cn/index.htm 就是一个绝对路径，表明文件 index.htm 在域名为 www.sdcet.cn 的 Web 服务器中的根目录下。再如，在网页中插入站点之外 D 盘 images 文件夹中的 tu1.jpg 文件，由于

插入的图片在站点之外,只能使用绝对路径"file:///D|/images/tu1.jpg"。需要注意的是,使用文档绝对路径,移植站点后,往往导致引用的站外素材不能正确显示,影响网页显示效果,不建议使用绝对路径。
- 相对路径:相对路径又分为根相对路径和文档相对路径,根相对路径总是以站点根目录"/"为起始目录,写起来比较简单。文档相对路径是以当前文件所在路径为起始目录,进行相对的文件查找。在站点内,通常采用文档相对路径,便于站点的移植,因为在整个站点移植过程中,文件相对路径不变,移植后不需要修改路径。

(2)超链接标签<a>。<a>标签定义超链接,用于从一个页面链接到另一个页面。<a>标签最重要的属性是 href 属性,它指定链接的目标 URL。定义的语法:

`<a href="http://www.sohu.com/" target="_blank" title="sohu">搜狐网站</a>`

属性说明:<a>标签的属性如表 1-3 所示。

表 1-3 <a>标签的属性

属 性 名	功 能
href	链接所指的 URL 地址,即目标地址,属性值可以使用绝对路径或相对路径
target	指定打开链接的目标窗口,取值_parent(在父窗口中打开)、_blank(在新窗口打开)、_self(在原窗口中打开,默认值)、_top(在浏览器的整个窗口中打开)
name	用来设定锚点的名字,属性值为自定义字符串
title	指定指向链接时所提示的文字

4. 图像标签

<img>标签定义 HTML 页面中的图像。Web 上常用的图像格式有 3 种:JPEG、GIF、PNG。使用<img>标签在网页中加入图像的语法举例:

`<img src="image/tu.jpg" width="300" height="240"/>`

<img>是空标签,没有结束标签。<img>的常用属性如表 1-4 所示。

表 1-4 <img>标签的常用属性

属 性 名	功 能
src	图像的 URL 路径,可以是相对路径或绝对路径
alt	用来设定只显示文本的浏览器或已设置为手动下载图像的浏览器中代替图像显示的替代文本
width、height	用来设定图像的宽度和高度
align	图像与周围文本的对齐方式,取值 top、middle、bottom(默认)、left、right
border	用来设定图像的边框宽度,属性值为整数,单位为像素
vspace	用来设定图像顶部和底部与其他内容之间的空白大小,属性值为整数,单位为像素
hspace	用来设定图像左侧和右侧与其他内容之间的空白大小,属性值为整数,单位为像素

5. 表格标签

表格是网页中用来定位元素的重要方法,同时表格也是网页布局结构中不可缺少的一部分。表格由一行或多行组成,每行又由一个或多个单元格组成。HTML 中一个表格通常是由<table>、<tr>、<td>3 个标签来定义的,这 3 个标签分别表示表格、表格行、单元格。在对表格进行设置时,可以设置整个表格、表格中的行或单元格的属性,它们优先顺序为:单元格优先于行,行优先于表格。例如,如果将某个单元格的背景色属性设置为红色，然后将整个表格的背景色属性设置为蓝色，则红色单元格不会变为蓝色。表格的基本结构如表 1-5 所示。

表 1-5 表格的基本结构

标　　签	功　　能
\<table>…\</table>	定义一个表格开始和结束
\<caption>…\</caption>	定义表格标题，可以使用属性 align，属性值为 top、bottom
\<tr>…\</tr>	定义表行，一行可以由多组\<td>或\<th>标签组成
\<td>…\</td>	定义单元格，必须放在\<tr>标签内
\<th>…\</th>	定义表头单元格，是一种特殊的单元格标签，在表格中不是必需的

语法格式举例：
```
<table width="400" height="60" border="1" align= "center" cellpadding="0" cellspacing="0">
    <caption>表格标题</caption>
    <tr>
        <td>单元格 1</td>
        <td>单元格 2</td>
    </tr>
</table>
```

（1）\<table>标签。\<table>是表格标签，整个表格始于\<table>，终于\</table>，它是一个容器标签，用于定义一个表格，\<tr>、\<td>标签只能在\<table>中使用。\<table>常用属性如下。

- width：设定表格的宽度，属性值可以是相对的或绝对的，如 width="50%"。
- align：设定表格水平对齐方式，属性值可以是 left、center、right 三者中之一。
- border：设定表格边框的粗度，属性值为整数，单位是像素。
- cellpadding：设定边距的大小，也就是单元格中内容与单元格边框之间留的空白大小，属性值为整数，单位是像素。
- cellspacing：设定单元格与单元格之间的距离，属性值为整数，单位是像素。
- bgcolor：设定整个表格的背景颜色。
- background：设定表格的背景图像，属性值为图像文件的相对路径或绝对路径。

（2）\<tr>标签。\<tr>用来标识表格行，是单元格（\<td>或\<th>）的容器，使用时要放在\<table>容器里，结束标签可以省略。\<tr>常用的属性如下。

- align：设定这一行单元格中内容的水平对齐方式，属性值为 left、center 或 right。
- bgcolor：用来设定这一行的背景颜色。
- valign：设定这一行单元格中内容的垂直对齐方式，可取属性值有：top（顶端对齐）、middle（中间对齐）、bottom（底端对齐）。

（3）\<td>标签。\<td>在表格中表示一个单元格，是表格中具体内容的容器，使用时要放在\<tr>与\</tr>之间。\<td>的常用属性如下。

- align：设定单元格中内容的水平对齐方式，属性值为 left、center 或 right。
- background：设定单元格的背景图像。
- bgcolor：设定单元格的背景颜色。
- colspan：在水平方向向右合并单元格，属性值为跨列的数目。

- height：设定单元格的高度，属性值可以是像素数，也可以是占整个表格高度的百分比。
- nowrap：加入 nowrap 一词可以防止单元格中内容宽度大于单元格宽度时自动换行。
- rowspan：在垂直方向向下合并单元格，属性值为跨行的数目。
- valign：设定单元格中内容的垂直对齐方式，属性值为 top、middle 或 bottom。
- width：设定单元格的宽度，属性值可以是像素数，也可以是占整个表格宽度的百分比。

（4）<th>标签。<th>在表格中也表示一个单元格，用法与<td>相同，不同的是，<th>标签所在的单元格中文本内容默认以粗体显示，且居中对齐。

6. 表单标签

表单的作用是从访问 Web 站点的用户那里获取信息。访问者可以使用诸如文本框、列表框、复选框以及单选按钮之类的表单对象输入信息，然后单击某个按钮提交这些信息。表单在动态网站建设与 Web 应用程序开发中非常重要，它提供了用户与网站交互的接口。

（1）<form>标签。<form>用来定义一个表单区域，它是一个容器标签，其他表单标签需要放在<form>与</form>之间。<form>标签的常用属性如表 1-6 所示。

表 1-6 <form>标签的常用属性

属 性 名	功 能
action	用来设定处理表单数据的页面或脚本，属性值通常为动态网页文件的路径，如果属性值为空则表示提交到页面本身
method	用来设定将表单数据传输到服务器所使用的方法，可取属性值有 get 和 post。get 是将表单数据附加到所请求页的 URL 中，此种方法不能传送大量数据，且不安全，所以不常使用。post 是将表单数据嵌入 HTTP 请求中，此种方法容许传送大量资料，较为常用

（2）文本框。文本框允许用户输入单行信息，如姓名、邮件地址等。定义文本框的语法为：

```
<input name="textfield" type="text" id="textfield" value="李红" size="6" maxlength="6" />
```

文本框常用属性如下。

- name：设定文本框的名称，在表单内所选名称必须唯一标志该文本框，名称字符串中不能包含空格或特殊字符，可以使用字母、数字、字符和下画线"_"的任意组合。表单提交到服务器后需要使用指定的名称来获取文本框的值。
- value：设定文本框的默认值，也就是用户输入前文本框里显示的文本。
- size：设定文本框最多可显示的字符数，也就是文本框的长度。
- maxlength：用来设定文本框中最多可输入的字符数。通过此属性可以将邮政编码限制为 6 位数，将密码限制为 10 个字符等。

（3）密码框。密码框用来输入密码，当用户在密码框中输入密码时，输入内容显示为项目符号或星号，以保护它不被其他人看到。定义密码框的语法为：

```
<input name="textfield" type="password" id="textfield" size="8" maxlength="8" />
```

密码框的属性设置与文本框相同。

（4）单选按钮。单选按钮使用户只能从一组选项中选择一个选项，如性别的选择。单选按钮通常成组使用，在同一个组中的所有单选按钮必须具有相同的名称。定义单选按钮的语法为：

```
<input name="radio" type="radio" id="radio" value="radio" />
```

单选按钮除 type 外其他常用属性如下。
- name：设定单选按钮的名称，作用同文本框的 name。同一组中的所有单选按钮，name 属性必须设置相同的值，否则，各选项不会相互排斥。
- value：设定在单选按钮被选中时发送给服务器的值。
- checked：确定在浏览器中载入表单时，该单选按钮是否被选中。如果开始标签里加入 checked 一词，则初始被选中。

（5）复选框。复选框使用户可以从一组选项中选择多个选项。定义复选框的语法为：

```
<input name="checkbox" type="checkbox" id="checkbox" checked= "checked" />
```

复选框除 type 外其他常用属性如下。
- name：设定复选框的名称，作用同文本框的 name。同一组中的所有复选框的 name 属性必须设置不同的值。
- value：设定在复选框被选中时发送给服务器的值。
- checked：确定在浏览器中载入表单时，该复选框是否被选中。如果开始标签里加入 checked 一词，则初始被选中。

（6）下拉菜单。下拉菜单也称下拉列表，可使访问者从一个列表中选择一个项目。当页面空间有限，但需要显示许多菜单项时，下拉菜单非常有用。使用下拉菜单还可以对返回给服务器的值加以控制。下拉菜单与文本框不同，在文本框中用户可以随心所欲地输入任何信息，甚至包括无效的数据；对于下拉菜单而言，设置了某个菜单项返回的确切值。下拉列表在浏览器中显示时仅有一个选项可见，若要显示其他选项，用户必须单击下拉箭头。定义下拉菜单的语法为：

```
<select name="from">
    <option value="shandong">山东省</option>
    <option selected>济南市</option>
</select>
```

一个下拉菜单由<select>和<option>来定义，<select>提供容器，它的 name 属性意义与文本框的相同。<option>用来定义一个菜单项，<option>与</option>之间的文本是呈现给访问者的，而选中一项后传送的值是由 value 属性指定的，如果省略 value 属性，则 value 的值与文本相同，加入 selected 属性可以使菜单项初始为选中状态。

（7）列表。列表的作用与下拉菜单相似，但显示的外观不同，列表在浏览器中显示时列出部分或全部选项，另外列表允许访问者选择一个或多个项目。定义列表的语法如下：

```
<select name="from" size="3" multiple>
    <option value="shandong">山东省</option>
    <option selected>济南市</option>
</select>
```

同下拉菜单相比，<select>多了两个属性：size 和 multiple。size 用来设定列表中显示的选项个数，加入 multiple 属性允许用户从列表中选择多项。

（8）文件域。文件域使用户可以选择计算机中的文件，如字处理文档或图形文件，并将该文件上传到服务器。文件域的外观与其他文本框类似，只是文件域还包含一个"浏览"按钮。用户可以手动输入要上传的文件的路径，也可以使用【浏览】按钮定位并选择文件。

如果要上传文件，需要注意的是，<form>的 method 属性必须设置为 post，另外，<form>

必须加上属性 enctype="multipart/form-data"。定义文件域的语法为：
```
<input    name="fileField"    type="file"    id="fileField"    size="20" maxlength="30" />
```
文件域除 type 外，其他属性与文本框属性相同。

（9）隐藏域。隐藏域用来存储并提交非用户输入的信息，该信息对用户而言是隐藏的。隐藏域不在浏览器窗口中显示。定义隐藏域的语法为：
```
<input type="hidden" name="xingming" value="晓闻">
```
隐藏域中，name 属性用来指定名称，value 属性用来指定传输的值。

（10）文本区域。文本区域使用户可以输入多行信息，如输入留言、自我介绍等。定义文本区域的语法为：
```
<textarea name="textarea" id="textarea" cols="45" rows="5">春潮带雨晚来急，野渡无人舟自横。</textarea>
```
开始标签与结束标签之间的文本为初始值，可以为空，但一定要有结束标签且要正确。<textarea>的常用属性如表 1-7 所示。

表 1-7 <textarea>标签的常用属性

属 性 名	功　　能
name	用来指定文本区域的名称
rows	用来指定文本区域能够显示的行数，也就是文本区域的高度
cols	用来指定文本区域能够显示的列数，也就是文本区域的宽度
wrap	用来指定当用户在一行中输入的信息较多，无法在定义的文本区域内显示时，如何显示用户输入的内容，可取属性值为 off、physical、virtual

（11）提交、重置、普通按钮。提交按钮用来将表单数据提交到服务器，定义提交按钮的语法为<input type= "submit">；重置按钮用来还原表单为初始状态，定义重置按钮的语法为<input type= "reset">；普通按钮在不添加脚本的情况下，只呈现一个按钮的外观，单击后没有任何动作。普通按钮常用来跟 JavaScript 脚本相结合产生特定的动作，定义普通按钮的语法为<input type="button">。

3 种按钮的属性除 type 外，其他常用属性如下。
- value：用来指定按钮上显示的文本。
- name：用来指定按钮的名称。

8．框架标签

框架提供了将一个浏览器窗口划分为多个区域、每个区域都可以显示不同 HTML 文档的方法，但是，HTML5.0 只支持<iframe>标签。框架是用来增强网页导航性能的一种有效方式，但是这种方式存在一定的争议。

框架常常用来控制站点布局、进行页面导航，使用框架的最常见的情况就是，一个框架显示包含导航控件的文档，而另一个框架显示含有内容的文档，像网上大多数的论坛、聊天室等都使用了框架。

（1）主框架文档。如果一个站点在浏览器中显示为包含 3 个框架的单个页面，则它实际上至少由 4 个单独的 HTML 文档组成：主框架文档（即框架集文档，通常将其命名为 index.html）以及 3 个普通 HTML 文档（即框架文档）。3 个普通 HTML 文档包含框架内初始显示的内容。如果要在浏览器中查看一组框架，地址栏里应输入主框架文档的 URL。

主框架文档也是 HTML 文档，用来定义一组框架的布局和属性，不含有<body>部分，但含有<frameset>标签等。主框架文档的结构如下。

```
<html>
<head>
    <title>标题</title>
</head>
<frameset>
    <frame>
    <frame>
    <frame>
</frameset>
</html>
```

<frameset>标签用来指示浏览器如何划分窗口，<frame>标签用来指示每一个窗口要加载的文档以及指定窗口的名字等。主框架文档中，如果<frameset>标签把窗口划分为 n 个区域，就会有 n 个<frame>标签相对应。

<frameset>标签的常用属性如表 1-8 所示。

表 1-8　<frameset>标签的常用属性

属性名	功　能
cols	用于依次指定各列的宽度，默认值为 100%。可以用像素数、占浏览器窗口的百分比或相对宽度来指定属性值，数值的个数代表分成的窗口数目且以逗号分隔。例如，cols="30,*,50%" 表示从左到右分成了三个窗口，第一个窗口的宽度为 30 像素，为绝对宽度；第三个窗口的宽度为整个浏览器窗口的 50%，为百分比宽度；第二个窗口的宽度为当分配完第一及第三个窗口后剩下的空间。cols="1,1,1"则说明三个窗口宽度的比例为 1:1:1
rows	用于从上到下划分窗口，指定各行的高度，属性值同 cols
frameborder	用来设定是否显示框架边框，属性值只有 no 和 yes，no 表示不要边框，yes 表示要显示边框
border	用来设定框架边框的粗细
bordercolor	用来设定框架边框的颜色
framespacing	用来设定框架与框架之间保留的空白距离

<frame>标签的常用属性如表 1-9 所示。

表 1-9　<frame>标签的常用属性

属性名	功　能
src	用来设定此窗口中初始时要显示的网页文档，属性值为网页文档的绝对路径或相对路径
name	用来设定窗口的名字，指定名字后，该窗口就可以作为链接的目标窗口，也就是说可以把窗口的名字赋予链接的 target 属性
frameborder	用来设定是否显示框架边框，属性值只有 no 和 yes
framespacing	用来设定框架与框架之间保留的空白距离
bordercolor	用来设定框架边框的颜色
scrolling	用来指定在框架中是否显示滚动条。可取属性值有 yes（显示滚动条）、no（不显示滚动条）、auto（自动显示滚动条）
noresize	在<frame>中加上 noresize，访问者将无法通过拖动框架边框在浏览器中调整框架大小
marginheight	用来设置上边距和下边距的高度（框架上、下边框和内容之间的距离）
marginwidth	用来设置左边距和右边距的宽度（框架左、右边框和内容之间的距离）

下面列出了几种使用<frameset>划分窗口的情况。
- 只有行：代码<frameset rows="20%,80%"> <frame> <frame></frameset>把浏览器窗口分为上下两个窗口，高度分别为浏览器窗口高度的20%和80%。
- 只有列：代码<frameset cols="400,*"> <frame> <frame></frameset>把浏览器窗口分为左右两个窗口，第一个窗口宽度为400像素，第二个窗口宽度为除去第一个窗口后剩余的空间。
- 行和列都有：代码<frameset rows="1,3" cols="300,*"> <frame> <frame> <frame> <frame></frameset>把浏览器窗口分为两行两列，也就是四个窗口，第一行和第二行的高度比例为1:3，第一列宽度为300像素，第二列宽度为除去第一列后剩余的空间。
- 嵌套<frameset>：下面的代码会把浏览器窗口分为三个窗口，外层的<frameset>把浏览器窗口分成两行，内层的<frameset>把第二行又分为两列。

```
<frameset rows="200,*">
  <frame>
  <frameset cols="20%,80%">
    <frame>
    <frame>
  </frameset>
</frameset>
```

（2）<noframes>标签。<noframes>标签位于<frameset>与</frameset>的后面，是在定义完<frameset>和<frame>之后使用。<noframes>标签定义的内容将在访问者的浏览器不支持框架时显示。<noframes>标签用法如下。

```
<frameset>
  <frame>
  <frame>
  <frame>
</frameset>
<noframes>
<body>
本机浏览器不支持框架！
</body>
</noframes>
```

（3）<iframe>标签。<iframe>标签是浮动框架标签。浮动框架的作用就是在网页中间生成一个窗口来显示另一个页面，浮动框架将一个HTML文件嵌入在另一个HTML中显示。它不同于<frame>标签的最大特征是，这个标签所引用的HTML文件不是与另外的HTML文件相互独立显示，而是可以直接嵌入在一个HTML文件中，与这个HTML文件内容相互融合，成为一个整体。另外，还可以多次在一个页面内显示同一内容，而不必重复写内容，甚至可以在同一个HTML文件中嵌入多个HTML文件。

浮动框架也可以在空白页面中创建，还可以在表格中创建。将光标放置在要插入浮动框架的位置，切换到"拆分"视图，在"代码"视图中激活光标，在"插入"工具栏中，单击"布局"选项栏中的"浮动框架"按钮，插入浮动框架标签<iframe></iframe>，在<iframe>标签中设置浮动框架的属性。<iframe>标签的代码格式：

```
<iframe    src="URL"    width="x"    height="x"    scrolling="[OPTION]"
frameborder="x"> </iframe>
```

<iframe>标签的常用属性如表1-10所示。

表 1-10 <iframe>标签的常用属性

属性名	功能
src	用来指定在浮动框架中显示的文档，属性值为文档的路径
name	用来指定浮动框架的名字
height	用来设定浮动框架的高度
width	用来设定浮动框架的宽度
scrolling	用来指定在浮动框架中是否显示滚动条，可取属性值有 yes、no、auto

提示：浮动框架的属性与框架属性相同，设置浮动框架的宽度和高度时，必须将滚动条包含在内。

9. 其他标签

（1）<meta>标签。<meta>标签属于头部标签，应放在<head>与</head>之间，它的用法比较多，但最常用的是它的刷新功能。实现刷新功能的语法：

```
<meta http-equiv="refresh" content="5;url=http://www.baidu.com">
```

该语句表示：页面打开 5 秒钟后自动转到百度主页。如果把 URL 部分省略，则表示页面每 5 秒钟就自动刷新一次。

（2）<marquee>标签。<marquee>标签可以使内容产生滚动效果。<marquee>标签是成对出现的标签，此标签只适用于 IE 浏览器。<marquee>标签的使用语法：

```
<marquee>内容产生滚动效果</marquee>
```

<marquee>常用的属性如下。

- behavior：设置移动方式，可取值 scroll（重复滚动）、slide（滚动到一方后停止）、alternate（来回交替滚动）。
- bgcolor：用来设定滚动区域的背景颜色。
- direction：用来设定滚动方向，可取属性值有：left（向左滚动）、right（向右滚动）、down（向下滚动）、up（向上滚动）。
- height：用来设定滚动区域的高度。
- width：用来设定滚动区域的宽度。
- loop：用来设定滚动的次数，属性值可取正整数、-1 或 infinite，-1 和 infinite 都表示无限次。
- scrollamount：设置滚动的速度，属性值为像素数。如要加快滚动速度，可增大该属性值。
- scrolldelay：用来设定每次滚动的停顿时间，单位为毫秒。
- align：设置字幕对齐方式，可取值 top（居上）、middle（居中）、bottom（居下）。

网上有许多滚动信息公告板有这样的效果：当用户鼠标指针移入滚动区域时，滚动会停止，当鼠标指针移出滚动区域时，滚动会继续下去。如果希望实现这种效果，可在<marquee>中加上属性 onmouseover="this.stop()"和 onmouseout="this.start()"即可。例如：

```
<marquee behavior=scroll scrollamount=6 onmouseover= "this.stop()" onmouseout="this.start()">
    <img src="images/tu1.jpg" width="200" height="160">
    <img src="images/tu2.jpg" width="200" height="160"></marquee>
```

1.3.4 HTML5.0 标签及属性

1. HTML5.0 标签

HTML5.0 提供了一些新的标签和属性，如<nav>（网站导航块）和<footer>，也取消了一些过时的 HTML4 标记，其中包括纯粹显示效果的标记，如<font>和<center>，它们已经被 CSS 取代。下面列出 HTML5.0 所有标签，供用户参考，如表 1-11 所示。

表 1-11 HTML5.0 标签

标 签	描 述	标 签	描 述
<!--...-->	定义注释	<kbd>	定义键盘文本
<!DOCTYPE>	定义文档类型	<label>	定义表单控件的标注
<a>	定义超链接	<legend>	定义 fieldset 中的标题
<abbr>	定义缩写	<li>	定义列表的项目
<address>	定义地址元素	<link>	定义资源引用
<area>	定义图像映射中的区域	<m>	定义带有记号的文本
<article>	定义 article	<map>	定义图像映射
<aside>	定义页面内容之外的内容	<menu>	定义菜单列表
<audio>	定义声音内容	<meta>	定义元信息
<b>	定义粗体文本	<meter>	定义预定义范围内的度量
<base>	定义页面中所有链接的基准 URL	<nav>	定义导航链接
<bdo>	定义文本显示的方向	<nest>	定义数据模板中子元素的嵌套点
<blockquote>	定义长的引用	<noscript>	定义在脚本未被执行时的替代内容（文本）
<body>	定义 body 元素	<object>	定义嵌入对象
 	插入换行符	<ol>	定义有序列表
<button>	定义按钮	<optgroup>	定义选项组
<canvas>	定义图形	<option>	定义下拉列表中的选项
<caption>	定义表格标题	<output>	定义输出的一些类型
<cite>	定义引用	<p>	定义段落
<code>	定义计算机代码文本	<param>	为对象定义参数
<col>	定义表格列的属性	<pre>	定义预格式化文本
<colgroup>	定义表格列的分组	<progress>	定义任何类型的任务的进度
<command>	定义命令按钮	<q>	定义短的引用
<datagrid>	定义可选数据的列表	<rp>	定义不支持 ruby 元素的浏览器所显示的内容
<datalist>	定义下拉列表	<rt>	定义字符（中文注音或字符）的解释或发音
<dd>	定义定义的描述	<ruby>	定义 ruby 注释
<del>	定义删除文本	<rule>	定义更新数据模板的规则
<details>	定义元素的细节	<samp>	定义样本计算机代码
<dialog>	定义对话，比如交谈	<script>	定义脚本
<dfn>	定义自定义项目	<section>	定义文档中的节（section、区段）
<div>	定义文档中的一个部分	<select>	定义可选列表
<dl>	定义自定义列表	<small>	定义小号文本

续表

标签	描述	标签	描述
<dt>	定义自定义的项目	<source>	为媒介元素（比如 <video> 和 <audio>）定义媒介资源
<em>	定义强调文本	<span>	定义文档中的 section
<embed>	定义外部交互内容或插件	<strong>	定义强调文本
<event-ource>	定义由服务器发送的事件的来源	<style>	定义样式定义
<fieldset>	定义 fieldset	<sub>	定义下标文本
<figcaption>	定义 figure 元素的标题	<summary>	定义 details 元素的标题
<figure>	定义媒介内容的分组，以及它们的标题	<sup>	定义上标文本
<footer>	定义 section 或 page 的页脚	<table>	定义表格
<form>	定义表单	<tbody>	定义表格的主体
<h1> to <h6>	定义标题 1 到标题 6	<td>	定义表格单元
<head>	定义关于文档的信息	<textarea>	定义文本区域
<header>	定义 section 或 page 的页眉	<tfoot>	定义表格的脚注
<hr>	定义水平线	<th>	定义表格内的表头单元格
<hgroup>	定义网页或区段（section）的标题进行组合	<thead>	定义表格的表头
<html>	定义 html 文档	<time>	定义日期/时间
<i>	定义斜体文本	<title>	定义文档的标题
<iframe>	定义行内的子窗口（框架）	<tr>	定义表格行
<img>	定义图像	<ul>	定义无序列表
<input>	定义输入域	<var>	定义变量
<ins>	定义插入文本	<video>	定义视频
<keygen>	定义用于表单的密钥对生成器字段		

2. HTML5.0 属性

（1）HTML5.0 事件属性。HTML5.0 元素拥有事件属性，这些属性在浏览器中触发行为，比如当用户单击一个 HTML5.0 元素时启动一段 JavaScript。下面列出的事件属性，可以把它们插入 HTML 标签来定义事件行为。

HTML5.0 中的新事件属性有 onabort、onbeforeunload、oncontextmenu、ondragend、ondrag、ondragenter、ondragleave、ondragover、ondragstart、ondrop、onerror、onmessage、onmousewheel、onresize、onscroll、onunload。HTML5.0 不支持 HTML4.0 的属性 onreset。

HTML5.0 支持的事件属性如表 1-12 所示。

表 1-12　HTML5.0 事件属性

属性	值	描述	属性	值	描述
onabort	script	发生 abort 事件时运行脚本	onkeydown	script	当按键按下时执行脚本
onbeforeonload	script	在元素加载前运行脚本	onkeypress	script	当按键被按下并松开时执行脚本
onblur	script	当元素失去焦点时运行脚本	onkeyup	script	当按键松开时执行脚本
onchange	script	当元素改变时运行脚本	onload	script	当文档加载时执行脚本
onclick	script	在鼠标单击时运行脚本	onmessage	script	当 message 事件触发时执行脚本

续表

属　性	值	描　述	属　性	值	描　述
oncontextmenu	script	当菜单被触发时运行脚本	onmousedown	script	当鼠标按钮按下时执行脚本
ondblclick	script	当鼠标双击时运行脚本	onmousemove	script	当鼠标指针移动时执行脚本
ondrag	script	只要脚本在被拖动就运行脚本	onmouseover	script	当鼠标指针移动到一个元素上时执行脚本
ondragend	script	在拖动操作结束时运行脚本	onmouseout	script	当鼠标指针移出元素时执行脚本
ondragenter	script	当元素被拖动到一个合法的放置目标时执行脚本	onmouseup	script	当鼠标按钮松开时执行脚本
ondragleave	script	当元素离开合法的放置目标时执行脚本	onmousewheel	script	当鼠标滚轮滚动时执行脚本
ondragover	script	只要元素正在合法的放置目标上拖动时，就执行脚本	onresize	script	当元素调整大小时运行脚本
ondragstart	script	在拖动操作开始时执行脚本	onscroll	script	当元素滚动条被滚动时执行脚本
ondrop	script	当元素正在被拖动时执行脚本	onselect	script	当元素被选中时执行脚本
onerror	script	当元素加载的过程中出现错误时执行脚本	onsubmit	script	当表单提交时运行脚本
onfocus	script	当元素获得焦点时执行脚本	onunload	script	当文档卸载时运行脚本

（2）HTML5.0 标准属性。HTML5.0 中新增的属性有 contenteditable、contextmenu、draggable、hidden、item、itemprop、irrelevant、ref、registrationmark、subject、template。表 1-13 中所列出的属性是适用于每个标签的核心属性和语言属性（有个别例外）。

表 1-13　HTML5.0 标准属性

属　性	值	描　述	属　性	值	描　述
class	classname	规定元素的类名	irrelevant	true false	设置元素是否相关，不显示非相关的元素
contenteditable	true false	规定是否允许用户编辑内容	lang	language_code	规定元素中内容的语言代码
contextmenu	menu_id	规定元素的上下文菜单	ref	url or elementID	引用另一个文档或本文档上另一个位置，仅在 template 属性设置时使用
dir	ltr rtl	规定元素中内容的文本方向	registrationmark	registration mark	为元素设置拍照。可规定于任何 <rule> 元素的后代元素，除了 <nest> 元素
draggable	true false auto	规定是否允许用户拖动元素	style	style_definition	规定元素的行内样式
hidden	hidden	规定对元素进行隐藏	subject	id	规定元素对应的项目

续表

属性	值	描述	属性	值	描述
id	id_name	规定元素的唯一 ID	tabindex	number	规定元素的 tab 键控制顺序
item	empty url	用于组合元素	template	url or elementID	引用应该应用到该元素的另一个文档或本文档上另一个位置
itemprop	url group value	用于组合项目	title	tooltip_text	显示在工具提示中的文本

1.4 实训

本节重点练习使用记事本编辑 HTML 文档的方法，练习制作滚动图片链接的方法，掌握 HTML 文档结构，理解相对路径和绝对路径的区别。

1.4.1 实训一 使用记事本编辑简单的网页

1. 实训目的

- 掌握使用记事本编写简单 HTML 文档的方法。
- 掌握 HTML 的文档结构。

2. 实训要求

打开记事本，在记事本中输入下面的 HTML 代码，将其以 ex01-1.html 为文件名进行保存。打开保存的记事本文档，预览网页显示效果。

```html
<html>
  <head>
    <title>文本页面</title>
  </head>
  <body>
    <p> 送灵澈上人 <br />
    刘长卿 <br />
    苍苍竹林寺，杳杳钟声晚。 <br />
    荷笠带斜阳，青山独归远。
    </p>
  </body>
</html>
```

1.4.2 实训二 制作滚动图片链接

1. 实训目的

- 掌握 HTML 的文档结构。
- 熟悉制作滚动图片链接的方法。
- 理解相对路径与绝对路径的区别。

2. 实训要求

（1）在记事本中输入下面的 HTML 代码，将其以 ex02.html 为文件名保存。在浏览器中打开保存的网页文档，浏览网页显示效果。

（2）观察网页引用的 4 个图片是否正常显示，如果不能正常显示，说明引用的图片路径有问题，请尝试着进行修改，确保网页图片正常显示。显示效果如图 1-7 所示。

```html
<html>
 <head>
  <title>滚动图片效果 </title>
 </head>
 <body bgcolor="#cc6600">
  <center>
  <h2>欧洲风光欣赏</h2>
  </center>
  <div align="center">
   <hr color="#ffffff" width="700" size="8" />
   <marquee width="700" height="200" behavior="scroll" scrollamount ="4" onMouseOver=this.stop() onMouseOut=this.start()>
    <a href="images/tu1.jpg"><img src=images/tu1.jpg"border=1/></a>
    <a href="images/tu2.jpg"><img src=images/tu2.jpg"border=1/></a>
    <a href="images/tu3.jpg"><img src=images/tu3.jpg"border=1/></a>
    <a href="images/tu4.jpg"><img src=images/tu4.jpg"border=1/></a>
   </marquee>
   <hr color="#ffffff" width="700" size="8" />
  </div>
 </body>
</html>
```

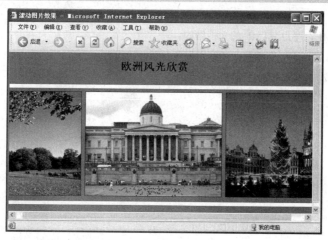

图 1-7　滚动图片浏览效果

1.5　习题

一、填空题

1. 网页分为_____和_____两种类型。
2. HTML 中的所有标签符都由一对_____围住。
3. HTML 网页的标题是通过_____标签显示的。
4. _____是水平线标签，可以在页面中生成一条水平线，用于分隔文档或者修饰网页。

5. HTML 网页的列表标签分为_____、_____两种。

6. HTML 网页图像标签是_____。

7. 在 HTML 网页中，设置一个完整表格时，必不可少的 3 个标签是_____、_____、_____。

8. 组成 HTML 主体结构的 3 对标签是_____、_____、_____。

二、选择题

1. 用于设置普通超链接文本颜色的属性是（   ）。

　　A．link　　　　　B．alink　　　　　C．text　　　　　D．vlink

2. 以下对动态网页的特点描述中正确的是（   ）。

　　A．Flash、GIF 是动态网页最显著的特征

　　B．动态网站比静态网站安全性更高

　　C．动态网页中不需要使用 HTML 标签语言

　　D．ASP、ASP.net 都是常用的动态网站技术

3. 在 HTML 文档中，使文本内容强制换行的标签是（   ）。

　　A．<hr>　　　　　B．
　　　　　C．<pre>　　　　　D．<hn>

4. 以下哪个标签语言符合 HTML 的语法规范？（   ）

　　A．<img src=pic1.jpg width=150 height=200/>

　　B．<p><div>文字加粗的段落</p></div>

　　C．<p align=center>

　　D．<hr width="400" color=" #000000" />

三、简答题

1. 什么是 HTML？写出 HTML 的文档结构。

2. 编写 HTML 网页文档有哪些方法？它们各有哪些特点？

3. 静态网页和动态网页分别具有哪些特点？

第2章 网页版式设计与色彩搭配

网页界面设计包括网页版式设计和网页色彩搭配。网页版式设计是各种网页元素进行合理组织而呈现的排列效果,从平面设计的角度来看,点、线、面有秩序的组合构成网页版式;网页的色彩搭配指各种网页元素的配色方案。色彩是最容易引人注目的视觉要素,然而对于初学者来说,网页配色难以很好的把握。如何设计出赏心悦目的网页作品,网页版式设计与配色显得尤为重要。

本章学习要点:
- 网页版式设计;
- 色彩基本理论;
- 色彩的视觉效果;
- 网页色彩及配色技巧。

2.1 案例分析:不同风格网页作品欣赏与解析

Internet 上的网页不计其数,风格各异,有的网页看起来热情奔放,让人心潮澎湃;有的网页高雅华贵;有的网页沉稳庄重;有的网页轻松活泼。网页给浏览者带来的视觉感受,是由页面版式、色彩决定的。下面给出几个比较有代表性的网页,我们可以通过对它们的赏析,分析不同风格网页的特点。

1. 网页作品欣赏之一:可口可乐公司主页

网页赏析:图 2-1 是可口可乐公司的主页。该网页版面设计采用四角对称型,主色调采用红色。四角对称的版式设计稳重、大方,网页四周及底部用很多看似零散但有序的点来点缀,淡化了对称的相对呆板,使网页更有活力。整体配色为红色,是可口可乐公司 VI 的主色调,具有热情澎湃、青春活力的特点。网页无论版式还是色彩搭配都符合公司的形象,彰显消费群体的个性。

2. 网页作品欣赏之二:养乐多面食类食品网站

网页赏析:图 2-2 是韩国养乐多面食类网站主页。该公司销售的是以大米、小麦等为原材料的休闲食品。网站首页采用曲线型版式设计,主色调为浅褐色。作为电子商务网站,采用曲线型版式设计,网站 LOGO、主打产品、宣传标语、导航条依照曲线排列,底部配以卡通元素具有轻快、随意的视觉效果,突出公司所销售面食产品的主要特点。网站整体色调采用浅褐色,是秋天收获的颜色,突出食品的制作原料,彰显其自然、健康的产品特性。

3. 网页作品欣赏之三：某房地产公司楼盘首页

网页赏析：图 2-3 是某房地产公司楼盘首页。该楼盘属于高端小区。从整体上看，网页很好地体现了其所宣传产品（楼盘）高贵典雅、气质非凡并略显神秘气息的特质，也迎合客户的尊贵及大隐于市的心理预期。设计师是如何做到这一点的呢？首先，页面整体采用中轴对称式布局，给人以稳重、古典、严肃的感觉；其次，整体采用黑色调，配以金黄色元素作为点缀，给人安静、庄重、神秘的视觉效果。

图 2-1　可口可乐公司网页

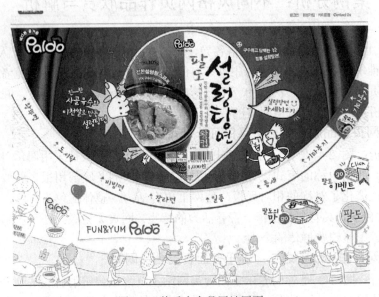

图 2-2　养乐多食品网站网页

4. 网页作品欣赏之四：苹果公司网站首页

网页赏析：图 2-4 是苹果公司网站首页。网页采用四横的骨骼式设计，整体色彩采用黑白灰色调。从色彩及版式看，网站秉承了苹果创始人乔布斯的极简风格，苹果在网页设计上并没有花费太大笔墨。骨骼式架构是公司网站通用的架构，容易被浏览者接受，黑白灰是永恒的时尚色。中间大块区域被主打商品占据，产品宣传意图明显。可见，无论从版式还是配色，无处不透露着苹果公司的文化氛围和价值理念，很容易被苹果的粉丝所认可。

图 2-3　某楼盘首页

图 2-4　苹果公司网站首页

2.2　学习任务：网页版式设计

浏览网页时通常的顺序是：网页版式→网页导航→网页内容，这三个关键因素依次决定网页的艺术性、技术性和实用性。网页版式是表达主题诉求，吸引浏览者眼球的重要因素。

📚 **本节学习任务**

掌握版式设计的概念，认识版式设计在网页设计中的重要性，了解常见的网页版式设计风格。

2.2.1 版式设计概述

网页的版式设计至关重要。在互联网上不计其数的网页中，如何使自己的网页脱颖而出，成为同类网页中浏览者的首选？很明显，仅仅有好的内容是远远不够的，网页更应该具有赏心悦目的外观，才能引起浏览者的注意。互联网经济又称为注意力经济，增强画面的视觉效果、提高整体形象，是网页界面设计的核心任务。

网页的版式设计，是指在有限的屏幕空间内，根据网页主题诉求，将网页元素按照一定的艺术规律进行组织和布局，使其形成整体视觉印象，最终达到有效传达信息的视觉设计。它以有效传达信息为目标，利用视觉艺术规律，将网页的文字、图像、动画、音频、视频等元素组织起来，充分体现网页整体风格。

网页的版式设计在整个网页设计中具有重要的作用。它决定了网页的艺术风格和个性特征，好的网页版式设计体现在信息传达的各个环节，从引起浏览者注意，到引导浏览者找到相关信息，到最终留下信息印象的过程中，都有着举足轻重的作用。

2.2.2 网页版式的尺寸和构成要素

和书籍报刊等一般印刷品不同，网页的尺寸是由浏览者控制的。网页版面指的是在浏览器上看到的一个完整页面。用不同种类、不同版本的浏览器浏览同一个网页，效果有可能不同；浏览器的工作环境不同，显示效果也不尽相同。

进行网页版式设计，首先应该确定网页尺寸。网页尺寸有绝对尺寸和相对尺寸两种。绝对尺寸指大小不变的尺寸格式，其大小用像素表示，如 1258px×900px。相对尺寸是网页宽度与浏览器宽度相适应的尺寸格式，其大小用百分比表示，如宽度 100%自适应。

☎ 提示：网页绝对尺寸和显示器的分辨率有关。常见显示器屏幕比例有 4∶3、16∶10、16∶9 三种。4∶3 的比例在 CRT 显示器中较为常见，主要分辨率有 800px×600px、1024px×768px，16∶10 的比例在液晶显示器较为常见，分辨率通常为 1280px×800px、1440px×900px，随着制造工艺的提升，16∶9 的液晶显示器逐渐成为主流，其分辨率为 1280px×720px、1920px×1080px。对于网页绝对尺寸，只需将屏幕分辨率减去 22px（浏览器滚动条宽度），作为网页宽度即可。目前主流显示器分辨率可选择宽度为 1280px 或 1024px。

网页绝对宽度=屏幕宽度-浏览器滚动条宽度。

网页版式的构成要素主要有：网页标志、导航条、文字、图片、多媒体等。

- 网页标志。网页的标志是 VI 系统的重要组成部分，是网页的风格和内涵的集中体现，通常位于网页的核心位置，并较之以其他元素醒目显示。
- 导航条。网页的导航条是浏览者在网站页面间跳转的枢纽，它的样式特点及导航的条理性设计将直接影响网站的浏览效率。
- 文字。网页文字主要用于呈现网站标题、导航栏和正文等内容，可以设置字体的样式、粗细、颜色等。字体的图形化、装饰功能可以提高浏览者的阅读兴趣，改善网页视觉效果。
- 图片。网页中图片的运用可以增加内容的形象性，能够更直观地表现或渲染主题，因此它在页面元素的编排中也是一个重要组成部分。大面积的图片布局易表现感性诉求，有朝气和真实感；小面积的图片给人精致的感觉，使人视线集中；大小图片的搭配使用，可以产生视觉上的节奏变化和画面空间的变化。图片少则页面显得平稳，图片多则页面显得活泼。
- 多媒体。网页借助于视频、音频、动画等多媒体表现形式，可以增强网页的动感活力，吸引浏览者的注意，比单纯图文混排的静态页面宣传效果更好。

2.2.3 网页的版式设计风格

根据网页中元素组合方式不同，可以将网页版式分为骨骼型、满版型、分割型、中轴型、曲线型、倾斜型、对称型、焦点型、三角型、自由型等十种类型。

▶ 1．骨骼型

是一种规范的、理性的分割方法，类似报刊的版式。骨骼型又称为分栏式。常见的骨骼有竖向通栏、双栏、三栏、四栏和横向通栏、双栏、三栏和四栏等，一般以竖向分栏为多，这种版式给人以和谐、理性的美。几种分栏方式结合使用，既理性、条理，又活泼而富有弹性。典型的骨骼型网页如图 2-4 所示。

▶ 2．满版型

页面以图像充满整版。主要以图像为诉求点，也可将部分文字罗列于图像之上，效果直观而强烈。满版型给人以舒展、大方的感觉。随着宽带的普及，这种版式在网页设计中的运用越来越多。满版型网页如图 2-5 所示。

▶ 3．分割型

把整个页面分成上下或左右两部分，分别安排图片和文字。有图片的部分感性而具活力，文字部分则理性而平静。可以通过调整图片和文字所占的面积，来调节对比的强弱。如果图片所占比例过大，文字使用的字体过于纤细，字距、行距、段落的安排又很疏散，就会造成视觉心理的不平衡，显得生硬。倘若通过文字或图片将分割线虚化处理，就会产生自然和谐的效果。

▶ 4．中轴型

沿浏览器窗口的中轴将图片或文字作水平或垂直方向的排列。水平排列的页面给人稳定、平静、含蓄的感觉，垂直排列的页面给人以舒畅的感觉。典型的中轴型网页如图 2-6 所示。

图 2-5　满版型版式

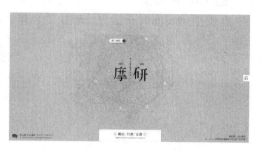

图 2-6　中轴型版式

5．曲线型

图片、文字在页面上形成曲线的分割或编排构成，产生韵律与节奏，如图2-7所示。

6．倾斜型

页面用多幅图片、文字倾斜编排，形成不稳定感或强烈的动感，引人注目。

7．对称型

对称的页面给人稳定、严谨、庄重、理性的心理感受，对称分为绝对对称和相对对称。一般采用相对对称型版式，以避免网页过于呆板，左右对称型的页面版式比较常见，如图2-8所示。

图2-7　曲线型版式　　　　　　　　图2-8　对称型版式

四角型也是对称型的一种，是在页面四个角安排相应的视觉元素。四个角是页面的边界点，其重要性不可低估，处理好四个角，页面显得均衡、稳定。控制好页面的四个角，也就控制了页面的空间，特别是越是凌乱的页面，越要注意对四个角的控制。四角对称型页面如图2-1所示。

8．焦点型

焦点型的网页版式通过对视线的诱导，使页面具有强烈的视觉效果。焦点型分三种情况。

- 中心。把对比强烈的图片或文字置于页面的视觉中心，如图2-9所示。
- 向心。视觉元素引导浏览者视线向页面中心聚拢，就形成了一个向心的版式。向心版式集中、稳定，是一种传统的手法。
- 离心。视觉元素引导浏览者视线向外辐射，则形成一个离心的网页版式。离心版式外向、活泼，更具现代感，运用时应注意避免凌乱。

9．三角型

网页各视觉元素呈三角型排列。正三角型（金字塔型）最具稳定性；倒三角型则产生动感；侧三角型构成一种均衡版式，既安定又有动感。倒三角型版式如图2-10所示。

10．自由型

自由型的页面具有活泼、轻快的风格。

 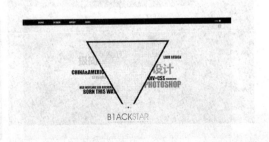

图2-9　焦点型版式　　　　　　　　图2-10　倒三角型版式

2.2.4 网页版式设计原则

对网页中的各种页面元素进行有机组合,就是网页版式设计。所谓有机组合,通常指网页版式形式与内容的统一。

采用哪种版式并不是设计者随意决定的,不同的网站主题对网页构成元素编排方式的要求是不同的。应结合建站目的、网站内容、浏览者特点等网站需求,确定网页版式。如商务类网站版式的平易近人、娱乐类网站版式的生动活泼、科技类网站版式的规范严谨,都是由网站整体需求决定的。

网页的版式设计是设计师理性思维与感性表达的产物,一方面它需要理性地运用艺术规律和科学规律,使网页能够符合视觉习惯和审美需求;另一方面,它又是承载设计师个人风格和艺术特色的视听传达载体。在网页的版式设计中,感性和理性的互动、技术与艺术的融合显得尤为重要。设计师必须具有良好的设计创意能力和设计表达能力,才能根据主题的需要,将理性思维个性化地表现出来,从而使浏览者产生视觉美感和精神享受,达到准确传达信息的效果。单纯具有良好的设计创意而没有设计表达能力,或具有较高的软件运用水平但没有好的设计创意作为基础,都无法设计出成功的网页版式。

2.2.5 网页版式设计的视觉流程

视觉流程是网页版式设计的重要内容,可以说,视觉流程运用的好坏,是设计者水平的体现。

页面中不同的视觉区域,注目程度不同,给人心理上的感受也不同。一般而言,上部给人轻快、漂浮、积极、高昂之感;下部给人压抑、沉重、限制、稳定的印象;左侧,感觉轻便、自由、舒展,富于活力;右侧,感觉局促却显得庄重。网页中最重要的信息,应安排在注目率最高的页面位置,这个位置便是页面的最佳视域。

人们阅读材料时习惯按照从左到右,从上到下的顺序进行。浏览者的眼睛首先看到的是页面的左上角,然后逐渐往下看。根据这一习惯,设计时可以把重要信息放在页面的左上角或页面顶部,如公司的标志、最新消息等,然后按重要性依次放置其他内容。

2.2.6 网页版式设计的步骤

一个优秀的网页,是从网页版式设计开始的。通常,网页版式设计要经历构思、粗略布局、完善布局、深入优化等阶段。

▶1. 构思

在构思之前要对客户的需求、网站的定位、浏览者特点进行深入调研。了解客户需求后,绘制布局草图。这是属于构思的过程,不讲究细腻工整,也不必考虑过多细节,只需要用粗陋的线条勾画出创意的轮廓。

▶2. 粗略布局

如果用户对构思满意,可以使用 Photoshop 等图像设计软件进行粗略布局设计。在这个阶段,只需要把重要的元素和网页结构相结合,呈现整体设计思想,在此基础上和客户进行充分交流,进一步确定网页整体构架。

3. 完善布局

布局框架确定后，根据客户的要求进行进一步修改，将网页信息有条理地融入到整个框架中，对网页中的图文进行有序的编排。

4. 深入优化

这个阶段主要是在完善布局的基础上，对细节进一步优化，比如图片大小、标题位置、字体大小及间距的调整等，直到客户满意。

2.3 学习任务：色彩的基本理论及其视觉效果

色彩在艺术设计中具有重要的地位。作为艺术设计，不管是数万年前的原始壁画创作，还是现代的产品设计、平面设计、室内装潢都离不开色彩，网页设计也是如此。网页中的背景、标志、导航栏、文字、图片等元素应该采用什么样的色彩，如何进行搭配才能更好地呈现网页需求，是网页设计者所应关注的问题。

本节学习任务

了解色彩的基本概念以及色彩的视觉效果，掌握光的三原色理论，掌握色彩的三个基本属性。

2.3.1 色彩的基本理论

大自然为何是五颜六色的？因为光照射到物体的表面发生反射产生了色彩。

人的眼睛是根据所看见光的波长来识别颜色的。如霓虹灯，它所发出的光本身带有颜色，能直接刺激人的视觉神经而让人感觉到色彩。光谱中的大部分颜色是由三种基本色光按不同的比例混合而成的，这三种基本色光的颜色是红（Red）、绿（Green）、蓝（Blue）三原色光。这三种颜色以相同的比例混合、且达到一定的强度，就呈现白色（白光）；若三种光的强度均为零，就是黑色，这就是加色法原理。加色法原理被广泛应用于电视机、投影仪、显示器等发光产品中。

> 提示：根据色彩理论中的减色法原理，颜料的三原色为青（Cyan）、品红（Magenta）和黄（Yellow），多用在印刷、油漆、绘画等场合。

色彩分为无彩色和有彩色两大类。前者如黑、白、灰，后者如红、黄、蓝等颜色。有彩色具备光谱上的某种或某些色相，统称为彩调，无彩色没有彩调，只有亮度属性，表现为黑、白、灰。

有彩色可以用三组特征值来确定。其一是彩调，也就是色相；其二是饱和度，也就是纯度、彩度；其三是明暗，也就是明度。色相、饱和度、明度称为色彩的三属性。

- 色相（Hue），简写 H，色相是色彩的首要特征，是区别各种不同色彩的最准确的标准。例如红、橙、黄、绿、青、蓝、紫等。
- 饱和度（Saturation），简写 S，表示色的纯度。为 0 时为灰色。黑、白、灰是没有饱和度的。饱和度最大时，表示某一色相具有最纯的色光。取值范围为 0~100%。
- 明度（Brightness），简写 B，表示色彩的明亮度。为 0 为黑色，最大亮度是色彩最鲜明的状态。取值范围为 0~100%。

HSB 模式中 S 和 B 呈现的数值越高，饱和度明度越高，页面色彩越强烈艳丽。

2.3.2 色彩的视觉效果

研究表明，色彩能给人的心理带来刺激，影响人的情绪。例如，在红色环境中，人的脉搏会加快，血压有所升高，情绪兴奋冲动。正是由于色彩对人类心理的情绪化作用，色彩在艺术设计中才具有如此重要的作用。

1. 色彩的心理感觉

不同的颜色给人带来不同的心理感受。

- 红色。红色是所有色彩中对视觉效果作用最强烈和最有生气的色彩，它炽烈似火，壮丽似日，热情奔放如血，是生命崇高的象征。红色能使人产生冲动、愤怒、热情、有活力的感觉。这些特点主要是高纯度的红色所表现出的效果，当其明度增大，变为粉红色时，就会表现出温柔、顺从的特点和女性的特质。
- 绿色。介于冷暖色彩之间，代表新鲜，充满希望、和平、青春，显得和睦、宁静、健康。从心理上，绿色令人平静、松弛而得到休息。绿色是大自然中植物生长、生机盎然、清新宁静的生命力量和自然力量的象征，它和金黄、淡白搭配，可以产生优雅，舒适的气氛。
- 橙色。橙色常象征活力、精神饱满和友谊。它也是一种激奋的色彩，具有轻快、欢欣、热烈、温馨、时尚的效果。
- 黄色。黄色是明度最高的色彩，它光芒四射，轻盈明快，生机勃勃，具有温暖、愉悦、提神的效果，常为积极向上、进步、文明、光明的象征，具有快乐、希望、智慧和轻快的个性。
- 蓝色。是最具凉爽、清新、专业的色彩。蓝色代表深远、永恒、沉静、理智、诚实、公正、权威。它和白色混合，能体现柔顺，淡雅，浪漫的气氛。
- 紫色。是红、青色的混合，是一种冷寂和沉着的红色，它精致而富丽，高贵而迷人。偏红的紫色，华贵艳丽；偏蓝的紫色，沉着高雅，常象征尊严、孤傲或悲哀。
- 白色。白色代表纯洁、纯真、朴素、神圣和明快，具有洁白、明快、纯真、清洁的感受。
- 黑色。具有深沉、神秘、寂静、悲哀、压抑的感受。
- 灰色。在商业设计中，灰色具有中庸、平凡、温和、谦让、中立和高雅的感觉。灰色是永远的流行色。在很多高科技产品中，都采用灰色表达时尚、科技的形象。使用灰色时，多用于和其他色彩搭配，以防产生过于平淡、呆板、沉闷的感觉。

2. 色彩的冷暖

冷暖色彩给人的心理情感带来的变化是很丰富的。色彩本身并无冷暖的温度变化，引起冷暖变化的原因，是人的视觉对色彩引起的心理冷暖感觉联想。

- 暖色。看到红色、橙色、黄色、紫色、橘色等颜色后，马上联想到火焰、太阳、炉子、热血等，产生温暖、热烈的感觉。儿童网站采用暖色调给人可爱温馨的感觉。
- 冷色。看到草绿、蓝绿、天蓝、深蓝等色后，很容易联想到草地、太空、冰雪、海洋等物像，产生广阔、寒冷、理智、平静等感觉。蓝色和绿色是大自然赋予人类的最佳心理镇静剂。人们都有这样的体会，当心情烦躁时，到公园或海边看看，心情会很快恢复平静，这是绿色或蓝色对心理调节的结果。医学专家研究表明，人在看到冷色系列的色调时，皮肤温度会降低1至2摄氏度，减少脉搏跳动次数4至8次，降低血压、减轻心脏负担。蓝色和绿色是希望的象征，给人以宁静的感觉，可以降低眼内压力，减轻视觉疲劳，安定情绪，使人呼吸变缓，心脏负担减轻，降低血压。医院的网站一般采用平安镇静为主流的蓝色调。

● 中性色。介于暖色系和冷色系之间的色彩是中性色。中性色给人的心理感觉相对较为柔和。色彩的冷暖分布如表2-1所示。

表2-1 色彩的冷暖分布

红	橙	橙黄	黄	黄绿	绿	青绿	蓝绿	蓝	蓝紫	紫	紫红
暖色系			中性色系		冷色系				中性色系		

提示：在表2-1中，橙色是极暖色，蓝色是极冷色。离这两种颜色越近，相应的属性越强烈。

3. 色彩的软硬

色彩的软硬感与明度有关系，明度高的色彩给人以柔软、亲切的感觉。明度低的色彩则给人坚硬、冷漠的感觉。在网页设计中，可利用色彩的软硬感来创造舒适宜人的色调。

4. 色彩的进退

网页色彩的前后感觉也是不容忽视的，人眼晶状体对于距离的变化是非常精密和灵敏的，但是它总是有一定的限度，对于波长微小的差异将无法正确调节。眼睛在同一距离观察不同波长的色彩时，波长长的暖色如红、橙色等，在视网膜上形成内侧映像；波长短的冷色如蓝、紫等色，则在视网膜上形成外侧映像。

蓝、紫等色彩成像后感觉比较远，在同样距离内感觉就比较后退。相反，黄色就感觉近，有前进感。凡对比度强的色彩搭配具有前进感，对比度弱的色彩搭配就具有后退感；膨胀的色彩具有前进感，收缩的色彩具有后退感；明快的色彩具有前进感，灰暗的色彩具有后退感。

色彩的前进、后退感是色彩设计者共同感兴趣的问题，其实在绘画中常被用来加强画面空间层次，如画面背景可选择冷色，色彩对比度也应减弱；为了使前景或主体突出，应选择暖色，色彩对比度也应加强。

5. 色彩的大小

很多因素可以影响色彩的对比效果，色彩的大小就是其中最重要的因素之一。

由于色彩有前后的感觉，因而暖色、高明度的色彩有扩大、膨胀感；冷色、低明度色彩有减小、收缩感。

按大小感觉划分，色彩的排列顺序为：红、黄、橙、绿、蓝、青、紫。充分利用色彩的大小感觉也是常见的一种表达方法。

2.4 学习任务：网页中的色彩及配色

在艺术设计中，色彩的视觉冲击效力是最强的，网页首先呈现给浏览者的是整体色调。正是由于网页色彩的重要性，设计网页时，配色显得尤为重要。

📞 本节学习任务

了解网页色彩的概念，掌握在网页中色彩的数字表达方式，掌握网页的配色原理及技巧。

2.4.1　网页色彩

在网页设计中，常用到的色彩模式是 RGB 色彩模式。通过对红（Red）、绿（Green）、蓝（Blue）三种颜色通道的变化以及它们相互之间的叠加来得到各式各样的颜色。RGB 代表红、绿、蓝三个通道的颜色，这个标准几乎包括了人类视觉所能感知的所有颜色。

RGB 色彩模式使用 RGB 模型，为图像中每一个像素的 RGB 分量分配一个 0~255 范围内的强度值。例如：纯红色的 R 值为 255、G 值为 0、B 值为 0；灰色的 R、G、B 三个值相等（除了 0 和 255）；白色的 R、G、B 都为 255；黑色的 R、G、B 值都为 0。RGB 图像只使用三种颜色，就可以使它们按照不同的比例混合，在屏幕上呈现 16777216 种颜色。

静态网页设计中，颜色用十六进制的 RGB 值来表示。例如，红色的十六进制表示为 FF0000，在 HTML 语言中，"bgColor=#FF0000"指背景色设置为红色。

图 2-11 是"颜色"面板。可以看出，颜色信息可以在面板右下角用 RGB 或者 HSB 两种模式表示。

📞 提示：Web 安全色是指能在不同操作系统和不同浏览器之中同样安全显示的 216 种颜色，实际上只有 212 种颜色能在 IE 和 Netscape 浏览器上同样正确显示。早期，在网页设计中，为了适应不同浏览器的兼容性，通常将网页的颜色控制在 Web 安全色范围之内。随着浏览器性能的提高，网页设计时已不需要考虑安全色问题。

2.4.2　网页中色彩的作用

色彩在网页设计中占有相当重要的地位。对浏览者来说，颜色将对用户的心理和生理产生不同程度的影响，影响着浏览者对网站的整体印象。

▶ 1．烘托主旨

根据色彩的视觉效应，在进行网页配色时，可以根据主题诉求选择主色调，使网页的色彩能够更好地为内容服务。例如：蓝色有严肃、安静、权威的寓意，可以使用蓝色作为科技公司网站的主色调。

▶ 2．划分视觉区域

网页的信息可能会很多且繁杂，如何对其有效划分并使之有序，是网页设计者必须解决的问题。在网页中灵活地使用色彩，可以使纷杂的网页变得井然有序。例如，可以为网页不同区块添加不同的背景，划分不同视觉区域，也可以给标题和背景应用不同的颜色，以示区分。

▶ 3．引导主次

色彩有明暗及面积大小的区分。当两个以上色彩同时存在的时候，就会产生对比，在浏览的时候就会产生主次之分，以此安排信息，使得网页内容主次分明，条理清晰。

2.4.3　网页配色原理

网页色彩搭配不仅是一项技术性工作，更是一项艺术性很强的工作。设计师的工作是将网页主旨及情感通过色彩表达出来。网页配色时，不仅要考虑网站需求，更要尊重浏览者的浏览习惯及认知特点，才能设计出优秀的网页。

▶ 1. 色彩的适合性

色彩的适合性指色彩和网页所要表达的主题情感相适合。这和色彩所表达的情感有很大联系。如用粉色体现女性站点的柔性，用深蓝色表现公司网站的严肃权威，用橙色表达商务网站的亲切时尚，用黑色体现游戏类网站的神秘，用浅绿色体现儿童网站的天真活泼。确定网站的主题后，网站的色调也就基本确定了。突破常规也未必不可，除非设计者具有与众不同的艺术想象力。

▶ 2. 色彩的鲜明性

网页的色彩要鲜明，这样才能引起浏览者的兴趣。一般说来，要选择一个主色调，然后再根据主色调确定其他颜色。一个网页之中虽然有很多种色彩，但是还是要突出主要的色彩。网页的主色调决定了网页风格，彰显网页的个性。

▶ 3. 色彩的独特性

有的时候，可以在一个网页中增加一种或若干种个性鲜明的色彩。这种尝试显然是比较冒险的，但是通过合理把握色彩的大小和与其他色彩的关系，使得整个网页显得更加活泼，这样也能给浏览者留下深刻印象。

2.4.4 网页配色技巧

网页配色用彩色好还是非彩色好？根据专业机构研究表明：彩色的记忆效果是黑白的 3.5 倍。也就是说，在一般情况下，彩色页面较黑白页面更加吸引人。通常的做法是：主要内容文字用非彩色（黑色），边框、背景、图片用彩色。

无论使用彩色，还是用黑白色设计网页，都要遵循一定的原则和技巧。

▶ 1. 彩色搭配的技巧

● 使用一种色彩

所谓的使用一种色彩，并不是指在网页中仅仅用一种颜色。这里是指先选定一种色彩，然后通过调整色彩的透明度或者饱和度，产生新的色彩。这样的页面看起来色彩统一，并且有层次感。

● 使用邻近色

邻近色就是在色环上相邻近的颜色，色彩分布如图 2-12 所示。在色环中，任何一种颜色都有两种相邻的颜色。相近的三种颜色搭配的时候，给人舒适自然的视觉效果，因此在设计中经常使用。

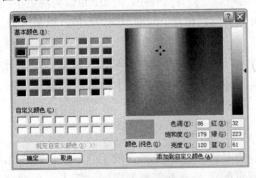

图 2-11 "颜色" 面板

图 2-12 色环图

- 使用对比色

所谓对比色，就是在色环上相对的两种色彩。由于色环上相对的颜色的色彩冷暖等视觉效果是完全相反的，因此在使用时对比极为强烈。为了达到较好的效果，可以适当调整对比色的亮度。

2. 非彩色搭配

黑白是最基本和最简单的色彩搭配，白字黑底，黑底白字，对比强烈，简洁明了。灰色是万能色，可以和任何彩色搭配，也可以帮助两种对立的色彩和谐过渡。如果对于网页中的某个元素，实在找不出合适的色彩，不妨用灰色试试，效果不会太差。使用黑、白、灰可以搭配任何色彩，在网页中，通常用黑、白、灰等颜色作为大面积的文字或者背景颜色。

> 提示：在网页配色中，需要注意两点，一是不要将所有颜色都用到，尽量控制在三种色彩以内；二是背景和文字的对比尽量要大（绝对不要用花纹繁复的图案作背景），以便突出主要文字内容。

2.5 实训

对于网页界面设计，理论知识必不可少，但实践更重要。对于没有美术功底的初学者来说，若想成为网页界面设计高手，首先要会欣赏，从优秀案例中总结经验，找寻灵感；然后要善于模仿，使用 Photoshop 等平面设计软件，模仿成功案例的版式和配色；最后能独立创作，对于任何类型的网站，都能完成版式设计和配色。

通过实训，能将网页艺术设计的理论知识和实践相结合，并掌握网页界面设计的方法。

2.5.1 实训一　总结不同主题网站的版式设计及配色

1. 实训目的

- 了解网站的分类。
- 掌握不同主题网站的版式设计特点。
- 掌握不同主题网站配色技巧。

2. 实训要求

网站按主题，主要分为教育类网站、政府类网站、科技类网站、商务类网站等。同类型的网站在页面设计上有很大的相似性。浏览四种风格的典型网站，并总结其版式设计及配色原理。

2.5.2 实训二　网页配色练习

1. 实训目的

- 掌握网页风格确定方法。
- 熟悉网站色彩搭配技巧。
- 学会使用 Photoshop 进行网页配色。

2. 实训要求

使用 Photoshop 打开素材文件，如图 2-13 所示。尝试按照春夏秋冬不同的风格对其进行配色。

图 2-13　素材文件

2.5.3　实训三　校友网首页效果图设计

1. 实训目的

- 掌握骨骼式网页版式设计的方法。
- 熟悉网站色彩搭配技巧。
- 掌握使用 Photoshop 设计首页效果图的操作技巧。

2. 实训要求

参考网页效果，如图 2-14 所示，用给定的素材，使用 Photoshop 设计网页效果图。页面尺寸为 1418px×890px，网站标题字体为"造字工房悦黑体验版"，导航栏字体为微软雅黑。学士帽可以使用 Photoshop 的自定义形状工具绘制。

图 2-14　页面效果图

2.6 习题

一、填空题

1. 网页版式的构成要素主要有_____、网页标题、_____、_____、多媒体、色彩、字体等。
2. 各种网页元素进行有机组合，就是_____。所谓有机组合，通常指网页版式_____与_____的统一。
3. 可见光谱中的大部分颜色可以由三种基本色光按不同的比例混合而成，这三种基本色光的颜色就是_____、_____、_____三原色光。
4. 在 HTML 语言中，色彩是用三种颜色的数值表示的。例如，蓝色是 color（0,0,255），十六进制的表示方法为_____。
5. 在色环图中，红色的对比色是_____，红色的邻近色是_____。

二、选择题

1. 浏览网页时，首先吸引浏览者的主要因素是（　　）。
   A．版式　　　　　B．导航　　　　　C．网页内容　　　　　D．多媒体
2. 网页版式的规格尺寸和（　　）没有很大关系。
   A．网页承载内容的多少　　　　　B．显示器分辨率
   C．浏览器的类型　　　　　　　　D．操作系统的版本
3. 网页版式分为骨骼型、满版型、分割型、中轴型、曲线型、倾斜型、对称型、焦点型、三角型、自由型十种类型，分类依据是（　　）。
   A．网页中信息的多少　　　　　　B．网页主体思想
   C．网页中元素组合规律　　　　　D．网页浏览者的浏览喜好
4. 决定了颜色特质的是（　　）。
   A．饱和度　　　　B．色相　　　　C．色调　　　　D．明度
5. 给人快乐、希望、智慧、轻快的心理感受的颜色是（　　）。
   A．红色　　　　　B．绿色　　　　C．蓝色　　　　D．黄色

三、简答题

1. 网页版式设计应该遵循的原则有哪些？
2. 简述网页版式设计的流程。
3. 简述在网页设计中如何将色彩数字化。
4. 色彩的冷暖对网页设计产生什么样的作用？

第3章
Dreamweaver CS6 入门

开发和设计 Web 页面的工具有很多，Dreamweaver 是众多工具中的主力，占据了国内外网页编辑和开发的大部分市场。Dreamweaver CS6 是一款专业的 HTML/CSS 编辑器，用于对 Web 站点、Web 页和 Web 应用程序进行编辑和开发设计。

本章学习要点：
- Dreamweaver CS6 的主要功能和特点；
- Dreamweaver CS6 的工作区；
- 用 Dreamweaver CS6 创建并管理站点；
- 用 Dreamweaver CS6 制作简单网页。

3.1 学习任务：认识中文版 Dreamweaver CS6

Adobe Dreamweaver CS6 是网页设计与制作领域中用户最多、应用最广、功能最强的软件之一，它将可视布局工具、应用程序开发功能和代码编辑支持组合在一起，使各个层次的开发人员和设计人员都能够快速创建基于标准的网站和 Web 应用程序，深受国内外专业 Web 开发人员的喜爱。

本节学习任务

了解 Dreamweaver CS6 的特点和主要功能，熟悉安装 Dreamweaver CS6 对系统软硬件的要求，掌握 Dreamweaver CS6 的安装与卸载。

3.1.1 Dreamweaver CS6 的特点

Dreamweaver CS6 是最流行的 Web 开发工具之一，不仅是为设计人员同时也是为开发人员而构建的。借助 Adobe Dreamweaver CS6 软件，用户可以快速、轻松地完成设计、开发、维护网站和 Web 应用程序的全过程。

Dreamweaver CS6 的特点主要有以下几点。
（1）集成的工作区，更加直观，使用更加方便。
（2）支持多种服务器端开发语言。
（3）提供强大的编码功能。
（4）具有良好的可扩展性，可以安装 Adobe 公司或第三方推出的插件。
（5）提供了更加全面的 CSS 渲染和设计支持，用户可以构建符合最新 CSS 标准站点。

（6）可以更好地与 Adobe 公司的其他设计软件集成，如 Flash CS6、Photoshop CS6、Fireworks CS6 等，以方便对网页动画和图像的操作。

3.1.2　Dreamweaver CS6 的新增功能

与之前的版本相比，Dreamweaver CS6 具有以下新功能。

- 新站点管理器

Dreamweaver CS6 的"管理站点"对话框给人焕然一新的感觉，在保持站点的编辑与管理功能不变的基础上，还新增了包括创建和导入 Business Catalyst 站点的功能。

- 基于流体网格的 CSS 布局

在 Dreamweaver CS6 中新增了强健的流体网格布局功能，可以创建适合不同屏幕尺寸的 CSS 布局。在使用流体网格生成 Web 页时，布局及其内容会自动适应用户的查看装置，如台式机、平板电脑或智能手机。

- CSS3 过渡效果

在 Dreamweaver CS6 中新增了"CSS 过渡效果"面板，使用户不仅可以使用代码，还可以使用"CSS 过渡效果"面板来创建 CSS3 过渡效果，如创建鼠标悬停在一个菜单栏项上时，该菜单栏项逐渐从一种颜色变成另一种颜色的效果。

- 多 CSS 类选区

现在可以将多个 CSS 类样式应用于网页中的同一个元素。在 Dreamweaver CS6 中选择一个网页元素后，可以在"多类选区"对话框中选择多个所需的 CSS 类样式。而且，在应用多个类之后，Dreamweaver CS6 会根据之前的选择创建新的多类，以便后面应用。

- 与 PhoneGap Build 集成

Dreamweaver CS6 与 PhoneGap Build 服务直接集成，通过"PhoneGap Build"面板登录到 PhoneGap Build 服务后，可以直接在 PhoneGap Build 服务上生成 Web 应用程序，并且将生成的本机移动应用程序下载到用户本地桌面或移动设备上。PhoneGap Build 服务支持对大多数流行的移动平台生成本机应用程序，包括 Android、iOS、Blackberry、Symbian 和 webOS。

- jQuery Mobile 1.0 和 jQuery Mobile 色板

Dreamweaver CS6 附带了 jQuery 1.6.4 以及 jQuery Mobile 1.0 文件。可以在"新建文档"对话框中选择 jQuery Mobile 起始页，并当创建 jQuery Mobile 页时，可以在完全 CSS 文件与被拆分成结构和主题组件的 CSS 文件之间进行选择。

Dreamweaver CS6 提供了新的"jQuery Mobile 色板"面板，可以在 jQuery Mobile CSS 文件中预览所有色板，并可将色板逐个应用于标题、列表、按钮和其他元素。

- Business Catalyst 集成

可以在 Dreamweaver CS6 中直接创建新的 Business Catalyst 试用站点。在登录到 Business Catalyst 站点后，可以直接在"Business Catalyst"面板内插入和自定义 Business Catalyst 模块。Dreamweaver CS6 提供了将本地文件和 Business Catalyst 站点数据库内容之间进行集成的方式。

- Web 字体

可以在 Dreamweaver CS6 中使用有创造性的 Web 支持字体，如 Google 或 Typekit Web

字体。使用"Web 字体管理器"将 Web 字体导入 Dreamweaver 站点后，即可在 Web 页中使用 Web 字体。

● 简化的 PSD 优化

Dreamweaver CS6 将 CS5 版中对图像优化操作的"图像预览"对话框更新为"图像优化"对话框，并简化了其中的操作选项。而且在使用"图像优化"对话框进行设置操作时，"设计"视图中会显示图像的即时预览。

● 对 FTP 传递的改进

Dreamweaver CS6 采用多路传递可以同时传输选定文件，而且可以同时使用上传和下载操作来传输文件。如果有足够的可用带宽，FTP 多路异步传递可显著加快传输进度。

3.1.3　Dreamweaver CS6 的安装与卸载

1. Dreamweaver CS6 的安装

Dreamweaver CS6 可以在 Windows 操作系统中运行，也可以在 Macintosh 操作系统中运行。由于 Dreamweaver CS6 提供了比较全面的功能，所以在系统配置要求方面相对较高，应达到以下最低配置要求。

（1）Windows 操作系统。

- 处理器：Intel Pentium 4 或 AMD Athlon 64 （或兼容处理器）。
- 操作系统：Microsoft Windows XP（带有 Service Pack 2，推荐 Service Pack 3）；Windows Vista Home Premium、Business、Ultimate 或 Enterprise（带有 Service Pack 1）；或 Windows 7 以上版本。
- RAM：512 MB，建议使用 1GB 内存。
- 硬盘：1GB 可用硬盘空间用于安装；安装过程中需要额外的可用空间（无法安装在基于闪存的可移动存储设备上）。
- 媒体：DVD-ROM 驱动器。
- Internet 连接或电话连接（用于激活及在线服务）。

（2）Macintosh 操作系统。

- 处理器：Intel 多核处理器。
- 操作系统：Mac OS X 10.5.7 或 10.6 版。
- RAM：512 MB，建议使用 1GB 内存。
- 硬盘：1.8GB 可用硬盘空间用于安装；安装过程中需要额外的可用空间（无法安装在使用区分大小写的文件系统的卷或基于闪存的可移动存储设备上）。
- 媒体：DVD-ROM 驱动器。
- Internet 连接或电话连接（用于激活及在线服务）。

在保证硬件配置和软件环境符合安装要求的情况下，就可以安装 Dreamweaver CS6 了。在安装软件之前，建议先将 Dreamweaver 以前的版本进行卸载。安装过程如下。

（1）先将购买的 Dreamweaver CS6 中文版产品 CD 或 DVD 插入驱动器中，或从 Adobe 官方网站下载安装文件。如果是使用光盘安装，通常会自动启动安装程序（如果安装程序没有自动启动，请双击光盘中的 set-up 文件开始进行安装）；如果是从网站上下载的安装文件，双击运行后文件自动解压，解压完成后自动运行安装程序。

（2）安装程序运行后，会进入初始化安装程序界面，初始化完成后将打开"欢迎"界面，如图 3-1 所示。

提示：Dreamweaver CS6 安装程序运行后，会对计算机进行检测，可能会弹出遇到问题的对话框，重新启动计算机或者点击【忽略】按钮即可。

（3）单击【安装】按钮，进入"Adobe 软件许可协议"界面，阅读协议后单击【接受】按钮可进入"序列号"界面，输入正确的序列号后，单击【下一步】按钮继续安装操作。如果没有产品序列号，可以单击【试用】按钮，这样不需要序列号也可以安装并正常使用 Dreamweaver，但是软件的试用时间是 30 天，过期则需要再次输入序列号，否则软件将无法正常使用。

提示：如果所用计算机连接 Internet，那么在接受 Adobe 软件许可协议后，会要求输入一个"Abode ID（电子邮件地址）"和"密码"进行登录，如果没有可以创建一个。如果所用计算机没有连接 Internet，登录操作将被忽略。

（4）安装进入"选项"界面后，需要设置好安装的产品选项、语言与安装位置等信息，单击【安装】按钮，开始产品安装过程。

（5）等待一段时间后，产品安装完毕，将显示"安装成功"界面，说明产品已成功安装，可以使用了。

2. Dreamweaver CS6 的卸载

如果用户所安装的 Dreamweaver CS6 软件遭到破坏，出现了问题，需要先将 Dreamweaver CS6 进行卸载，然后再重新安装。

卸载 Dreamweaver CS6 的方法如下。

（1）选择"开始→设置→控制面板"，打开"控制面板"窗口，从中选择"添加或删除程序"图标命令，打开"添加或删除程序"对话框，如图 3-2 所示。选中 Adobe Dreamweaver CS6 程序单击【删除】按钮，打开"卸载选项"界面。

图 3-1 "欢迎"界面　　　　　　图 3-2 "添加或删除程序"对话框

（2）选择卸载的内容，单击【卸载】按钮，进入"卸载"界面，开始执行卸载程序并显示卸载进度。经过一段时间，卸载程序执行完，显示"卸载完成"界面，单击【关闭】按钮，即完成 Dreamweaver CS6 的卸载。

3.2 学习任务：Dreamweaver CS6 工作区介绍

Dreamweaver CS6 继承了之前 CS5 版本的风格，有方便编辑的窗口环境、易于辨别的工具列表，对于使用过程中出现的问题，可方便地通过系统帮助获取相关信息，十分方便初学者的使用。

本节学习任务

熟悉 Dreamweaver CS6 的工作区，了解菜单栏、文档窗口、文档工具栏、编码工具栏、状态栏、"属性"面板和其他面板组的功能，掌握对面板或者面板组的基本操作。

3.2.1 启动 Dreamweaver CS6

选择"开始→程序→Adobe Dreamweaver CS6"启动程序，在运行启动界面完成后进入 Dreamweaver CS6 的"欢迎屏幕"，即"开始页"，如图 3-3 所示。

"欢迎屏幕"分为 3 栏，具体内容如下。

- 打开最近的项目：显示之前使用 Dreamweaver CS6 编辑过的最后几个文档，选中某文档后可以直接打开并进一步编辑该文档。
- 新建：显示了可以创建的文档类型，如选择"HTML"命令可以建立一个扩展名为".html"的文档，选择"CSS"可以建立扩展名为".css"的文档，选择"JavaScript"可以建立扩展名为".js"的文档。
- 主要功能：显示了 Dreamweaver CS6 新增加的主要功能，选择其中某一选项，可以打开 Adobe 公司官方网站提供的网络视频教程。

单击"快速入门"、"新增功能"、"资源"或"Dreamweaver Exchange"，可以直接访问 Adobe 公司的官方支持网站进行查询和交流。

图 3-3 欢迎屏幕

☎提示：如果不希望在启动 Dreamweaver CS6 时显示此欢迎屏幕，可以选中欢迎屏幕左下角的"不再显示"复选框来取消。取消后可以通过选择"编辑→首选参数"菜单命令，在"常规"分类中选中"显示欢迎屏幕"恢复其显示。

3.2.2 Dreamweaver CS6 工作区布局介绍

选择"新建"项目中的"HTML"进入 Dreamweaver CS6 的工作区，在此即可创建网页文件。Dreamweaver CS6 的工作区如图 3-4 所示。

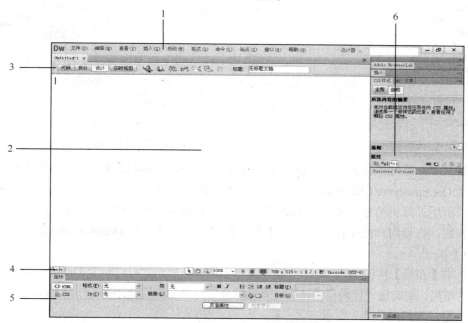

图 3-4　Dreamweaver CS6 工作区

Dreamweaver CS6 工作区布局介绍如下。

1. 菜单栏

Dreamweaver CS6 工作区的最上方是菜单栏，共有"文件"、"编辑"、"查看"、"插入"、"修改"、"格式"、"命令"、"站点"、"窗口"和"帮助"10 个菜单项，这些菜单几乎提供了 Dreamweaver CS6 中的所有操作选项。在菜单项的右侧还依次包含默认为"设计器"的工作区样式按钮 设计器▼ ，可以打开 Adobe 公司提供的在线服务的 按钮，以及实现窗口最小化、最大化（或者为还原）、关闭的 按钮组。

Dreamweaver CS6 默认使用"设计器"工作区样式，可以单击 设计器▼ 按钮打开预设工作区列表，如图 3-5 所示，选择列表中的某一名称，即可应用相应的工作区，如选择"经典"，可以打开类似 Dreamweaver CS3 的、带有插入工具栏的工作区，如图 3-6 所示。

另外，用户可以根据自己的需要重新布局工作区，如移动、打开或关闭某些面板组，显示或者关闭某些工具栏，然后可以使用"新建工作区"命令创建自己的工作区，还可以使用"管理工作区"命令对自定义的工作区进行重命名或删除。

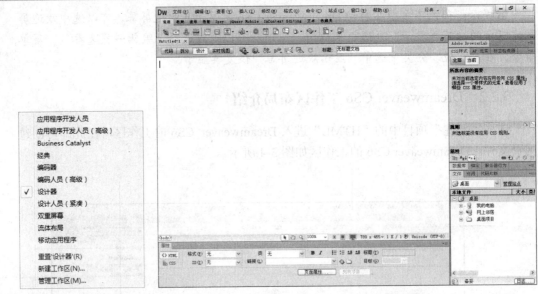

图 3-5　工作区列表　　　　　　　图 3-6　"经典"样式工作区布局

提示：若对默认的"设计器"工作区进行了更改，可以通过"重置'设计器'"命令恢复 Dreamweaver CS6 默认的"设计器"工作区。

若所用计算机的分辨率高于 1360*768 像素，Dreamweaver CS6 在该栏还提供了三个图标按钮，方便用户的操作，分别是【布局】按钮、【扩展 Dreamweaver】按钮、【站点】按钮。

单击【布局】按钮，将弹出展开菜单如图 3-7 所示，可以设置 Dreamweaver 文档窗口的布局，如勾选"代码和设计"、"垂直拆分"与"左侧的设计视图"后，Dreamweaver 的文档窗口布局如图 3-8 所示。

图 3-7　"布局"按钮展开菜单　　　　图 3-8　Dreamweaver CS6 文档窗口布局

单击【扩展 Dreamweaver】按钮，将弹出菜单如图 3-9 所示，可以选择命令打开相应对话框来对 Dreamweaver CS6 进行扩展管理。

单击【站点】按钮，将弹出菜单如图 3-10 所示，可以进行新建站点与管理站点操作。

图 3-9 "扩展 Dreamweaver"按钮展开菜单 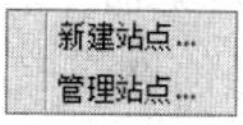　　图 3-10 "站点"按钮展开菜单

2. 文档窗口

文档窗口是 Dreamweaver CS6 操作环境的主体部分，是创建和编辑文档内容，设置和编排页面内所有对象的区域。文档窗口有多种视图形式，可以通过"查看"菜单或"文档"工具栏中的按钮进行选择，主要的视图形式有以下几种。

- "设计"视图：是一个用于可视化页面布局、可视化编辑和快速应用程序开发的设计环境。在该视图中，用户即使不懂 HTML 代码，也可以直接编辑网页。默认情况下，显示"设计"视图。
- "代码"视图：是一个用于编写和编辑 HTML、CSS、JavaScript 等代码的手工编码环境，熟悉 HTML、CSS 等代码的用户可以直接在该视图中输入代码，编辑或美化网页。
- "拆分"视图：指当前视图被分为左右或上下两个视图，即"代码和设计"视图，这种方式比较适合用户随时在两种视图下编辑或修改网页。
- "实时"视图：可在不离开 Dreamweaver 工作区的情况下，实时查看页面的外观，预览网页效果。"实时"视图不可编辑。
- "实时代码"视图：仅在实时视图中查看文档时可用。"实时代码"视图显示浏览器用于执行该页面的实际代码，当用户在实时视图中与该页面进行交互时，它可以动态变化。"实时代码"视图不可编辑。

3. 文档工具栏

文档工具栏位于文档窗口的上方，提供了切换文档窗口布局、预览网页和一些常用文档操作的按钮。具体作用如下。

- 代码 拆分 设计 实时视图 ：文档窗口视图切换按钮，用于将文档窗口在不同视图间进行切换。
- ：多屏幕按钮，用于切换文档窗口以适应不同的屏幕尺寸。单击该按钮将弹出如图 3-11 所示的菜单。如选择其中的"320×480 智能手机"选项，文档窗口将显示为图 3-12 所示。

图 3-11 "多屏幕"弹出菜单

图 3-12 "320×480 智能手机"尺寸文档窗口

- ⊙：在浏览器中预览/调试按钮，可以使用户在编辑界面中直接选择并打开浏览器预览当前网页文档效果。
- ：文件管理按钮，在弹出的菜单中提供了对当前文档的相关管理操作选项，如上传、存回、设计备注等。
- ：W3C 验证按钮，可对当前文档进行 W3C 验证。
- ：检查浏览器兼容性按钮，可对当前文档的浏览器兼容性进行检查。
- ：可视化助理按钮，可对当前文档中相应元素在设计视图中的可见性进行控制。
- ：刷新设计视图按钮，当在代码视图下修改了当前文档的内容后，该按钮才可以使用，单击该按钮，可以刷新设计视图中的显示效果。
- 标题 无标题文档 ：用于在文本框中输入当前文档的页面标题，默认为"无标题文档"。

☎提示：Dreamweaver CS6 的工具栏有"样式呈现"、"文档"、"标准""三种，可以通过选择"查看→工具栏"菜单命令设置工具栏显示或隐藏。

4．状态栏

状态栏位于文档窗口的底部，提供与正在创建的文档有关的其他信息。在状态栏最左侧是"标签选择器"，它显示了当前选定内容的标签的层次结构，单击该层次结构中的标签，可以选中编辑窗口中该标签所对应的内容，单击<body>可以选择整个文档的全部内容。在状态栏的右侧分别是"选取工具" 、"手形工具" 、"缩放工具" 、"设置缩放比例" 100% 、"手机大小（480×800）" 、"平板电脑大小（768×1024）" 、"桌面电脑大小（1000 宽）" 、"窗口大小"、"下载文件大小/下载时间"与"UTF-8"编码格式。

5．"属性"面板

在 Dreamweaver CS6 工作区的最下方是"属性"面板，也称为"属性"检查器，它是页面编辑中最常用的一个面板，主要用于检查和设置当前页面选定元素的最常用属性。需要注意的是，选定的元素不同，"属性"面板中的内容也不同。默认的"属性"面板显示文本属性，如图 3-13 所示。

图 3-13 默认的文本"属性"面板

6．面板组

面板组是位于工作区右侧的几个面板的集合，包括各种可以折叠、移动和任意组合的功能面板，方便用户进行网页的各种编辑操作。常用的有插入、CSS 样式、AP 元素、文件、资源等面板。其中，"插入"面板包含用于将图像、表格、媒体等类型的对象插入到文档中的按钮。这些按钮以九个类别进行组织，单击右侧带有▼的类别名称按钮将弹出所有类别菜单，如图 3-14 所示，从中选择所需类别进行切换即可。"文件"面板类似于 Windows 资源管理器，用于管理文件和文件夹，也可以通过"文件"面板访问本地磁盘上的全部文件。

用户可以自由地对面板或面板组进行显示或隐藏、移动、调整大小、折叠与展开面板图标等操作。

（1）显示/隐藏面板。单击某面板的标签，或从"窗口"菜单中选择该面板，即可显示该面板；若要隐藏某面板或面板组，可以右键单击该面板标签，在快捷菜单中选择"关闭"或"关闭标签组"。选择"窗口→隐藏面板/显示面板"菜单命令，或按〈F4〉键可以显示或者隐藏所有面板，包括"属性"面板。

（2）移动面板/面板组。若要移动某面板，可以拖动其标签；若要移动某面板组，需要拖动其标题栏。在移动某面板或面板组时，工作区中会出现蓝色突出显示的放置区域，可以将其放置在所需的蓝色突出区域内，否则所移动的面板或面板组将在工作区中自由浮动。如果将某面板在其所在面板组中移动，只需拖动其标签到目标位置即可。例如，将"文件"面板移动到"CSS 样式"面板组中，可以拖动"文件"面板的标签至带有蓝色突出显示的"CSS 样式"面板组标题栏即可，如图 3-15 所示；将"文件"面板移动到"CSS 样式"面板组和"Bussiness Catalyst"面板之间，可以拖动"文件"面板的标签至带有蓝色窄条区域即可，如图 3-16 所示。

提示：在移动面板的同时按住<Ctrl>键，可防止其停放。在移动面板时按<Esc>键可取消该操作。

（3）调整面板大小。双击某面板标签，可以将该面板及其所在面板组最小化。若要调整面板或面板组大小，拖动面板或面板组的边框即可。

（4）折叠/展开面板图标。单击面板组顶部的双箭头按钮，可将面板折叠为图标，如图 3-17 所示，再次单击双箭头按钮可将折叠为图标的面板展开。单击某个面板图标可以展开该面板，再次单击该面板图标或在文档窗口任意位置单击可以隐藏该面板。

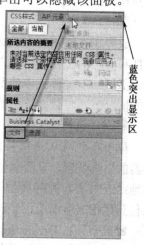

图 3-14 "插入"面板及其类别　　　　图 3-15 移动"文件"面板到其他面板组

图 3-16 移动"文件"面板到新位置　　　图 3-17 面板折叠为图标

3.3 学习任务：规划与创建站点

利用 Dreamweaver 制作网站，首先应规划和创建站点，然后对网站中的文件及站点进行管理。

本节学习任务

理解本地站点和远程站点的含义，掌握站点的规划原则及创建与管理站点的方法。

3.3.1 站点概述

所谓站点，可以看成是一系列文档的组合，这些文档通过各种链接建立逻辑关联。通过 Dreamweaver 可以对站点的相关页面及各种素材进行统一管理。

在设计制作网站之前，首先需要在本地磁盘上创建本地站点，然后使用 Dreamweaver 制作网页，并将网页及相关的内容保存在站点文件夹中。当将本地站点中的文件内容上传到远程服务器上时，服务器上的网页会与本地站点上的网页以相同的方式显示，并能实现同步更新。在制作网站之前，首先要明确本地站点和远程站点的含义，掌握它们的区别和联系。

1. 本地站点

放置在本地磁盘上的站点称为本地站点。本地站点就是在建设网站过程中存放所有文件和资源的文件夹。建立本地站点的目的是为了在建设网站过程中，能够统一管理、即时更新站点文件夹中的所有文件内容。对于一个含有动态网页的网站，必须在建立站点的情况下，将数据库中的数据与网页中的内容绑定完成连接。

2. 远程站点

位于互联网 Web 服务器里的网站被称为远程站点。网页制作者并不需要知道远程服务器的具体位置，只要知道可以上传和下载网页文件的 IP 地址、用户名和密码即可。当本地站点中所有的网页制作完成并测试无误后，就可以将本地站点文件夹中的所有文件上传到远程服务器上，供访问者随时随地浏览网页。

提示：在 Dreamweaver 中，网页设计都是以一个完整的 Web 站点为基本对象，所有资源的改变和网页的编辑都在此站点中进行，不建议脱离站点环境，初学者要养成良好的习惯。

3.3.2 规划站点

在定义站点前首先要做好站点的规划，包括站点的目录结构、链接结构等。网站的目录结构是网站组织和存放站内所有文档的目录设置情况。目录结构的好坏，直接影响站点的管理、维护、扩充和移植。

规划站点要注意以下原则。

● 构建层次清晰的文档结构。为站点创建一个根文件夹，在其中创建多个子文件夹，将文档分门别类存储到相应的子文件夹下。例如，images 文件夹、sound 文件夹、

flash 文件夹等。如果站点较大，文件较多，可以先按栏目分类，再在栏目里进一步分类。如果将所有文件都存放在一个目录下，容易造成文件管理混乱，并且在提交时会使上传速度变慢。目录名和文件名尽量使用英文或汉语拼音，使用中文可能对地址的正确显示造成困难。同时，要使用意义明确的名称，以便于记忆。

- 优化网站的链接结构。网站的链接结构是指页面之间的相互链接关系。应该用最少的链接，使浏览达到最高的效率。网站的链接结构包括内部链接和外部链接。内部链接主要包括首页和一级页面之间采用的星状链接结构，一级和二级页面之间采用的树状链接结构，超过三级页面的链接可在页面顶部设置导航条。对于外部链接而言，多设置一些高质量的外部链接，有利于提高网站的访问量及在搜索引擎上的排名。
- 规划规范、统一的网页布局。规范的站点中网页布局基本是一致的，使用模板和库，可以在不同的文档中重用页面布局和页面元素，给网页的制作和维护带来方便。

3.3.3 创建本地站点

本地站点实际上是位于本地计算机中指定目录下的一组页面文件及相关支持文件。创建本地站点的根目录可以在本地硬盘上新建一个文件夹，也可以选择一个已经存在的文件夹。如果是新建的文件夹，那么此时这个站点就是空的，否则这个站点就包含了所选文件夹中已经存在的文件。

在 Dreamweave 中可以有效的建立并管理多个站点，具体步骤如下。

（1）启动 Dreamweaver CS6，在"欢迎屏幕"中选择"新建→Dreamweaver 站点"，或者选择"站点→新建站点"菜单命令打开"站点设置对象"对话框，如图 3-18 所示。

（2）在"站点"类别中，为 Dreamweaver 站点选择本地站点文件夹、设置站点名称，如 ch03。其中，站点名称将显示在"文件"面板中的站点下拉列表中，但不会在浏览器中显示。本地站点文件夹的选择，可以直接在文本框中输入文件夹路径和文件夹名，也可以点击文本框右侧的【浏览文件夹】按钮，在打开的"选择根文件夹"对话框中选择一个文件夹。

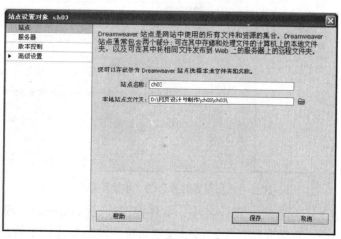

图 3-18 "站点设置对象"对话框

（3）单击【保存】按钮，即可完成本地站点的创建。创建的本地站点出现在"文件"面板中，如图 3-19 所示。

图 3-19　创建的站点

在"站点设置对象"对话框中，还有服务器、版本控制、高级设置几个类别，它们的主要功能分别如下。

- 服务器：允许指定远程服务器和测试服务器。这个配置是可选配置，如果不需要本地测试或编辑直接上传到 Web 服务器，可以忽略这一项配置。
- 版本控制：是可选设置，可以设置使用 Subversion 获取和存回文件。
- 高级设置：是可选设置，其中包含多个类别，默认打开"本地信息"类别，如图 3-20 所示。"默认图像文件夹"用于设置默认的存储站点图像文件的文件夹；"站点范围媒体查询文件"用于设置站点的外部 CSS 样式表文件；"链接相对于"表示指向其他资源或页面的链接时，创建的链接类型默认为"文档"或者"站点根目录"；"Web URL"表示 Dreamweaver 将使用 Web URL 创建站点根目录相对链接，并在使用链接检查器时验证这些链接；勾选"区分大小写的链接检查"表示在 Dreamweaver 检查链接时，将检查链接的大小写与文件名的大小写是否相匹配，此选项用于文件名区分大小写的 UNIX 系统；勾选"启用缓存"将创建本地缓存以提高链接和站点管理任务的速度。

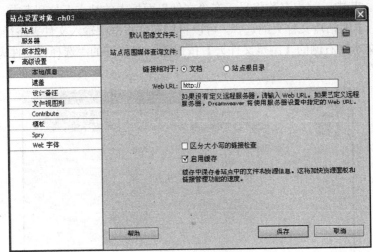

图 3-20　"站点设置对象"的"本地信息"对话框

高级设置之下还有遮盖、设计备注、文件视图列、Contribute、模板、Spry、Web 字体类别，本书不再详细介绍，用户可以通过系统帮助功能进行了解。

3.3.4 管理站点

除了创建新站点，Dreamweaver 还可以对站点做进一步的编辑和多种管理操作。选择"站点→管理站点"菜单命令，打开"管理站点"对话框，可以对站点进行编辑、复制、删除、导入、导出等操作，如图 3-21 所示。

▶ 1. 编辑站点

创建站点后，可以对站点设置信息进行编辑修改。编辑站点的具体方法：在"管理站点"对话框中选择要编辑的站点，单击【编辑当前选定的站点】按钮 ，可再次打开"站点设置对象"对话框，然后根据需要编辑站点的相关信息即可，单击【保存】按钮完成设置。

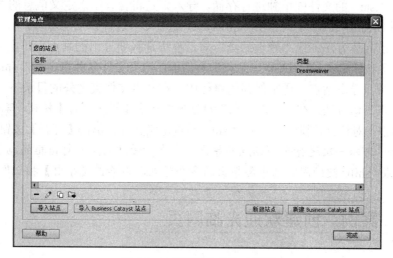

图 3-21 "管理站点"对话框

▶ 2. 复制站点

通过复制站点可以减少建立多个结构相同站点的操作步骤，提高用户的工作效率。复制站点的具体方法：在"管理站点"对话框中选择要复制的站点，单击【复制当前选定的站点】按钮 ，即可复制选中的站点。新复制的站点出现在"管理站点"对话框的站点列表中，如图 3-22 所示。

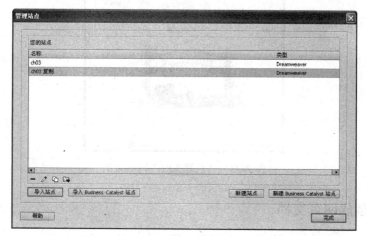

图 3-22 复制站点

3. 删除站点

如果不再需要某个站点，可以将其从站点列表中删除。删除站点的具体方法：在"管理站点"对话框的站点列表中选中需要删除的站点，单击【删除当前选定的站点】按钮，弹出"删除确认"对话框，询问用户是否要删除选中站点，单击【是】按钮执行删除。

提示：删除站点操作只是删除了 Dreamweaver 对该站点的定义信息，站点的文件夹、文档等内容仍然保存在机器相应的位置，可以重新创建指向该位置的新站点，对其进行管理。

4. 导出与导入站点

导出和导入是一对互逆的操作，导出是将 Dreamweaver 中站点的定义信息记录在一个扩展名为".ste"的文件中单独进行存储。导入则是将含有站点定义信息的".ste"文件重新加载到 Dreamweaver 中，使 Dreamweaver 能对站点进行识别与管理。

导出站点具体方法：在"管理站点"对话框中选择要导出的站点，单击【导出当前选定的站点】按钮，打开"导出站点"对话框，定义文件名并指定好保存的路径，单击【保存】按钮导出站点。通常保存的路径应该在站点文件夹之外的目录下。

导入站点具体方法：在"管理站点"对话框中单击【导入站点】按钮，打开"导入站点"对话框，找到所需的".ste"站点定义文件，单击【打开】按钮进行导入。

提示：可以一次进行多个站点的导出，先在"管理站点"对话框的站点列表中，按住<Ctrl>或<Shift>键的同时选中要导出的多个站点，再单击【导出】按钮即可。

3.4 案例：创建欢迎光临网页

学习目标　掌握在 Dreamweaver 中创建空白网页文档的方法；掌握页面属性的设置方法；掌握保存、预览网页的方法。

知识要点　创建网页，设置页面属性，保存、预览网页操作。网页效果如图 3-23 所示。

图 3-23　"欢迎光临"网页效果

3.4.1 创建网页文档

在 Dreamweaver 中可以创建空白网页文件，也可以通过 Dreamweaver 内置的模板创建具有一定内容和样式的网页文档。用模板创建网页的方法将在第 13 章详细介绍，本案例介绍创建空白网页文档，具体步骤如下。

（1）在本地站点 ch03 中创建网页文档。选择"文件→新建"菜单命令，或者使用<Ctrl+N>组合键打开"新建文档"对话框，如图 3-24 所示。选择左侧的"空白页"，在中间的"页面类型"栏中选择"HTML"，在"布局"栏中选择"<无>"，单击【创建】按钮即可创建一个空白网页文档。文档窗口的上方显示该文件的默认名称为 Untitled-1。

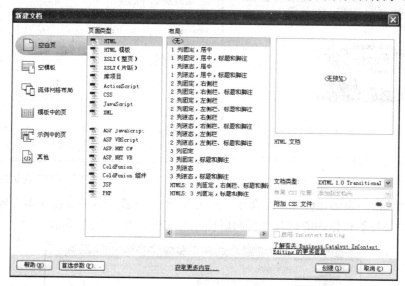

图 3-24 "新建文档"对话框

（2）在文档窗口中输入文字"欢迎光临"，按下<Enter>键，准备在文字下面插入一幅图片。

（3）选择"插入→图像"菜单命令，或者单击"插入"面板"常用"类别中的【图像】按钮，打开"选择图像源文件"对话框，在"查找范围"下拉列表中，选择图像文件所在的目录并选中图像文件，单击【确定】按钮插入图像。在插入图像的过程中会弹出其他的对话框，全部选择【确定】按钮即可，插入图像后的效果如图 3-25 所示。对图像操作的相关知识将在第 5 章详细介绍。

（4）选中文档中"欢迎光临"文字，单击"属性"面板中的 CSS 按钮，在"属性"面板"CSS"类别中单击【居中对齐】按钮，这时将打开"新建 CSS 规则"对话框，设置选择器类型为"标签（重新定义 HTML 元素）"，并输入选择器名称"p"，如图 3-26 所示，单击【确定】按钮即可使文字和图像居中对齐。相关 CSS 样式的定义将在第 4 章详细介绍。

提示： 可以打开一个已有的网页文档来做进一步的编辑修改操作。打开网页文件的方法：可以在"欢迎屏幕"中"打开最近的项目"列表中选择要打开的文档；或者选择"文件→打开"菜单命令；或者使用<Ctrl+O>组合键打开"打开"对话框选择要打开的文件；还可以在 Windows 资源管理器中选定要打开的网页文档，在右键快捷菜单的"打开方式"中选择 Dreamweaver CS6 进行打开。

3.4.2 设置页面属性

页面属性用于设置当前被编辑网页文档的整体属性，包括网页的标题、背景图像、正文中各种元素的颜色等内容。

图 3-25　插入文字和图片

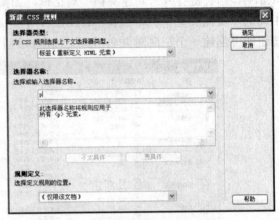

图 3-26　"新建 CSS 规则"对话框

选择"修改→页面属性"菜单命令，或按<Ctrl+J>快捷键，或单击文本"属性"面板上的【页面属性】按钮均能打开"页面属性"对话框，如图 3-27 所示。

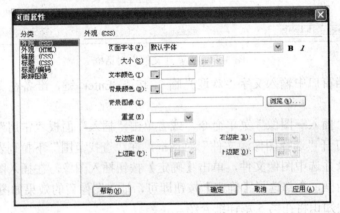

图 3-27　"页面属性"对话框

1. 外观（CSS）

在"页面属性"对话框"外观（CSS）"类别中，可以使用 CSS 设置网页的一些基本属性，主要包含以下属性。

- 页面字体：指定页面中为文本使用的默认字体系列。可以在下拉列表中选择所需字体，如果没有所需字体，可以单击"编辑字体列表"命令，打开"编辑字体列表"对话框，向其中添加新字体，如图 3-28 所示。

  提示：多种字体位于列表中一行，表示如果浏览者的系统里没有第一种字体时，可以依次用后面的字体来代替，如果系统里没有列出的所有字体，将用系统默认字体来代替。

- **B**：粗体按钮，用于指定页面中的文本默认显示为粗体。
- *I*：斜体按钮，用于指定页面中的文本默认显示为斜体。

- 大小：指定页面中为文本使用的默认大小。可以选择系统的样式描述，如"small"、"large"、"x-large"等；也可以选择或输入数值，并在"单位"下拉列表中选择单位，默认的单位是像素"px"。
- 文本颜色：指定页面中为文本使用的默认颜色。可以单击按钮 在弹出的色板中选择所需色块，此时鼠标变为吸管型 ，也可以在后面的文本框中输入十六进制 RGB 值。色板如图 3-29 所示，在其右上角有 3 个按钮：按钮 的作用是用于设置目标规则为默认颜色；按钮 的作用是单击打开"颜色"编辑对话框，进行更细致的颜色选择；按钮 的作用是提供可用的颜色系统选项，默认是"立方色"，还可以选择"连续色调"、"Windows 系统"等。

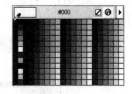

图 3-28　"编辑字体列表"对话框　　　　　　图 3-29　选色面板

提示：设置颜色时，不仅可以通过吸管 选择色板范围内显示的色块，还可以选择整个 Dreamweaver 工作区内任何位置的颜色。如果要放弃选色，可以在色板上方鼠标变为 的区域单击或按<Esc>键来关闭色板。

- 背景颜色：指定页面的背景颜色。
- 背景图像：指定页面的背景图像。可以在文本框中直接输入图像文件的路径，也可以通过【浏览】按钮打开"选择图像源文件"对话框进行选择。
- 重复：用于指定背景图像的显示方式。在下拉列表中有四种方式可以选择："no-repeat"表示背景图像只显示一次，如果图像的尺寸小于页面浏览窗口，则图像之外的空间将留有空白或显示背景颜色；"repeat"方式的效果类似于设置 Windows 桌面图片的"平铺"效果；"repeat-x"和"repeat-y"表示只在水平或垂直方向进行平铺排列。默认效果为"repeat"方式。
- 左边距/右边距/上边距/下边距：用于设置页面元素与页面边框的距离。

2．外观（HTML）

"页面属性"对话框"外观（HTML）"类别如图 3-30 所示，在此可以通过 HTML 方式设置网页的背景图像、背景颜色、文本颜色、左边距和上边距，除此之外，还可以设置的属性有以下几种。

- 链接：指定页面中链接文本在链接前显示的颜色，默认为蓝色。
- 已访问链接：指定页面中链接文本被访问过后显示的颜色，默认为紫色。
- 活动链接：指定当鼠标在链接上单击时，链接文本显示的颜色，默认为红色。
- 边距宽度/边距高度：指定页面边距的宽度和高度，以像素为单位，仅适用于 Netscape Navigator 浏览器。

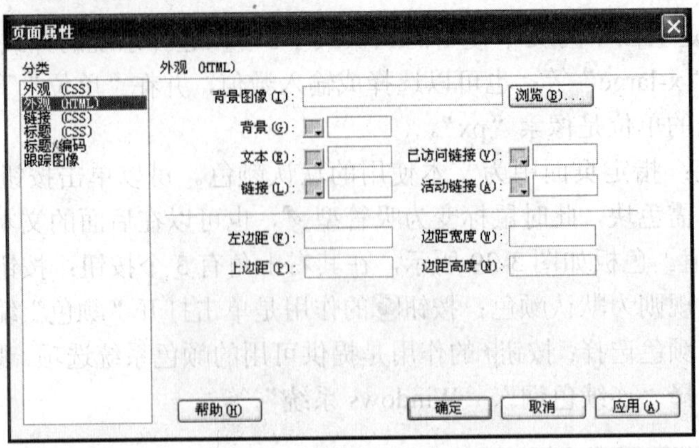

图 3-30 "页面属性"对话框"外观（HTML）"类别

3. 链接（CSS）

在"页面属性"对话框"链接（CSS）"类别中，可以用 CSS 设置超链接的属性，如图 3-31 所示。

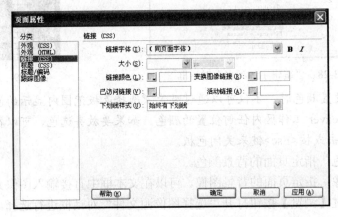

图 3-31 "页面属性"对话框"链接（CSS）"类别

可设置的属性含义如下。
- 链接字体：指定超链接文本的字体系列。默认与"外观（CSS）"中的"页面字体"相同。
- **B**：粗体按钮，用于指定页面中的链接文本默认显示为粗体。
- *I*：斜体按钮，用于指定页面中的链接文本默认显示为斜体。
- 大小：指定页面中链接文本使用默认大小。
- 链接颜色：指定用于链接文本的颜色。
- 变换图像链接：指定当鼠标位于链接文本上方时，文本的颜色。
- 已访问超链接：指定已访问过的超链接文本的颜色。
- 活动链接：指定当鼠标在链接上单击时，链接文本显示的颜色。
- 下划线样式：指定应用于链接的下划线样式。具体有"始终有下划线"、"始终无下划线"、"仅在变换图像时显示下划线"和"变换图像时隐藏下划线"四种样式，默认"始终有下划线"。

4. 标题（CSS）

在"页面属性"对话框"标题（CSS）"类别中，可以用 CSS 设置标题的属性，如图 3-32 所示，具体包括以下属性。

- 标题字体：指定标题使用的字体系列。默认与"外观（CSS）"中的"页面字体"相同。
- 标题 1~标题 6：分别指定<h1>~<h6>6 个级别的标题所使用的字体大小和颜色。

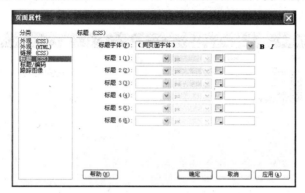

图 3-32 "页面属性"对话框"标题（CSS）"类别

5. 标题/编码

在"页面属性"对话框"标题/编码"类别中，可以设置网页文档的标题和编码等相关属性，如图 3-33 所示，具体包括以下属性。

- 标题：指定在"文档"窗口和大多数浏览器窗口的标题栏中出现的页面标题。
- 文档类型：指定文档类型的定义。可以从下拉列表中根据需要选择，如"HTML 4.01 Transitional"、"XHTML 1.0 Transitional"、"HTML 5"等。
- 编码：指定文档中字符所用的编码。多数选择"Unicode (UTF-8)"。
- 重新载入：指在转换现有文档或者使用新编码时重新载入文档。
- Unicode 标准化表单：仅在选择 Unicode (UTF-8)作为文档编码时才启用。有四种 Unicode 范式，最重要的是范式 C，因为它是用于万维网的字符模型的最常用范式。Adobe 提供其他三种 Unicode 范式作为补充。
- 包括 Unicode 签名（BOM）：选中该项，用于指定在文档中包括一个字节顺序标记。

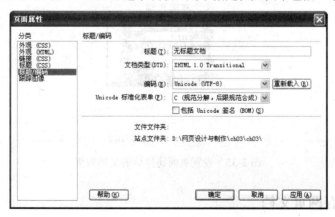

图 3-33 "页面属性"对话框"标题/编码"类别

6. 跟踪图像

在"页面属性"对话框"跟踪图像"类别中，可以设置网页的跟踪图像及相关属性，如图 3-34 所示，具体包括以下属性。

- 跟踪图像：指定网页编辑时作为参考的图像。该图像置于编辑网页的文档窗口中，只供参考，当网页在浏览器中浏览时并不出现。
- 透明度：确定跟踪图像的透明度，取值从 0~100%，表示从完全透明到完全不透明。

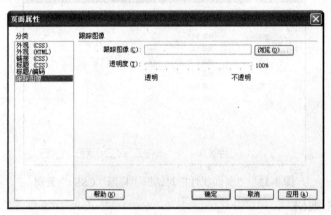

图 3-34 "页面属性"对话框"跟踪图像"类别

下面是为前面介绍的网页设置页面属性，具体操作如下。

（1）打开"页面属性"对话框，选择"外观（CSS）"类别，设置"页面字体"为"华文隶书"，设置"大小"为 24，"文本颜色"为#CC0066。

（2）单击"背景图像"右侧的"浏览"按钮，打开"选择图像源文件"对话框，选择作为背景的图像。在"重复"下拉列表中选择"repeat"。

（3）选择"标题/编码"类别，在"标题"右侧的文本框中输入页面的标题"我的第一个网页——欢迎光临"，也可在"文档"工具栏上直接输入标题。

设置完成后效果如图 3-35 所示。

图 3-35 设置页面属性后的文档效果

3.4.3 保存网页文档

创建并编辑了网页文档后，需要进行保存。Dreamweaver CS6 支持通用的"保存"

和"另存为"两种操作方式，在"文件"菜单中提供相应的命令，并支持<Ctrl+S>为"保存"功能的快捷键，<Shift+Ctrl+S>为"另存为"功能的快捷键。需要注意的是，网页文档的扩展名为.html 或.htm，如本例以 03.html 为文件命名保存。

在 Dreamweaver CS6 中选择"文件→保存全部"菜单命令，还可以对多个打开的文档同时进行保存。

☎提示：网页文档进行修改后，在保存前，会在文档窗口顶部的标签选项卡名称后添加一个"*"号，以提示网页修改后尚未保存。

3.4.4 预览网页文档

在网页文档设计与制作过程中，经常需要对网页效果进行预览，以便及时进行修改或调整。具体操作步骤为：选择"文件→在浏览器中预览"菜单命令，或者单击"文档"工具栏中的【在浏览器中预览/调试】按钮，均可以在其级联菜单中选择一个浏览器进行浏览。也可以按下<F12>功能键，打开默认的浏览器浏览网页效果。本案例最终效果如图 3-23 所示。

如果机器安装有多个浏览器，可以更改按下<F12>功能键时默认打开的浏览器。操作方法是：选择"编辑→首选参数"菜单命令，在打开的"首选参数"对话框中选择"在浏览器中预览"分类，如图 3-36 所示，选中要设置为默认打开的浏览器，勾选"默认"中的"主浏览器"，然后单击【确定】按钮完成设置。

☎提示：在预览网页效果前，需要先保存网页文档。

案例小结 在 Dreamweaver CS6 中可以方便快捷地创建一个网页文档；在"设计"视图下，其"所见即所得"的方式可以及时观察网页制作后的效果；通过设置页面属性可以控制网页的整体效果；网页编辑修改或制作完成后，需要保存并在浏览器中预览。

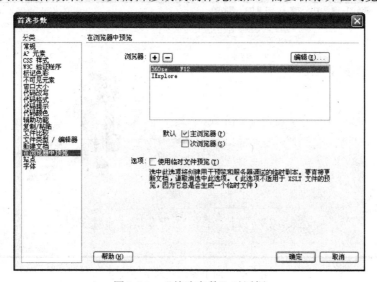

图 3-36 "首选参数"对话框

3.5 实训：制作网上家园欢迎页面

通过本节实训进一步熟悉 Dreamweaver CS6 的操作界面，练习创建与管理本地站点、创建网页文档、设置页面属性、保存并预览网页文件等技能。

1. 实训目的

- 熟悉 Dreamweaver CS6 工作区。
- 熟悉菜单栏、工具栏、状态栏、属性面板和面板组的功能及使用。
- 掌握创建本地站点的方法。
- 掌握利用 Dreamweaver CS6 创建网页文档的方法。
- 掌握设置页面属性的方法。
- 掌握保存、预览网页的方法。

2. 实训要求

启动 Dreamweaver CS6，熟悉 Dreamweaver CS6 的工作区，熟悉菜单栏、工具栏、状态栏、属性面板和面板组的功能及使用方法。

创建一个本地站点，要求网页文档根据内容组织在站点根目录下或不同的文件夹中。然后对站点进行各种管理操作。

在本地站点下，创建一个空白网页文档，在文档中输入文本内容，并插入一幅简单的图片，通过"页面属性"为页面添加背景图片，或者为页面设置背景颜色。保存网页，并浏览网页效果。网页参考效果如图 3-37 所示。

图 3-37 网上家园欢迎页面效果

3.6 习题

一、填空题

1. 取消 Dreamweaver CS6 "欢迎屏幕"的显示后,可以通过_____菜单命令恢复其显示。
2. 文档窗口是 Dreamweaver CS6 操作环境的主体部分,主要有_____、_____、_____、实时视图、实时代码视图几种形式。
3. HTML 网页文件的扩展名是_____。
4. 在_____对话框中可以设置网页的背景图像。
5. 在 Dreamweaver 中导出站点的定义信息将形成一个扩展名为_____的文件。
6. 除了可以在 Dreamweaver 中创建站点,还可以_____、_____、删除、导出和_____站点。

二、选择题

1. Dreamweaver CS6 默认的工作区为( )。
   A．经典　　　　B．编码器　　　　C．设计器　　　　D．应用程序开发人员
2. 要在 Dreamweaver CS6 中创建新的网页文档,可以使用( )组合键。
   A．Ctrl+M　　　B．Ctrl+N　　　　C．Alt+M　　　　D．Alt+N
3. 按下( )功能键可以快速地打开浏览器预览网页效果。
   A．F5　　　　　B．F6　　　　　　C．F11　　　　　　D．F12
4. 要显示/隐藏 Dreamweaver 操作环境中的面板组可以按下( )功能键。
   A．F6　　　　　B．F5　　　　　　C．F4　　　　　　D．F3

三、简答题

1. Dreamweaver CS6 的工作区由哪几部分组成?各部分的作用是什么?
2. 什么是本地站点?如何创建本地站点?

第 4 章 CSS 样式基础

HTML 语言提供丰富的标签及属性，是所有网页制作的基础。但是如果希望网页代码整洁且易于升级维护，仅凭借 HTML 语言远远不够，CSS 在其中扮演重要角色。CSS（层叠样式表）是用于控制网页样式并允许将样式信息与网页内容分离的一种标记性语言。它以 HTML 语言为基础，提供了丰富的格式化功能，如字体、颜色、背景、边框等，CSS 的引入是网页设计领域的一大变革，使用 CSS 设计网页已经成为行业标准。

本章学习要点：
- CSS 的基本语法；
- CSS 样式表的类型；
- 选择器的分类；
- 设置 CSS 属性；
- 管理 CSS 样式表。

4.1 学习任务：CSS 概述

CSS 是能够真正做到网页形式与内容分离的一种样式设计语言。相对于传统的 HTML 而言，CSS 能够对网页中元素属性进行精确控制。由 CSS 样式控制的网页，具有条理规范、布局统一、容易维护等优点。

本节学习任务

认识 CSS 样式，了解使用 CSS 样式的优点，掌握 CSS 样式的分类，掌握 CSS 的基本语法，能够使用 CSS 样式面板管理 CSS 样式。

4.1.1 CSS 的基本概念

CSS（Cascading Style Sheets，层叠样式表或级联样式表）是用于控制或增强网页外观样式，并且可以与网页内容相分离的一种标记性语言。使用 CSS 样式表，可以使网页更小、下载速度更快，更新和维护网页更加方便，因此 CSS 样式表在网页设计中得到广泛应用。

早期，网页一般用于传递信息，HTML 用于描述网页结构和内容。随着 Web 的流行与发展，网页外观得到重视。网页制作得越来越复杂，HTML 代码变得越来越繁杂，大量的标签堆积起来，难以阅读和理解。

CSS 的出现为上述状况提供了解决途径。CSS 还原了 HTML 语言的结构描述功能，用以设置页面元素的样式，使页面结构变得简洁合理且清晰易读。1997 年，W3C 工业合作组织首次发布CSS1.0，用于对HTML语言功能的补充。1998年又推出了CSS2.0，进一步增强了HTML的语言功能。2006年CSS3的发布，将网页设计推向全新的时代。

☎提示：由于浏览器之间的差异，它们对CSS样式存在兼容性问题。鉴于初学者的理解能力有限，本书暂不讨论浏览器兼容性问题，但应引起重视。对于使用CSS样式的网页，应尝试使用不同浏览器进行浏览器兼容性测试。

4.1.2 使用HTML和CSS格式化网页

CSS为何会成为网页布局的主流技术呢？通过对HTML和CSS格式化网页的对比，不难发现CSS的优势。

在Dreamweaver中打开两个网页。同样的效果，一个页面使用HTML格式化，另一个页面使用CSS格式化，如图4-1所示。

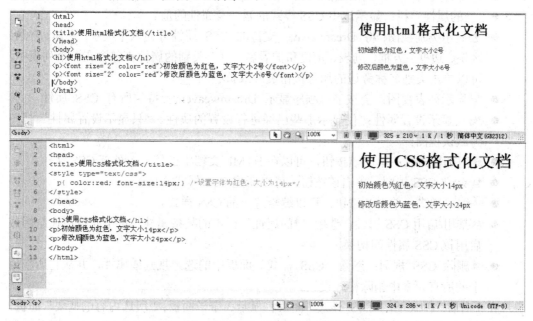

图4-1 使用HTML和CSS格式化网页

两种方法都实现页面中文字的格式化。通过分析代码可知，使用HTML控制文字样式时，段落标记<p>内文字的大小和颜色只能通过<font>标签进行格式化，而<font>标签是W3C明确指出的不规范和不建议使用的标签。

使用CSS进行格式化时，在<p>标记中并没有任何关于样式的说明，而是在<head>中添加了如下代码。

```
<style type="text/css">
    p{color:red; font-size:14px;}
</style>
```

以上代码定义了<p>标记的样式：颜色为红色，字体大小14像素。所有网页中的<p>标记，都将遵循所设置的样式规则。由此可见，使用CSS进行网页格式化时，页面的内容与形式是分离的，比HTML的代码量少，且整洁。

现在要修改文字颜色为蓝色，大小为24像素，在HTML页面中，只能选中每一个<font>标签，然后修改其size属性和color属性。而对于使用CSS样式的页面，只需要修改<style>标签中<p>标记的 color 和 font-size 属性即可。

在比较基于 HTML 和基于 CSS 的格式化的网页时，很容易看到 CSS 在工作量和时间上的巨大效益。也容易理解，W3C 为何摒弃 HTML 而使用 CSS 控制网页样式。

4.1.3 CSS 样式面板

在 Dreamweaver CS6 中，对 CSS 样式的管理主要通过"CSS 样式"面板完成。选择"窗口→CSS 样式"菜单命令或按<Shift+F11>组合键，展开"CSS 样式"面板，如图 4-2 所示。

"CSS 样式"面板分为两种模式。

在"全部"模式下，面板各项含义如下。

- "所有规则"栏：列出当前网页中所有的 CSS 样式。
- "*的属性"栏：显示选中 CSS 样式的属性及属性的值。
- 显示类别视图：将 Dreamweaver 支持的 CSS 属性分为八个类别：字体、背景、区块、边框、方框、列表、定位和扩展名。每个类别的属性都包含在一个列表中，可以单击类别名称旁边的加号按钮展开或折叠它。
- 显示列表视图：会按字母顺序显示 Dreamweaver 支持的所有 CSS 属性。
- 只显示设置属性：仅显示那些已经进行设置的属性。"只显示设置属性"视图为默认视图。
- 附加样式表：单击该按钮，可以在 HTML 文档中链接一个外部 CSS 文件。
- 新建 CSS 规则：单击该按钮，可以新建 CSS 样式文件。
- 编辑样式：单击该按钮，可以编辑选定的 CSS 样式。
- 禁用/启用 CSS 属性：选中"*的属性"栏中的某条属性，单击此按钮在禁用或启用该 CSS 属性间切换。
- 删除 CSS 规则：删除"CSS 样式"面板中的选定规则或属性，并从它所应用于的所有元素中删除格式设置。

在"当前"模式下，"CSS 样式"面板将显示 3 个子面板："所选内容的摘要"面板，显示文档中当前所选内容的 CSS 属性；"规则"面板，显示所选属性的位置；以及"属性"面板，可以通过该面板编辑所选样式的 CSS 属性，如图 4-3 所示。

图 4-2　"CSS 样式"面板

图 4-3　"当前"模式

4.1.4 CSS 基本语法

一个 CSS 样式表一般由若干样式规则组成，每个样式规则都可以看成是一条 CSS 的基本语句，每个规则都包含一个选择器（例如 body, p 等）和写在花括号里的声明，这些声明通常是由几组用分号分隔的属性和值组成的。

1. 标签选择器

标签选择器中，CSS 的定义由 3 部分构成：标签（selector）、属性（property）和属性值（value）。基本格式如下：

```
selector {property: value…}
```

selector 是 HTML 中的标签，如 h1 标签、p 标签、img 标签等。例如：

```
p{ font-size:12px; color:red; }      /*设置p标签字体为红色，大小为12px*/
div{ width:300px;height:240px; border:1px;}    /*设置div标签宽度为300px，高度为240px，边框粗细为1px */
```

使用标签选择器，网页中所有相关标签将使用所定义的样式。

2. 类别选择器

类别选择器中，CSS 的定义由 3 部分构成：类别（class）、属性（property）和属性值（value）。基本格式如下：

```
.class {property: value…}
```

class 是用户自定义的类别名称，在类别名前使用符号"."作为类别选择器标识。例如：

```
.p1{ font-size:12px; color:red; }   /*设置类别选择器p1字体为红色，大小为12px*/
.div2{ width:300px;height:240px; border:1px;}  /*设置类别选择器div2的宽度为300px，高度为240px，边框粗细为1px */
```

在网页中，所有的 HTML 标签都可以使用所定义的样式。在网页中使用类别选择器的语法：

```
<selector class="class">…</selector>
```

在网页中引用类别选择器的示例如下：

```
<p class="p1">使用类别选择器p1设置该p标签的样式</p>
<div class="div2">使用类别选择器div2设置该div标签的样式</div>
```

提示：类名称必须以句点开头，并且可以包含任何字母和数字组合。

3. ID 选择器

ID 选择器中，CSS 的定义由 3 部分构成：ID（id）、属性（property）和属性值（value）。基本格式如下：

```
#id {property: value…}
```

ID 和 class 一样，是用户可以自定义的名称，所不同的是，ID 选择器使用"#"作为定义标识，ID 选择器在网页中作用的标签是唯一的。例如：

```
#p1{ font-size:12px; color:red; }   /*设置ID选择器p1的字体为红色，大小为12px*/
#div2{ width:300px;height:240px; border:1px;}  /*设置ID选择器div2的宽度为300px，高度为240px，边框粗细为1px */
```

在网页中，ID 选择器和标签是一一对应的。在网页中使用 ID 选择器的语法：

```
<selector id="id">…</selector>
```

在网页中引用 ID 选择器的示例如下：

```
<p id="p1">使用ID选择器p1设置该p标签的样式</p>
<div id="div2">使用ID选择器div2设置该div标签的样式</div>
```

☛提示：ID 选择器区别于类别选择器主要表现在：一个 ID 选择器只能作用于网页中的一个标签。在 JavaScript 中，ID 作为引用某一标签的唯一标识。如果将 ID 选择器用于多个 HTML 标签中，将导致 JavaScript 语法错误。

4．复合选择器

若要定义同时影响两个或多个标签、类或 ID 的复合规则，可以使用复合选择器。在复合选择器中，CSS 定义由 3 部分构成：复合选择器名称（name）、属性（property）和属性值（value）。基本格式如下：

```
name {property: value…}
```

复合名称由标签选择器、ID 选择器、类别选择器和特殊连接字符组成。例如：

```
p,div{ font-size:12px; color:red; }      /*设置 p 标签、div 标签字体为红色，大小为 12px*/
div p{ font-size:12px; color:red; }      /*设置 div 标签内的 p 标签字体为红色，大小为 12px*/
#div2 p{ font-size:12px; color:red; }    /*设置 ID 选择器 div2 标签内的 p 标签字体为红色，大小为 12px*/
#div1 .div2{ width:300px;height:240px; border:1px;} /*设置 ID 选择器 div1 中所有类别为 div2 的 HTML 元素宽度为 300px，高度为 240px，边框粗细为 1px */
```

在定义复合选择器时，需要注意以下几点：
- "，"的作用是分隔不同的选择器；
- 空格符起包含作用，通常右侧选择器在左侧选择器的约束下起作用；

在网页中引用复合选择器时，越接近大括号的选择器，其优先级越高。

4.1.5　CSS 样式表的引用

CSS 样式可以通过多种方式灵活地作用于网页，具体选择方式可以根据网页的实际需求确定。

1．行内样式表

行内样式表是最为直接的一种样式，通过对 HTML 标签使用 style 属性，并把 CSS 代码直接写在标签内实现，如图 4-4 所示。

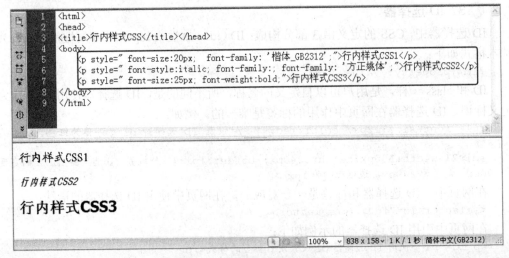

图 4-4　行内样式 CSS 的使用

行内样式表的语法格式通常为：
```
<selector style= "property: value; …">…</selector>
```
由于行内样式表需要为每一个标签设置 style 属性，后期维护工作量大、成本高，而且 HTML 代码繁杂，并未真正实现内容与形式的分离。因此，对于需要使用 CSS 样式规则较多的网页，不建议使用行内样式。

2. 内部样式表

内部样式表与行内样式表有相似之处，也是把 CSS 样式编写在页面之中，但不同的是，内部样式表所有 CSS 样式的代码部分被集中在<head>与</head>之间，并且用<style>和</style>标签声明，也称为内嵌式 CSS，如图 4-5 所示。

内部样式表的语法格式通常为：
```
<style type="text/css">
    selector{property:value; … }
</style>
```

使用内部样式表实现了内容与形式的分离，并且可以对样式表作用的元素进行统一修改，既方便了后期的维护，也减小了页面的大小。但是，如果一个网站拥有很多页面，对于不同页面都希望采用同样的风格时，内部样式表就会略显麻烦。

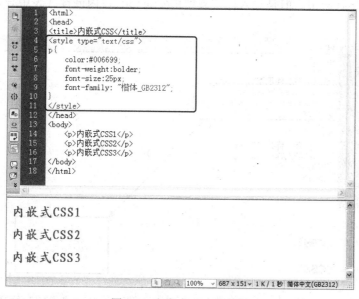

图 4-5　内嵌式 CSS 的使用

3. 外部样式表

外部样式表把 CSS 样式代码单独编写在一个独立的*.css 文件中，通过<link>标签调用，并将<link>标签写到网页的<head>与</head>标签之间，也称为链接式 CSS，如图 4-6 所示。

链接式样式表的语法格式通常为：
```
<link rel=stylesheet href="*.css" type="text/css">
```
其中，"*.css"指用户自定义的样式表文件，"*"表示由用户自定义样式表名。

链接式样式表最大优势在于 CSS 代码与 HTML 代码的完全分离，且同一个 CSS 文件可以为不同的网页使用。对于一个网站，把所有页面都链接到同一个 CSS 文件，使用同样的风格，这样对网站风格的维护就很简单。链接式样式表是目前网站建设常用的 CSS 引用形式。

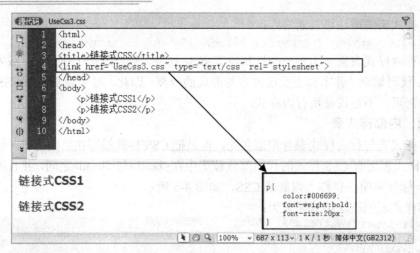

图 4-6　链接式 CSS 的使用

4. 导入样式表

导入样式表与链接式样式表相似，也是将外部定义好的 CSS 样式文件引入到网页中，从而在网页中进行应用。但是导入样式表使用@import 在内嵌样式表中导入外部样式，如图 4-7 所示。

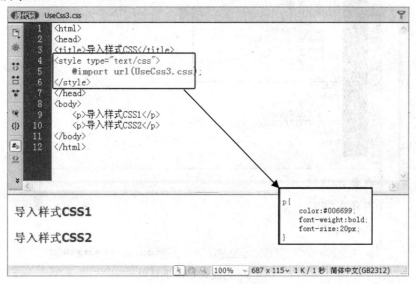

图 4-7　导入式 CSS 的使用

导入式样式表的语法格式通常为：

```
<style type="text/css">
    @import url(stylesheet);
</style>
```

导入式和链接式 CSS 使用的原理是相同的，只是引用的语法不同。

☏提示：4 种 CSS 样式在页面中存在优先级问题。行内样式优先级最高，其次是位于<style>和</style>之间的内部样式，再次是采用<link>标记的外部样式，最后是@import 导入样式。虽然 CSS 样式存在优先级次序问题，但在页面中最好只使用其中的一种，以便于维护和管理。

4.2 学习任务：CSS 样式的创建与属性设置

创建 CSS 样式时，在相应的"CSS 规则定义"对话框中可以设置 CSS 样式的属性。

本节学习任务

掌握在 Dreamweaver 中创建 CSS 样式的方法和步骤，理解并掌握常用 CSS 样式及属性值。

4.2.1 创建 CSS 样式

CSS 样式最大的优点在于便于管理和维护。为网页元素应用 CSS 样式后，在后期维护过程中，仅需通过修改 CSS 样式即可。要为网页元素设置 CSS 样式，应先创建样式，然后将其应用于网页元素。

创建 CSS 样式的步骤如下。

（1）启动 Dreamweaver，选择"窗口→CSS 样式"菜单命令，展开"CSS 样式"面板。单击"格式→CSS 样式→新建"菜单命令，或在"CSS 样式"面板中单击 按钮，打开"新建 CSS 规则"对话框，如图 4-8 所示。

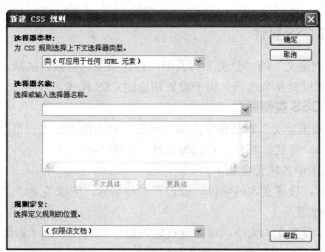

图 4-8 "新建 CSS 规则"对话框

"新建 CSS 规则"对话框各选项含义如下。

- 选择器类型：有"类"、"ID"、"标签"、"复合内容"四种选项，分别对应类选择器、ID 选择器、标签选择器、复合选择器。
- 选择器名称：定义样式表的名称。类名称以句点开头，并可以包含任何字母和数字的组合。如果没有输入开头的标识，Dreamweaver 将自动根据选择器类型添加。
- 规则定义：定义样式的保存位置。它有两个选项，在创建外部样式表时选择"新建样式表文件"选项，将 CSS 样式表保存成单独的文档；在当前文档中嵌入样式时选择"仅对该文档"，则将 CSS 样式表保存在当前文档的<head>标签中。

（2）现以段落标记<p>为例介绍设置 CSS 样式的步骤。在"选择器类型"列表中设置"选择器类型"为标签选择器，在"选择器名称"列表中选择 p 标签，在"规则定义"列表中选择"仅限该文档"选项。

（3）单击【确定】按钮，打开"p 的 CSS 规则定义"对话框，如图 4-9 所示，设置 CSS 样式。单击【确定】按钮，新创建的 CSS 样式出现在"CSS 样式"面板中。

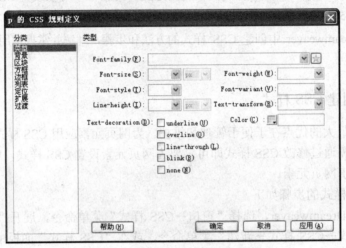

图 4-9   "p 的 CSS 规则定义"对话框

4.2.2 设置 CSS 属性

在"CSS 规则定义"的"分类"列表中，包含类型、背景、区块、方框、边框、列表、定位、扩展和过渡 9 个选项，用于设置相应的 CSS 样式。

1. 设置 CSS 类型属性

选中"CSS 规则定义"对话框中左侧"分类"列表框中的"类型"选项，可以设置网页中文本的字体、样式、颜色、行高等属性，如图 4-9 所示。

"类型"选项卡中各项含义如下。

- Font-family：设置文本的字体，若设置多种字体，应以英文","间隔，且按照设置次序起作用。
- Font-size：设置文本大小，可以通过输入数字和选择单位（如像素 px）来设置绝对大小，也可以设置字体的相对大小。
- Font-weight：设置文本粗细，可以通过输入数值（如 400）或具体属性值（如 bold）实现。
- Font-style：设置文本样式为正常（normal）、斜体（italic）或偏斜体（oblique）。默认为正常。
- Font-Variant：设置文本为大写字母，并缩小字体大小。
- Line-height：设置文本所在行的高度。选择"正常"选项，会自动计算字体大小的行高，也可以设置绝对值（如 20px）。
- Text-transform：将选中内容每个单词的首字母大写或将文本设置为全部大写或小写。

- Text-decoration：设置文本的显示状态，有"underline"、"overline"、"line-through"、"blink"和"none" 5 个复选框。通常文本默认设置为"none"，链接默认设置为"underline"。
- Color：设置文本颜色。

2. 设置 CSS 背景属性

在"CSS 规则定义"对话框中，选中"分类"列表框中的"背景"选项，可以定义 CSS 样式的背景属性，如图 4-10 所示。

图 4-10　设置 CSS 的"背景"属性

"背景"选项卡中各项含义如下。

- Background-color：设置网页元素的背景颜色。
- Background-image：设置网页元素的背景图像。
- Background-repeat：设置背景图像的重复方式。不重复（no-repeat）只在网页元素开始处显示一次图像；重复（repeat）在网页元素水平和垂直平铺图像；横向重复（repeat-x）在网页元素水平方向重复显示图像；纵向重复（repeat-y）在网页元素垂直方向重复显示图像。
- Background-attachment：用于控制背景图像是否随页面一起滚动。
- Background-position(X)：设置背景水平排列方式。
- Background-position(Y)：设置背景垂直排列方式，包括左（left）、右（right）和居中（center）。

3. 设置 CSS 区块属性

"区块"选项主要用于控制网页标签中文字的间距、对齐方式和文字缩进等，如图 4-11 所示。

"区块"选项卡中各项含义如下。

- Word-spacing 和 Letter-spacing：设置字词间距和字母间距。在文本框中输入特定值，并在右侧下拉列表框中选择度量单位。
- Vertical-align：指定元素的垂直对齐方式，仅应用于<img>标签。
- Text-align：设置元素中文本对齐方式。
- Text-indent：设置第一行文本缩进量。

- White-space：选择如何处理元素中的空白。"normal"，收缩空白；"pre"，保留所有空白，类似于文本被标记在<pre>标签中一样；"nowrap"，仅遇到
标签时文本换行。
- Display：设置是否及如何显示元素。

图 4-11 设置 CSS 的"区块"属性

4. 设置 CSS 方框属性

在"CSS 规则定义"对话框中，选中"分类"列表框中的"方框"选项，可以设置元素在页面上的放置样式。可以设置元素的各个边界的属性，也可以通过选中"全部相同"复选框将相同的设置应用于所有边界，如图 4-12 所示。

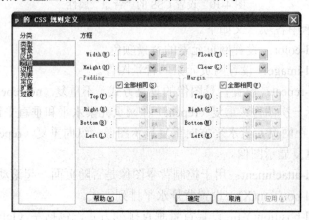

图 4-12 设置 CSS 的"方框"属性

"方框"选项卡中各项含义如下。
- Width、Height：设置元素的宽度和高度。
- Float：设置块级元素的浮动方向，其作用是使元素脱离正常的文档流并使其移动到其父元素的"最左边"和"最右边"。
- Clear：定义元素的哪一侧不允许有浮动元素。通常在为前面的块级元素设置 float 属性，而不希望后续的元素受前面元素影响而使用。
- Padding：指定元素内容与元素边框的间距。取消选中"全部相同"复选框，可设置元素各个边的填充；选中"全部相同"复选框，可将相同的填充属性应用于元素的上、右、下和左侧。

- Margin：定义某个元素边框和其他元素的间距，设置同上。

5. 设置 CSS 边框属性

在"CSS 规则定义"对话框，选中"分类"列表框中的"边框"选项，可以定义元素周围的边框样式、宽度和颜色属性，如图 4-13 所示。

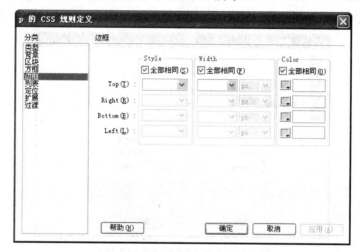

图 4-13　设置 CSS 的"边框"属性

"边框"选项卡中各项含义如下。

- Style：设置边框的样式外观。样式显示方式取决于浏览器。取消选中"全部相同"复选框，可以设置元素各个边的边框样式，选中"全部相同"复选框，可将相同的边框样式设置为它应用于元素的上、右、下和左侧。
- Width：设置边框的粗细。
- Color：设置边框的颜色。

6. 设置 CSS 列表属性

在"CSS 规则定义"对话框，选中"分类"列表框中的"列表"选项，可以为列表标签定义项目符号类型等属性，如图 4-14 所示。

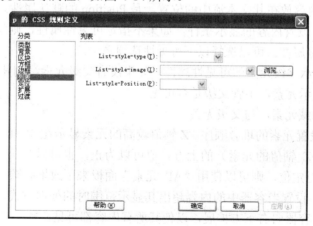

图 4-14　设置 CSS 的"列表"属性

"列表"选项卡中各项含义如下。

- List-style-type：设置列表使用的项目符号或编号的类型。

- List-style-image：为项目符号自定义图像。单击【浏览】按钮，可以指定一幅图像，也可以直接输入图像路径。
- List-style-postion：设置列表项标记位置。

7. 设置 CSS 定位属性

"定位"选项用于控制网页中元素的位置，如图 4-15 所示。

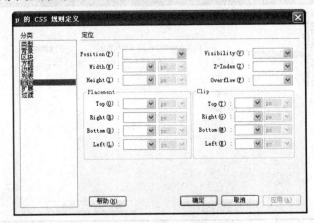

图 4-15 设置 CSS 的"定位"属性

"定位"选项卡中各项含义如下。

- Position：设置元素的定位类型。
  ◇ absolute：使用定位框中输入的、相对于最近的绝对或相对定位上级元素的坐标定位网页元素。
  ◇ fixed：使用"定位"框中输入的坐标（相对于浏览器的左上角）定位网页元素。当用户滚动页面时，网页元素将在此位置保持固定。
  ◇ relative：使用"定位"框中输入的、相对于区块在文档文本流中的位置的坐标来放置网页元素。例如，若为元素指定一个相对位置，并且其上坐标和左坐标均为 20px，则将元素从其所在文本流中的正常位置向右和向下移动 20px。
  ◇ static：将内容放在其文本流中的位置。是 Position 的默认属性。
- Visibility：设置内容的显示条件。如果不指定可见性属性，则默认状态元素将继承父级标签属性。可以选择以下可见性选项之一。
  ◇ inherit：继承父级元素的可见性属性。如果没有父级元素，则其可见。
  ◇ visible：显示元素，不管父级是否可见。
  ◇ hidden：隐藏元素，与父级无关。
- Z-index：设置元素的堆叠顺序。Z 轴值较高的元素显示在 Z 轴值较低的元素（或根本没有 Z 轴值的元素）的上方。值可以为正，也可以为负。如果已经对内容进行了绝对定位，则可以使用"AP 元素"面板来更改堆叠顺序。
- Overflow：设置当容器中的内容超出其显示范围时的处理方式，有以下选项。
  ◇ visible：将容器向右下方扩展，以使其所有内容都可见。
  ◇ hidden：保持容器大小并剪辑任何超出内容，无滚动条。
  ◇ scroll：在容器中添加滚动条，不论内容是否超出容器的大小。
  ◇ auto：仅在容器中内容超出其边界时出现滚动条。

- Placement：指定内容块的位置和大小。
- Clip：定义内容的可见部分。如果指定了剪辑区域，可以通过脚本语言（如 JavaScript）访问它，并创建特效。

8．设置 CSS 扩展属性

"扩展"属性包括分页、光标、过滤器等选项，可以用来更改光标形状、设置元素的滤镜效果等，如图 4-16 所示。

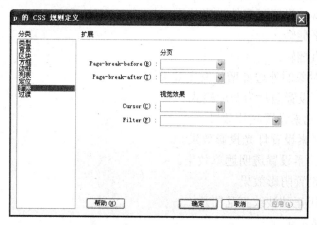

图 4-16　设置 CSS 的"扩展"属性

"扩展"选项卡中各项含义如下。

- 分页：打印时在样式所控制的元素之前或之后强制分页。
- Cursor：当鼠标指针位于样式所控制的元素上时，改变鼠标指针的形状，有以下选项。
  ◇ crosshair：精确定位 "+" 形状。
  ◇ text：文本 "I" 形状。
  ◇ wait：等待形状。
  ◇ default：默认光标形状。
  ◇ help：帮助 "？" 形状。
  ◇ e-resize：向右的箭头形状。
  ◇ ne-resize：向右上方的箭头形状。
  ◇ n-resize：向上的箭头形状。
  ◇ nw-resize：向左上方的箭头形状。
  ◇ w-resize：向左的箭头形状。
  ◇ sw-resize：向左下方的箭头形状。
  ◇ s-resize：向下的箭头形状。
  ◇ se-resize：向右下方的箭头形状。
  ◇ auto：自动，默认状态改变。
  ◇ inherit：手形形状。
- Filter：又称 CSS 滤镜，对样式所控制的元素应用特殊效果。从下拉列表框选择一种效果并设置其参数。

CSS 的滤镜属性的标识符是 filter。它在 CSS 样式表中的书写格式如下：

```
filter: filtername(parameters)
```

filter 是滤镜选择符。只要进行滤镜操作，就必须先定义 filter；filtername 是滤镜名称，这里包括 alpha、blur、chroma 等多种滤镜；parameters 是滤镜的参数值，通过参数设置，可以定义滤镜效果。下面是典型的 CSS 滤镜及其作用。

- ◇ alpha：设置对象的透明度。
- ◇ blur：设置模糊效果。
- ◇ chroma：设置指定的颜色透明。
- ◇ dropshadow：设置元素的投影效果。
- ◇ fliph：水平翻转。
- ◇ flipv：垂直翻转。
- ◇ glow：为对象的外边界增加发光效果。
- ◇ grayscale：设置图片为灰度模式。
- ◇ invert：为元素设置底片效果。
- ◇ light：为元素设置灯光投影效果。
- ◇ mask：为元素设置透明遮罩效果。
- ◇ shadow：设置阴影效果。
- ◇ wave：利用正弦波纹打乱图片。
- ◇ xray：只显示轮廓。

9. 设置 CSS 过渡属性

可以使用"CSS 过渡"属性选项卡创建、修改和删除 CSS3 过渡效果，如图 4-17 所示。

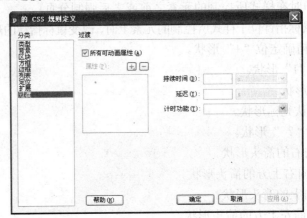

图 4-17　设置 CSS 的"过渡"属性

要创建 CSS3 过渡效果，可以通过为元素设置参数值并创建过渡效果类来实现。如果在创建过渡效果类之前选择元素，则过渡效果类会自动应用于选定元素。

可以选择将生成的 CSS 代码添加到当前文档中，或指定外部 CSS 文件。

"过渡"选项卡中各项含义如下。

- 所有可动画属性：选中此项，则为要过渡的所有 CSS 属性指定相同的"持续时间"、"延迟"和"计时功能"；否则为要过渡的每个 CSS 属性指定不同的"持续时间"、"延迟"和"计时功能"。
- 属性：取消选中"对所有可动画属性"复选框后该选项有效。单击➕按钮以向过渡效果添加 CSS 属性，单击➖按钮以向过渡效果删除选中 CSS 属性。

以下属性在选中"对所有可动画属性"复选框时有效。
- 持续时间：以秒（s）或毫秒（ms）为单位设置过渡效果的持续时间。
- 延迟：以秒或毫秒为单位，设置过渡效果开始前延迟时间。
- 计时功能：可选择相应过渡效果样式。

4.2.3 使用 CSS 样式面板设置 CSS 属性

可以通过"CSS 样式"面板设置和修改 CSS 样式属性。具体方法：选中某个 CSS 样式，在"CSS 样式"面板下侧的"*的属性"栏中展开该样式的属性值，通过添加、修改样式的属性和属性值，来设置 CSS 样式。CSS 样式属性的含义及其属性值如表 4-1 所示。

表 4-1 CSS 属性表

类型	属性	含义	值
字体	font-family	字体类型	系统中的所有字体
	font-style	字体风格	normalitalic；oblique；inherit
	font-variant	字体大写	normal；small-caps
	font-weight	字体粗细	normal；bold；bolder；lighter 等
	font-size	字体大小	absolute-size；relative-size；length；percentage 等
颜色和背景属性	color	定义前景色	颜色
	background-color	定义背景色	颜色
	background-image	定义背景图像	图像路径
	background-repeat	背景图片重复方式	repeat-x；repeat-y；no-repeat
	background-attachment	设置背景图片是否滚动	scroll；fixed
	background-position	背景图片初始位置	percentage；length；top；left；right；bottom 等
文本	word-spacing	单词间距	inherit；normal
	letter-spacing	字母间距	inherit；normal
	text-decoration	文字修饰样式	none；underline；overline；linethrough；blink
	text-transform	文本转换	capitalize；uppercase；lowercase；none
	text-align	对齐方式	left；right；center；justify
	text-indent	首行缩进方式	inherit
	line-height	文本行高	数值
	text-shadow	文本投影	inherit；none；color
页边距属性	margin-top	顶边距	length；percentage；auto
	margin-right	右边距	length；percentage；auto
	margin-bottom	底边距	length；percentage；auto
	margin-left	左边距	length；percentage；auto
填充属性	padding-top	顶端填充距	inherit；length；percentage
	padding-right	右侧填充距	inherit；length；percentage
	padding-bottom	底端填充距	inherit；length；percentage
	padding-left	左侧填充距	inherit；length；percentage
边框属性	border-top-width	顶端边框宽度	thin；medium；thick；数值
	border-right-width	右侧边框宽度	thin；medium；thick；数值

续表

类型	属性	含义	值
边框属性	border-bottom-width	底端边框宽度	thin; medium; thick; 数值
	border-left-width	左侧边框宽度	thin; medium; thick; 数值
	border-width	一次定义边框宽度	border; top; width; color 等属性
	border-color	设置边框颜色	border; top; width; color 等属性
	border-style	设置边框样式	border; top; width; color 等属性
	border-top	一次性定义上边框属性	border; top; width; color 等属性
	border-right	一次性定义右边框属性	border; top; width; color 等属性
	border-bottom	一次性定义下边框属性	border; top; width; color 等属性
	border-left	一次性定义左边框属性	border; top; width; color 等属性
	width	定义元素宽度	length; percentage; auto
	height	定义元素高度	length; percentage; auto
	float	定义元素浮动方式	left; right; none
	clear	清除元素浮动属性	left; right; both; none
列表属性	display	是否显示列表项	block; inline; list-item; none
	white-space	如何处理空白	normal; pre; nowrap
	list-style-type	项目编号类型	disc; circle; square 等
	list-style-position	项目编号起始位置	inside; outside; inherit
	list-style	综合设置项目编号属性	type; position; position 等属性值

4.3 学习任务：管理 CSS 样式

使用"CSS 样式"面板，可以对创建的 CSS 样式表进行查看、编辑、禁用或启用、删除等操作，也可以链接或者导入 CSS 样式表。

本节学习任务

掌握在 Dreamweaver 中链接或者导入外部 CSS 样式的方法，掌握查看、编辑、禁用或启用、删除 CSS 样式的基本方法。

4.3.1 链接或导入外部 CSS 样式

使用"CSS 样式"面板，可以将外部的 CSS 样式文件应用到当前页面中。链接外部样式表的具体方法如下。

（1）在 Dreamweaver 中，选择"窗口→CSS 样式"菜单命令，打开"CSS 样式"面板。在面板中单击鼠标右键，在弹出的快捷菜单中选择"附加样式表"命令，如图 4-18 所示。

（2）单击"附加样式表"命令，打开"链接外部样式表"对话框，如图 4-19 所示。在该对话框中，单击"文件/URL"文本框右侧的【浏览】按钮，弹出"选择样式表文件"对话框，从中选择一个样式表文件，在"添加为"选项中设置为"链接"。

（3）单击【确定】按钮关闭对话框，可以将外部的 CSS 样式文件链接到文档中。

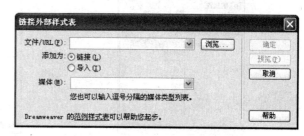

图 4-18　选择"附加样式表"命令　　　　图 4-19　"链接外部样式表"对话框

提示：也可以将外部 CSS 样式表导入到当前的文档中，具体方法是在步骤（2）中，设置"添加为"选项为"导入"。

4.3.2　查看 CSS 样式

通过"CSS 样式"面板，可以查看当前文档所使用的 CSS 样式。具体方法：打开 CSS 样式面板，在默认设置下，可以查看全部 CSS 样式，在"所有规则"中，通过选中某 CSS 样式以查看其详细设置。

也可以切换到"当前"模式，查看所选中 CSS 样式的属性及其值。

4.3.3　编辑与删除 CSS 样式

通过"CSS 样式"面板，可以对 CSS 样式进行编辑和删除等操作。具体方法：在 Dreamweaver 中，打开"ch04-1\ch04-1-5\UseCss3.html"，展开 CSS 样式面板，单击"所有规则"栏中所导入的 CSS 样式文件名称左侧的⊞按钮，展开所导入的样式表文件"UseCSS3.CSS"。选中"p"的 CSS 样式规则，可以在"CSS 样式"面板下方中"'p'的属性"查看该 CSS 规则的属性。

若要修改"p"样式规则的"font-weight"属性的值，只需展开右侧的下拉菜单，进行重新设置，如图 4-20 所示。如果要为此样式继续添加属性，单击"添加属性"，在弹出下拉菜单中选择需要添加的属性名称，在右侧设置其值即可。

也可以删除某个样式。右键单击所要删除的样式，在弹出的菜单中选择"删除"命令，即可删除该样式，如图 4-21 所示。

提示：也可以选中文档中设置 CSS 样式的网页元素，展开"属性"面板并切换到"CSS"选项卡，然后单击"编辑规则"按钮编辑 CSS 规则。

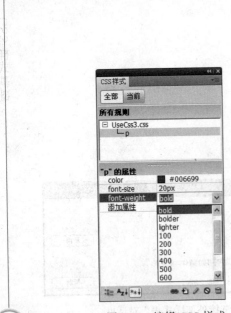
图 4-20　编辑 CSS 样式

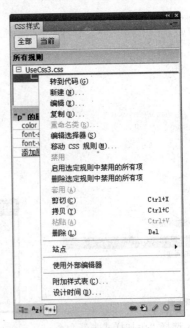
图 4-21　删除选中样式

4.4　案例：使用 CSS 样式美化网页

学习目标　打开素材文件，创建 CSS 样式，并使用 CSS 样式美化网页中的文字和图片。

知识要点　创建 CSS 样式，为网页中的标签应用 CSS 样式，查看 CSS 样式的代码。案例效果如图 4-22 所示。

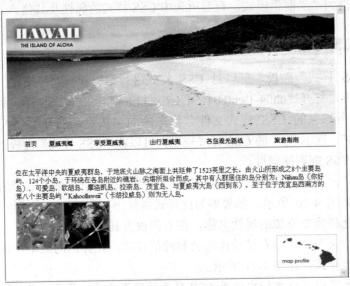

图 4-22　案例效果

在 Dreamweaver CS6 中使用 CSS 样式美化网页的步骤如下。

(1) 以 ch04/ch04-4 为文件夹创建站点 ch04-4,打开素材网页 sucai.html,如图 4-23 所示,并将其另存为 04-4.html。

图 4-23 素材网页

(2) 在菜单栏中选择"窗口→CSS 样式"菜单命令,打开"CSS 样式"面板。在"CSS 样式"面板中单击鼠标右键,在弹出的快捷菜单中选择"新建"命令,打开"新建 CSS 规则"对话框,设置选择器类型为"类",选择器名称为"nav",规则定义为"仅对该文档"。

(3) 单击【确定】按钮,打开".nav 的 CSS 规则定义"对话框,选择"类型"样式,并在右侧设置"类型"样式的属性,具体设置如图 4-24 所示。

图 4-24 设置 CSS 的"类型"样式

(4) 单击【确定】按钮,在"CSS 样式"面板中添加了名称为".nav"的 CSS 样式。

(5) 按照上述的方法,新建名称为".show"的样式,并在弹出的".show 的 CSS 规则定义"对话框中进行如图 4-25 所示的设置。

(6) 切换到"拆分"视图,选中包含导航菜单内容的"table"标签,或通过标签选择器选择该"table"标签,在属性面板为其设置"类"属性为 nav,如图 4-26 所示。

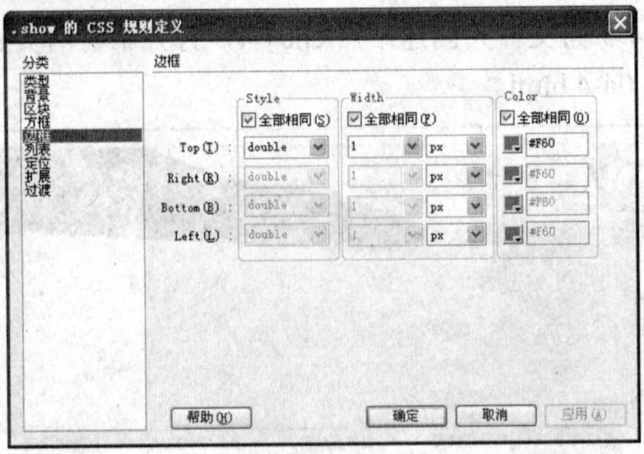

图 4-25 设置"边框"类样式的属性

图 4-26 为导航栏应用 CSS 样式

（7）选中网页左下角的两幅图像，分别设置其类属性为"show"。

（8）切换到"代码"视图，查看网页的 HTML 代码。发现在标签<head>和</head>之间自动添加了一段代码。

```
<style type="text/css">
.nav {
    font-family: "幼圆";
    font-size: 14px;
    font-weight: bold;
    color: #009;
}
.show {
    border: 1px double #F60;
}
</style>
```

在网页中应用类选择器.nav 的 HTML 代码如下。

```
<table width="90%" border="0" align="center" class="nav">
```

在网页中应用类选择器.show 的 HTML 代码如下。

```
<img src="images/flower.gif" width="113" height="110" class="show"/>
<img src="images/tree.gif" width="113" height="110" class="show"/>
```

（9）保存文档，按下<F12>键在浏览器中浏览网页最终效果。

📝 **案例小结** 本案例实现简单的图文混排效果。通过创建 CSS 样式并将其分别应用于网页中文字和图片，实现对文字和图片外观的控制。

4.5 实训

4.5.1 实训一 为网页元素应用 CSS 样式

▶ **1. 实训目的**
- 掌握在"CSS 样式"面板中添加外部样式表的方法。
- 掌握为网页元素应用 CSS 样式的方法。

▶ **2. 实训要求**

以 ch04/ex04-1 为文件夹创建站点"ex04-1"。打开网页素材文件 sucai.html，添加链接样式表，并为网页中的段落应用 CSS 样式。设置 CSS 样式前的网页如图 4-27 所示，设置 CSS 样式后的网页如图 4-28 所示。

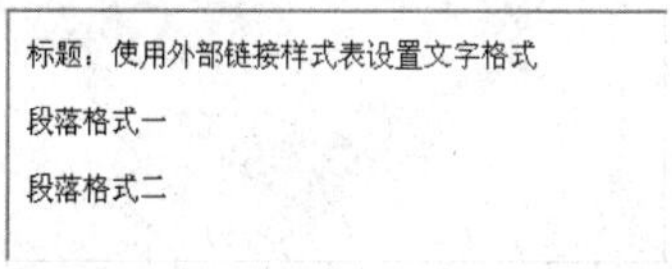

标题：使用外部链接样式表设置文字格式
段落格式一
段落格式二

标题：**使用外部链接样式表设置文字格式**
段落格式一
段落格式二

图 4-27 设置 CSS 样式前的网页 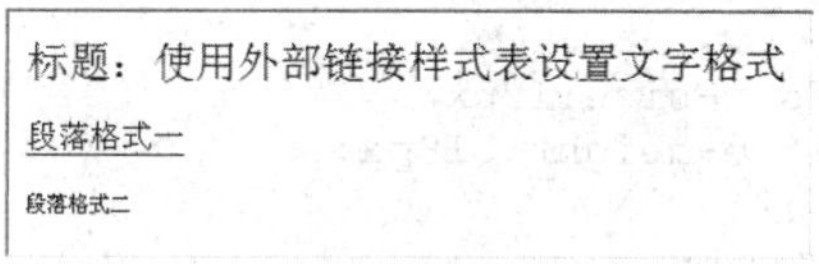　　图 4-28 设置 CSS 样式后的网页

操作步骤提示：

（1）链接外部样式表"ex04-1.css"；

（2）依次选中相应段落，在属性面板中设置其 CSS 样式。

4.5.2 实训二 新浪新闻头条

▶ **1. 实训目的**
- 掌握为网页元素设置 CSS 样式的操作步骤。
- 掌握图文混排效果的实现方法。
- 掌握网页元素间距的设置方法。

▶ **2. 实训要求**

模仿新浪新闻网页，实现图文混排及新闻排行效果。新闻图片位于网页左侧，标题和新闻列表位于右侧。案例使用 float 属性设置图片的左浮动，使用 margin 属性设置图片和文字间距，使用 h1 标记设置标题样式，使用 line-height 属性设置段落行高。最终效果如图 4-29 所示。

图 4-29 新浪新闻网页

操作步骤提示：

（1）以 ch04/ex04-2 为文件夹创建站点"ex04-2"，新建网页 ex04-2.html，并插入新闻图片；

（2）输入文字，并设置为 h1 标题和段落；

（3）在新闻左侧插入小图片；

（4）依次定义新闻图片、h1 标题、段落、小图标的 CSS 样式，并将其应用于相应网页元素。

网页代码如下所示。

```html
<html>
<head>
<meta http-equiv="Content-Type" content="text/html; charset=utf-8" />
<title>新浪新闻</title>
<style type="text/css">
h1{
    font-family:黑体;
    font-size:24px;
    font-weight:normal;
}
p {
    font-size:12px;
    line-height: 18px;
}
.news {
    float: left;
    margin-right: 10px;
}
.icon{
    margin:4px 4px 0px 0px;
}
</style>
</head>
<body>
<img src="images/1.jpg" width="260" height="190" class="news">
<h1>国内新闻</h1>
<p><img src="images/104309.gif" width="15" height="13" class="icon">430万新基民跑步入市：4500 点入市算不算晚</p>
<p><img src="images/104310.gif" width="15" height="13" class="icon">杭州日光盘烂尾背后：工行中行等卷入预售金监管漏洞</p>
<p> <img src="images/104311.gif" width="15" height="13" class="icon">华夏银行副行长王耀庭违纪被立案调查</p>
</body>
</html>
```

4.6 习题

一、填空题

1．CSS 是 Cascading Style Sheets 的缩写，又称＿＿＿＿或级联样式表，是用于控制或增强网页外观样式，并且可以与＿＿＿＿相分离的一种标签性语言。

2．一个 CSS 样式表一般由若干样式规则组成，每条样式规则都可以看作是一条 CSS 的基本语句，每条规则都包含一个＿＿＿＿（如 body、p 等）和写在花括号里的声明，这些声明通常是由几组用分号分隔的_____和_____组成。
3. 定义 CSS 样式表的标签为_____。
4. _____用于精确控制网页中元素（主要是 AP Div 元素）的位置。
5. 外部样式表使用 HTML 的_____标签进行链接。

二、选择题

1. CSS 可以作用于 HTML 的标签，下列哪个不是 CSS 可以作用的 HTML 标签？（   ）
   A．h1   B．p   C．font   D．br
2. CSS 样式表存放于 HTML 文档的（   ）区域中。
   A．HTML   B．BODY   C．HEAD   D．DIV
3. 使用"CSS 规则定义"对话中的（   ）选项，可以定义元素周围的边框样式、宽度和颜色属性。
   A．类型   B．区块   C．方框   D．边框
4. （   ）是把 CSS 样式定义直接放在<style>…</style>标签之间，然后插入到网页的头部。
   A．行内样式   B．内部样式   C．外部样式   D．导入样式
5. 字体（Font）样式的属性不包括（   ）。
   A．font-family B．font-style C．font-variant D．font-italic

三、简答题

1. 什么是 CSS 样式表？有何优点？
2. 引用 CSS 样式表有哪些方法？
3. 常用的 CSS 样式有哪些类型？

网页的文本和图像

文本和图像是构成网页的主体,是网页设计不可缺少的组成元素。文本可以直观地体现信息内容,图像可以使网页内容更加丰富、美观。在网页中添加文本和图像并恰当地设置其 CSS 样式是网页制作的基本技能。

本章学习要点:
- 在网页文档中添加文本元素;
- 用 CSS 设置文本样式;
- 在网页文档中添加图像元素;
- 用 CSS 设置图像样式;
- 简单图文混排设计。

5.1 案例1:设计唐诗赏析网页

学习目标 掌握在 Dreamweaver CS6 中为网页文档添加文本元素的方法,并能熟练使用 CSS 设置文本的样式。

知识要点 在网页中添加文本的 3 种方法;设置列表;添加特殊符号、水平线、日期等;用 CSS 对网页文本样式进行设置。网页效果如图 5-1 所示。

图 5-1 唐诗赏析页面效果

5.1.1 在网页中添加文本

1. 输入文本

在网页文档中输入文本，该操作类似于在大多数文本编辑软件中的操作，只需将光标定位在需插入文本的位置，选择所需的输入法进行文本输入即可。

需要注意的是，在 Dreamweaver CS6 中默认只能输入一个空格，要输入多个连续的空格可以通过以下方法实现。

- 选择"插入→HTML→特殊字符→不换行空格"菜单命令。
- 单击"插入"面板"文本"类别中最后的【字符：不换行空格】图标按钮 。
- 按下<Ctrl+Shift+Space>组合键。

本案例具体操作如下。

（1）启动 Dreamweaver CS6，创建本地站点 ch05-1，新建一个 HTML 文档，设置文档标题"唐诗赏析"，并以 05-1.html 为文件名保存在该站点文件夹下。

（2）在文档窗口中，将光标定位在文档起始位置，选择输入法并输入文字"唐诗赏析"，文字间用多个空格分隔。在"代码"视图可以看到一个空格会自动对应一组替代字符" "，如图 5-2 所示。

提示：选择"编辑→首选参数"菜单命令，或使用<Ctrl+U>组合键打开"首选参数"对话框，在"常规"分类选项中选定"编辑选项"中的"允许多个连续的空格"，在文档的"设计"视图下即可直接按下空格键输入多个连续的空格。

（3）在输入的文字后按下<Enter>键建立新的段落，然后可以输入其他文本内容，如图 5-3 所示。

图 5-2　输入文字及多个连续空格

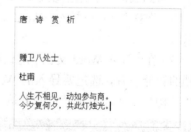
图 5-3　输入多个段落文本并换行

提示：若要只换行而不新建段落，可以在 Dreamweaver CS6 中选择"插入→HTML→特殊字符→换行符"菜单命令进行换行；或者在"插入"面板"文本"类别中，单击最后一个图标按钮【字符：换行符】 实现换行；也可以按下<Shift+Enter>组合键插入换行符。

2. 复制文本

可以利用系统剪贴板将其他应用程序中的文本内容粘贴到网页文档中。Dreamweaver CS6 支持通用的快捷键组合，<Crtl+C>是复制组合键，<Crtl+V>是粘贴组合键。Dreamweaver CS6 还提供了"选择性粘贴"功能：选择"编辑→选择性粘贴"菜单命令，或者按下组合键<Crtl+Shift+V>均可打开"选择性粘贴"对话框，如图 5-4 所示。

"选择性粘贴"命令允许用户以"仅文本"、"带结构的文本（段落、列表、表格等）"、"带结构的文本以及基本格式（粗体、斜体）"、"带结构的文本以及全部格式（粗体、斜体、样式）"四种不同的方式进行粘贴文本，并可以根据选择的方式同时指定是否"保留换行符"、"清理 Word 段落间距"、"将智能引号转换为直引号"等命令选项。本实例采用"带结构的文本（段落、列表、表格等）"方式将 Word 素材文档中诗文的其他诗句进行粘贴，效果如图 5-5 所示。

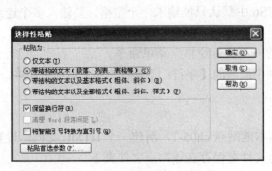
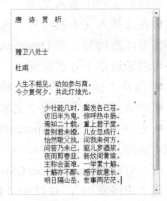

图 5-4 "选择性粘贴"对话框　　　　图 5-5 选择性粘贴文本效果

☎提示：组合键<Ctrl+V>功能采用的是"选择性粘贴"方式中的一种，具体采用哪一种可以通过"首选参数"设置。设置方法是单击"选择性粘贴"对话框左下角的【粘贴首选参数】按钮，或选择"编辑→首选参数"菜单命令，在"首选参数"对话框的 "复制/粘贴"类别中，设置"粘贴"功能的默认方式。

▶ 3．导入文本

Dreamweaver CS6 可以将 XML 文档、表格式数据、Word 及 Excel 等文档中的内容直接导入到页面中。这里以导入 Word 文档为例，介绍导入文本的具体方法。

（1）选择"文件→导入→Word 文档"菜单命令打开"导入 Word 文档"对话框，如图 5-6 所示。

（2）在"导入 Word 文档"对话框中，通过"查找范围"下拉列表找到要导入的 Word 文档的存储位置，选定要导入的 Word 文档，在"格式化"下拉列表中选择导入文本是否保留结构与格式，单击【打开】按钮即可导入文档。效果如图 5-7 所示。

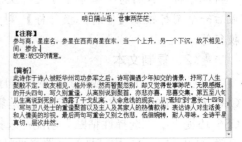

图 5-6 "导入 Word 文档"对话框　　　　图 5-7 在文档中导入文本效果

☎提示：在"导入 Word 文档"对话框中，"格式化"下拉列表中的选项作用与"选择性粘贴"中的选项相同。另外，用导入方式会将选定文档中的内容全部导入到页面中。

☎提示：向页面中导入外部文档后往往会自动生成一些多余的代码，如某些 Word 特定的标记、CSS、<font>标签等，可以通过选择"命令→清理 Word 生成的 HTML"菜单命令来清除这些代码。

5.1.2 设置项目符号或编号

列表是指将具有相似特性或某种顺序的文本进行有规则的排列，用列表方式进行罗列会使得文本内容层次更清晰。列表通常分为项目列表和编号列表两大类。

▶ 1．创建列表

创建列表的步骤如下。

（1）将光标定位在要创建列表的位置，或选中要设置列表的段落。

（2）选择"格式→列表"菜单命令，在弹出的菜单中选择"项目列表"或"编号列表"；或者单击"属性"面板"HTML"类别中的【项目列表】图标按钮 或【编号列表】图标按钮 ，或单击"插入"面板"文本"类别中的【ul 项目列表】按钮或【ol 编号列表】按钮，均能创建一个列表，并为文本添加默认的项目符号或编号。

（3）在某个项目之后按下<Enter>键，可以添加与该项目同一层次的新项目。

（4）在最后一个列表项目后，连续按两次<Enter>键，或再次单击【项目列表】图标按钮 或【编号列表】图标按钮 ，即可完成列表的创建。

☎提示：在现有文本的基础上创建列表时，每一个段落文本将作为列表中的一项，并非网页中显示的一行。

▶ 2．创建嵌套列表

列表可以嵌套，以表示不同的层次。创建嵌套列表的步骤如下。

（1）选定需要嵌套的列表项目，或将光标定位到该项目处。

（2）选择"格式→缩进"菜单命令；或者单击"属性"面板"HTML"类别中的【缩进】图标按钮 ，均能使列表项目缩进，作为嵌套的内层列表显示。

反之，选择"格式→凸出"菜单命令；或者单击"属性"面板"HTML"类别中的【凸出】图标按钮 可以使列表的级别提升一级。

☎提示：如果对最外层的列表项目执行【凸出】命令，将取消该列表项目的符号或编号，使其不再作为列表中的项目。

▶ 3．修改列表项目符号或编号

在网页文档中创建了列表后，"属性"面板中的【列表项目】按钮 列表项目... 变为可用。修改列表项目符号或编号的步骤如下。

（1）选定需要修改的列表项目，或将光标定位在该项目处。

（2）选择"格式→列表→属性"菜单命令；或单击"属性"面板中的【列表项目】按钮，打开"列表属性"对话框，如图 5-8 所示。

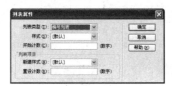

图 5-8 "列表属性"对话框

（3）在对话框中，先选择"列表类型"选项，确定列表为项目列表或是编号列表，然后在"样式"选项中选择相应的列表符号或编号的样式，单击【确定】按钮完成设置。

"列表属性"对话框中各选项含义如下。

- 列表类型：在下拉列表中包含"项目列表"、"编号列表"、"目录列表"、"菜单列表"项，供用户选择。
- 样式：可选择的列表符号（项目符号或正方形）或编号（数字、小写罗马字母、大写罗马字母、小写字母、大写字母）的样式，项目列表默认为项目符号，编号列表默认为数字（1、2、3…）。
- 开始计数：只用于编号列表，在其文本框中可输入一个数字，作为编号列表中第一个项目的值，其后的项目在该值基础上递增。
- 新建样式：设置选定的列表项目的符号或编号样式。
- 重设计数：只用于编号列表，表示选定的列表项目从该数值开始重新计数。

在本案例中，将为诗文的注释内容设置列表编号，具体操作如下。

（1）先将文档中注释的内容设为 3 个独立段落，即删除每行后的"换行符"，键入<Enter>键。

（2）选中以上 3 个段落，单击"属性"面板上的【编号列表】图标按钮，完成设置。效果如图 5-9 所示。

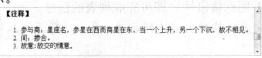

图 5-9　设置列表的效果

5.1.3　插入特殊字符、水平线和日期

在网页中除了经常用到换行符和连续多个空格，有时还需要插入一些特殊的对象，如"©"、"®"等特殊符号，以及水平线、日期等。

▶1．插入特殊字符

在"05-1.html"文档页面的底部插入网页的版权信息，具体方法：把光标置于页面底部，输入"Copyright2012 唐诗赏析网 All Rights Reserved"文字，然后把光标定位在"Copyright"文字之后，选择"插入→HTML→特殊字符"菜单命令，在弹出的下级菜单中选择"版权"，如图 5-10 所示，将在光标处插入一个版权符号"©"。

提示：插入特殊字符的另一种方法是：单击"插入"面板"文本"类别卡中最后一个按钮右侧的小三角，弹出如图 5-11 所示的列表，从中选择所需的字符。

图 5-10　插入特殊字符菜单命令　　　　图 5-11　插入特殊字符面板

插入特殊字符后，在文档窗口的"设计"视图中直接显示出特殊字符的效果，但是，在"代码"视图中将以替代符号表示，例如，"不换行空格"表示为" "，版权符号"©"表示为"©"等，如图5-12所示。

提示：单击"插入→HTML→特殊字符→其他字符"菜单命令，打开"插入其他字符"对话框，如图5-13所示，可以插入更多的特殊字符。

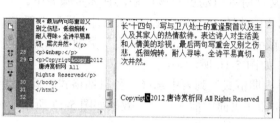

图5-12 特殊字符及替代符号　　　　图5-13 "插入其他字符"对话框

2. 插入水平线

在网页中，使用一条或多条水平线分隔网页元素可以增添网页的层次性。在本案例中添加水平线的步骤如下。

（1）在文档窗口中，将光标定位在要插入水平线的位置，如版权信息之前。

（2）选择"插入→HTML→水平线"菜单命令，或单击"插入"面板"常用"类别中的【水平线】按钮 。

（3）设置水平线的属性。选中水平线，在其"属性"面板中，设置"宽"为100%，"对齐"为居中对齐，如图5-14所示。

图5-14 水平线"属性"面板

水平线"属性"面板中各项含义如下。

- 宽、高：设置水平线的宽度、高度，以像素为单位，或以占页面大小百分比表示，默认宽度占页面的100%。
- 对齐：设置水平线的对齐方式。选项有默认、左对齐、居中对齐或右对齐，默认为居中对齐。
- 阴影：设置绘制水平线时是否带阴影。取消此选项时，将使用纯色绘制水平线。
- 类：设置可以应用的CSS样式。

插入的水平线如图5-15所示。

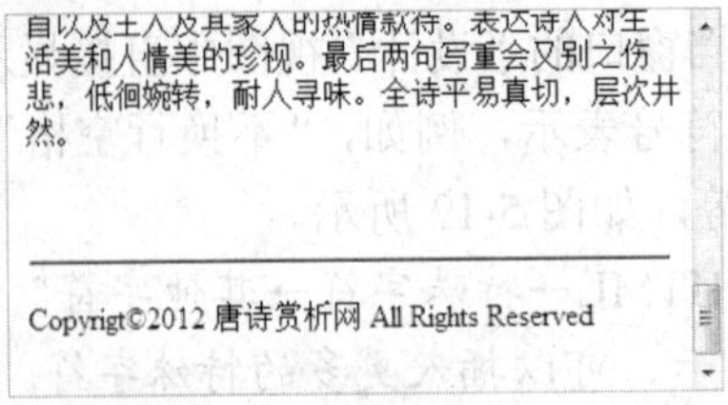

图 5-15 插入水平线

3. 插入日期

Dreamweaver CS6 提供了方便的日期对象，该对象可使用多种格式插入当前日期（可以包含时间），并且可以设置在每次保存文件时都自动更新该日期，具体步骤如下。

（1）将光标定位在要插入日期的位置，如版权信息之后，输入相关文本"最后更新："。

（2）选择"插入→日期"菜单命令；或者在"插入"面板"常用"类别中选择【日期】按钮，弹出"插入日期"对话框，如图 5-16 所示。

（3）在"插入日期"对话框中，在"日期格式"列表中选择一种日期格式，并勾选"储存时自动更新"项，单击【确定】按钮即在页面中插入日期。效果如图 5-17 所示。

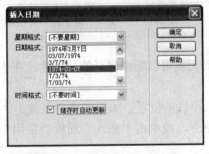

图 5-16 "插入日期"对话框

图 5-17 插入日期效果

提示：在"插入日期"对话框中，可以分别设置"星期格式"、"日期格式"和"时间格式"。勾选"储存时自动更新"选项，表示每次修改并保存网页文档后将更新并显示当前的日期时间；取消该项选择，日期在插入后将作为文本，不会再自动更新。

5.1.4 设置文本属性

为了使页面中的文本更加美观，需要设置文本的字体、大小、颜色、粗细及段落等格式。设置文本格式可以通过"格式"相关菜单命令进行设置，也可以通过"属性"面板进行设置。

选定要设置的文本，其文本"属性"面板分为"HTML"和"CSS"两个类别，如图 5-18 和图 5-19 所示，可以分别对文本应用 HTML 格式或 CSS 样式。应用 HTML 格式时，Dreamweaver 会将标签或属性添加到页面正文的 HTML 代码中。应用 CSS 样式时，Dreamweaver 会将属性写入文档头<head>或单独的样式表中。

图 5-18 "属性"面板"HTML"类别

图 5-19 "属性"面板"CSS"类别

1. 使用 HTML 设置文本属性

在 Dreamweaver CS6 中新建 HTML 文档，图 5-18 所示的"属性"面板各项含义如下。

- 格式：设置选定文本的段落样式。其中"段落"应用<p>标签的默认格式，"标题 n"应用<hn>标签默认格式（n 表示从 1 至 6），"预格式化"应用<pre>标签默认格式。
- ID：为所选内容指定一个 ID 名称。
- 类：显示当前应用于所选文本的类样式。在下拉菜单中可以选择要应用的样式：选择"无"可以删除当前所选样式；选择"应用多个类"可以打开"多类选区"对话框，如图 5-20 所示，在已定义的类列表中可以选择多个类，以应用于选定的文本对象，同时，还可以在其下方的文本框中指定新的类名称，方便以后多次应用之前选定的多个类；选择"重命名"可以重命名该样式；选择"附加样式表"可以打开一个能向页面附加外部样式表的对话框。

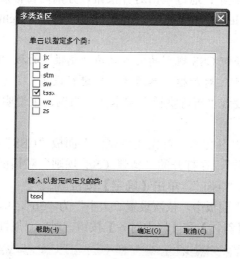

图 5-20 "多类选区"对话框

- **B**：粗体按钮，可将<b>或<strong>应用于所选文本。
- *I*：斜体按钮，可将<i>或<em>应用于所选文本。
- ：项目列表和编号列表按钮，分别将选定文本设置为项目列表或编号列表。
- ：内缩区块和删除内缩区块按钮，分别应用或删除<blockquote>标签，来缩进所选文本或删除所选文本的缩进。
- 链接、标题和目标：创建所选文本的超链接，以及为超链接指定文本工具提示和打开方式。详细内容参看第 6 章。

☎提示：当应用"HTML"格式中的粗体或斜体时，可以在"首选参数"对话框的"常规"类别中，设置所使用的 HTML 标签为<strong>和<em>，或是<b>和<i>。

2. 使用 CSS 设置文本属性

虽然 Dreamweaver CS6 仍支持使用 HTML 设置文本格式，但 CSS 目前已成为设置文本格式的首选方法。文本"属性"面板的"CSS"类别中各项参数含义如下。

- 目标规则：显示在"属性"面板中正在编辑、使用的规则。可以在弹出列表中选择<新 CSS 规则>、<新内联样式>，或选择现有类名称或"应用多个类"以应用于所选文本，或选择<删除类>来删除已应用的 CSS 规则。
- 【编辑规则】：单击【编辑规则】按钮，打开"新建 CSS 规则"对话框，从中定义一个新的 CSS 规则或编辑正在应用的 CSS 规则。
- 【CSS 面板(P)】：点击【CSS 面板】按钮，打开"CSS 样式"面板，并在"当前"视图中显示目标规则的属性。
- 字体：设置目标规则的字体，对应 font-family 属性。
- 大小：设置目标规则的字体大小，对应 font-size 属性。
- 按钮：用于设置文字的颜色，对应 color 属性，也可以在后面的文本框中输入十六进制 RGB 值。
- B 按钮：向目标规则添加粗体属性，即 font-weight 为 bold。
- I 按钮：向目标规则添加斜体属性，即 font-style 为 italic。
- 按钮组：通过单击对齐按钮，分别向目标规则添加对齐属性，对应 text-align 属性为 left（左对齐）、center（居中对齐）、right（右对齐）、justify（两端对齐）。

☞ 提示：对未应用任何 CSS 规则的文本使用"属性"面板"CSS"类别中的某项时，将先打开"新建 CSS 规则"对话框，然后才可以进行设置。

在本案例中，先以设置"唐诗赏析"文本样式为例，来说明用 CSS 设置文本属性的具体方法。

（1）选中"唐诗赏析"文本，首先在"属性"面板"CSS"类别的"字体"列表中选择所需字体"华文行楷"，在打开的"新建 CSS 规则"对话框中，选择创建选择器类型为"类"，定义名称为".tssx"，单击【确定】按钮。

（2）在"CSS 属性"面板中，依次设置"大小"为"36"，单位为"px"，颜色值选择"#600"，选定【粗体】、【斜体】和【居中对齐】按钮。对应"属性"面板如图 5-21 所示。

图 5-21 设置的.tssx 规则

".tssx"规则对应的代码如下。

```
.tssx {
    font-family: "华文行楷";
    font-size: 36px;
    color: #600;
    font-weight: bold;
    font-style: italic;
    text-align: center;
}
```

文本设置 CSS 规则后效果如图 5-22 所示。

图 5-22　CSS 设置文本样式的效果

5.1.5　使用 CSS 设置段落样式

通过 CSS 规则可以设置段落的行高、缩进等。

下面以设置诗文简析段落的样式为例，说明用 CSS 设置段落样式的方法。

（1）首先在简析段落文本前键入<Enter>键，使其作为一个段落。

（2）新建选择器类型为"类"、名称为".jx"的 CSS 规则，在打开的".jx 的 CSS 规则定义"对话框中，在"类型"类别中设置"大小"为 14px、段落的"行高"为 200%，在"区块"类别中设置"首行缩进"30px。单击【确定】按钮创建并应用该规则，效果如图 5-23 所示。

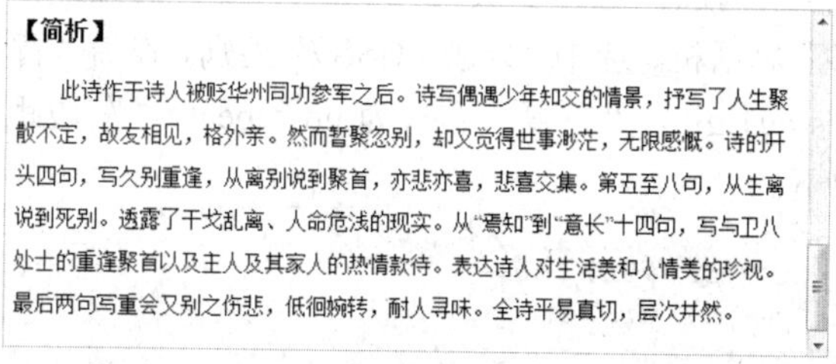

图 5-23　CSS 设置段落样式的效果

".jx" CSS 规则对应代码如下。

```
.jx {
    font-size: 14px;
    line-height: 200%;
    text-indent: 30px;
}
```

继续为案例应用 CSS 样式，完成最终效果，具体步骤如下。

（1）对"赠卫八处士"文字应用 CSS 样式。创建选择器类型为"类"、名称为".stm"的 CSS 规则，设置其"字体"、"大小"、"粗体"和"文本对齐"样式，对应代码如下。

```
.stm {
    font-family: "楷体_GB2312";
    font-size: 20px;
    font-weight: bold;
    text-align: center;
}
```

（2）对"杜甫"文字应用 CSS 样式。创建名称为".sr"的 CSS 规则，设置其"大小"和"文本对齐"样式，对应代码如下。

```
.sr {
    font-size: 14px;
    text-align: center;
}
```

（3）对诗文应用 CSS 样式。创建名称为".sw"的 CSS 规则，设置其"字体"、"大小"、"粗体"和"文本对齐"样式，对应代码如下。

```
.sw {
    font-family: "楷体_GB2312";
    font-size: 18px;
    font-weight: bold;
    text-align: center;
}
```

（4）对"注释"、注释文字及"简析"应用 CSS 样式。创建名称为".zs"的 CSS 规则，设置其"大小"和"行高"，对应代码如下。

```
.zs {
    font-size: 14px;
    line-height: 150%;
}
```

（5）对最后的版权信息和更新日期文字应用 CSS 样式。创建名称为".wz"的 CSS 规则，设置"大小"、"颜色"和"文本对齐"，对应代码如下。

```
.wz {
    font-size: 12px;
    color: #666;
    text-align: center;
}
```

（6）设置页面的背景属性，进一步美化网页。单击"属性"面板中的【页面属性】按钮，打开"页面属性"对话框，选中"外观（CSS）"类别，设置"背景颜色"为#FDF7E0、添加背景图像（images/bg1.gif）、"重复"方式为 no-repeat、"左边距"为 50px、"右边距"为 50px，对应代码如下。

```
body {
    background-color: #FDF7E0;
    background-image: url(images/bg1.gif);
    background-repeat: no-repeat;
    margin-left: 50px;
    margin-top: 50px;
}
```

（7）保存文档，打开浏览器浏览网页效果。

案例小结 文本是网页最基本的构成元素，在网页中添加文本的三种方式简单易用。在文本网页中，通过使用列表和其他文本对象（如特殊字符、水平线、日期等）可以使页面内容段落层次分明、内容丰富。在 Dreamweaver 中通过 CSS 对文本格式进行设置，既能控制网页样式，还不损坏其结构，简便快捷，是设置文本格式的首选方法。

5.2 学习任务：网页图像

在网页中使用图像可以使网页生动、美观，更具视觉冲击力。但如果使用不恰当，过多、过大的图像不仅影响页面的整体效果，而且会影响网页的浏览及下载速度。因此，学习如何在网页中灵活、恰当地利用好图像，尤其是对插入图像的有效处理是十分重要的。

本节学习任务

了解网页中常用的图像格式及特点，掌握在网页中添加图像及图像对象的方法，掌握设置图像属性，以及用 CSS 设置图像样式的方法。

5.2.1 网页中常用的图像格式

虽然存在很多种图像文件格式,但网页中使用的通常只有3种,即GIF、JPEG和PNG。3种图像格式的特点如下。
- GIF（图形交换格式）：GIF 文件最多使用 256 种颜色，适合显示色调不连续或具有大面积单一颜色的图像，如导航条、按钮、图标、徽标或其他具有统一色彩和色调的图像。GIF 文件的扩展名为.gif。
- JPEG（联合图像专家组）：JPEG 文件格式是用于摄影或连续色调图像的较好格式，这是因为 JPEG 文件可以包含数百万种颜色。随着 JPEG 文件品质的提高，文件的大小和下载时间也会随之增加。通常可以通过压缩 JPEG 文件在图像品质和文件大小之间达到良好的平衡。JPEG 文件的扩展名为.jpg 或.jpeg。
- PNG（可移植网络图形）：PNG 文件格式是一种替代 GIF 格式的无专利限制的格式，它包括对索引色、灰度、真彩色图像以及 alpha 通道透明度的支持。PNG 文件可保留所有原始层、矢量、颜色和效果信息（例如阴影），所有元素都是可以完全编辑的。PNG 文件的扩展名为.png。

5.2.2 在网页中添加图像

在网页中添加一幅图像，需要预先准备好图像文件，然后将光标定位于网页文档需要插入图像的位置，按以下方法之一插入图像。
- 选择"插入→图像"菜单命令。
- 单击"插入"面板"常用"类别中的【图像】按钮。
- 使用<Ctrl+Alt+I>组合键。
- 在"文件"或"资源"面板中选择所需图像文件，直接拖动图像文件到文档窗口中。

前3种方法均可打开"选择图像源文件"对话框，如图 5-24 所示，在"查找范围"下拉列表中选择图像所在的目录，预览并选择要插入的图像，单击【确定】按钮插入图像。

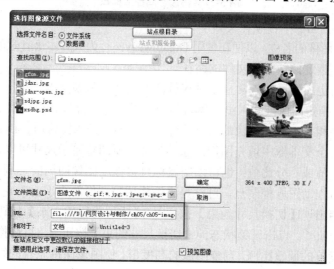

图 5-24　"选择图像源文件"对话框

☎提示：Dreamweaver 会自动生成所选图像文件的路径，如果是在未保存的网页中添加图像文件，Dreamweaver 将使用"file://"开头的路径，如果网页文件是已保存的文档，则 Dreamweaver 将自动转换为相对于该文档的相对路径，也可以选择是相对于"站点根目录"的路径。

将图像插入网页文档时，图像文件也应存放在当前站点中，否则，Dreamweaver 会弹出消息框询问是否要将图像文件复制到当前站点中，如图 5-25 所示。

继续操作会打开"图像标签辅助功能属性"对话框，如图 5-26 所示，在"替换文本"框中，可以为图像输入一个名称或一段简短描述。图像的替换文本是图像在浏览器中不能正常显示时，在图片位置显示的文本内容。在某些浏览器中浏览网页时，当鼠标指针滑过图像时也会显示该文本。

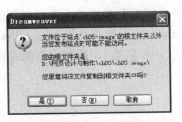
图 5-25　Dreamweaver 消息框

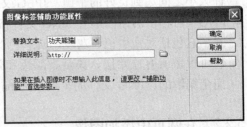
图 5-26　"图像标签辅助功能属性"对话框

5.2.3　设置网页图像属性

在网页中插入图像后，可以通过图像"属性"面板对其进行设置，例如，调整图像的大小、更改替换文本、优化图像等。选中图像，对应"属性"面板如图 5-27 所示。

图 5-27　图像"属性"面板

图像"属性"面板中各项含义如下。
- ID：指定图像的名称，以便在使用 Dreamweaver 行为或脚本语言时可以引用该图像。
- 源文件：指定插入图像文件的路径。
- 替换：指定图像无法正常显示时代替图像显示的替换文本。
- 宽、高：指定图像被载入浏览器时所显示的宽度、高度，单位默认是像素 px，也可以选择相对于原始图像的百分比%。在页面中插入图像时，Dreamweaver 会自动在这两个文本框中填充图像的原始尺寸。要调整显示尺寸可以直接在文本框中输入像素值或百分比值；也可以用鼠标直接拖动图像四周的控制点。按下<Shift>键的同时拖动图像控制点，可以等比例地调整图像的大小。改变了图像的原始尺寸后，会出现【切换尺寸约束】按钮■、【重置为原始大小】按钮■、【提交图像大小】按钮■。点击开锁状态的【切换尺寸约束】按钮■，将切换为闭锁状态■，并以宽度值的调整比例，调整图像的高度值，使图像保持原有的纵横比。点击【重置为原始大小】按钮■将恢复图像原始尺寸。点击【提交图像大小】按钮■将弹出 Dreamweaver 对话框，如图 5-28 所示，询问用户是否接受对图像文件的永久改变。

☞提示：设置图像的宽和高只会改变图像的显示大小，并不会缩短下载时间，因为浏览器会先下载图像数据再缩放图像。若要缩短下载时间，需要改变图像文件的实际大小。

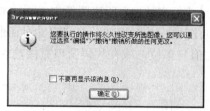

图 5-28　Dreamweaver 对话框

- 类：显示当前应用于图像的类样式。
- ：编辑按钮，可以快速打开外部图像处理软件对选定图像进行编辑。该按钮图片会因所用机器安装的外部图像处理软件不同而不同，如安装 Photoshop 软件时，将显示为 。
- ：编辑图像设置按钮，可以打开"图像优化"对话框，对图像做优化操作。所做操作会即时在文档窗口中显示。
- ：从源文件更新按钮，在 Photoshop 中对原始图像进行更改操作后，可以通过该按钮在 Dreamweaver 中对智能对象进行更新。只有在 Dreamweaver 创建了智能对象，并更改了 Photoshop 原始图像时，该按钮才可用。

☞提示：将 Photoshop 图像（PSD 文件）插入页面时，Dreamweaver 将创建智能对象。智能对象是可用于 Web 的图像，可维护与原始 Photoshop 图像的实时连接。每次更新 Photoshop 中的原始图像后，只需单击一次"从文件更新"按钮即可在 Dreamweaver 中更新图像。

- ：裁剪按钮，可以对图像进行裁切，删除不需要的区域。
- ：重新取样按钮，可以对已调整大小的图像进行重新取样，提高图片在新尺寸下的品质。
- ：亮度和对比度按钮，可以调整图像的亮度和对比度。
- ：锐化按钮，可以调整图像的锐度。

☞提示：除了在外部图像处理软件中对图像的编辑能使图像永久改变，在 Dreamweaver CS6 中对图像尺寸的调整、"编辑图像设置"、"裁剪"、"重新取样"、"亮度和对比度"、"锐化"等操作也将永久性改变所选图像；可以通过"编辑→撤销"菜单命令撤销对图像的更改。

- 链接、目标、图像地图及热点工具：指定对图像进行的超链接设置。具体内容将在第 6 章详细介绍。
- 原始：指定 Dreamweaver 创建智能对象时，所对应的原始 Photoshop 图像的路径。

5.2.4　用 CSS 设置网页图像样式

除了可以使用"属性"面板调整图像的显示尺寸、编辑图像设置等，还可以使用 CSS 规则设置图像样式。

▶ 1. 用 CSS 调整图像显示尺寸

类似于 HTML，用 CSS 调整图像的显示尺寸也是需要设置图像对象的 width 和 height 属性，但是，在 CSS 规则中，不仅可以使用"px"为单位，还可以使用"%"、"cm"、"in"等单位。

用 CSS 调整图像显示尺寸的方法：为所选图像定义新的 CSS 规则，如定义选择器类型为"类"、名称为".image1"的 CSS 规则，在其定义对话框的"方框"类别中，分别设置 width 和 height 属性的值与单位，或在代码窗口直接输入代码，然后应用该 CSS 规则，参考代码如下所示。

```css
.image1 {
    height: 200px;     /*图像高 200px*/
    width: 50%;        /*图像宽占窗口的 50%*/
}
```

▶ 2. 用 CSS 设置图像边距

使用 CSS 可以从上、下、左、右四个方向设置图像与其他元素间的边距值。

用 CSS 设置图像边距的方法：为所选图像定义新的 CSS 规则，如定义选择器类型为"类"、名称为".image2"的 CSS 规则，在其定义对话框的"方框"类别中，设置 margin 属性集合，分别设置"top"、"right"、"bottom"和"left"的值与单位，或在代码窗口直接输入代码。代码如下，应用该 CSS 规则后的效果如图 5-29 所示。

```css
.image2 {
    margin-top: 50px;      /*上边距为 50px*/
    margin-right: 50px;    /*右边距为 50px*/
    margin-left: 100px;    /*左边距为 100px*/
}
```

▶ 3. 用 CSS 设置图像边框

使用 CSS 可以为图像的四边分别设置边框的样式、粗细和颜色。

用 CSS 设置图像边框的方法：为所选图像定义新的 CSS 规则，如定义选择器类型为"类"、名称为".image3"的 CSS 规则，在其定义对话框的"边框"类别中，style 属性集合可以为四边设置样式，如"dotted（点划线）"、"dashed（虚线）"、"solid（实线）"等；width 属性集合可以设置四边的粗细，除了可以输入数值并选取单位，还可以设置为预设的"thin（细）"、"medium（中）"和"thick（粗）"3 种样式；color 属性集合可以为四边设置颜色。代码如下，应用后的效果如图 5-30 所示。

```css
.image3 {
    border-top-width: medium;       /*上边框粗细为 medium（中）*/
    border-right-width: thick;      /*右边框粗细为 thick（粗）*/
    border-bottom-width: 4px;       /*下边框粗细为 4px*/
    border-left-width: 4px;         /*左边框粗细为 4px*/
    border-top-style: dotted;       /*上边框样式为点划线*/
    border-right-style: dashed;     /*右边框样式为虚线*/
    border-bottom-style: solid;     /*下边框样式为实线*/
    border-left-style: double;      /*左边框样式为双线*/
    border-top-color: #F00;         /*上边框颜色为#F00（红色），其他边相同*/
    border-right-color: #F00;
    border-bottom-color: #F00;
    border-left-color: #F00;
}
```

图 5-29　用 CSS 设置图像边距　　　　图 5-30　用 CSS 设置图像边框

5.2.5　用 CSS 设置网页的背景图像

在"页面属性"对话框中，从"外观（CSS）"或"外观（HTML）"类别中可以设置网页的背景颜色、背景图像，并可以简单地设置背景图像的重复方式。除此之外，利用 CSS 还可以设置背景图像的附着和定位。

用 CSS 设置网页背景图像的方法：为<body>标签新建 CSS 规则，在其定义对话框的"背景"类别中，可以在 background-color 属性中设置背景颜色；可以在 background-image 属性中输入背景图像的路径或选择背景图像；通过 background-repeat 属性设置背景图像的重复方式，如"repeat（重复）"、"no-repeat（不重复）"、"repeat-x（横向重复）"和"repeat-y（纵向重复）"；通过 background-attachment 属性设置背景图像的附着性，如"fixed（固定的）"和"scroll（滚动的）"；通过 background-position 属性设置背景图像的位置，从 X（水平方向）和 Y（垂直方向）来确定，如"top（上）"、"center（中）"、"bottom（底部）"或输入数值并选择单位。下列代码效果如图 5-31 所示。

图 5-31　用 CSS 设置背景图像

```
body {
    background-attachment: fixed;              /*背景图像为固定的*/
    background-image: url(images/sdjpg.jpg);   /*背景图像的路径*/
    background-repeat: no-repeat;              /*背景图像不重复*/
    background-position: center bottom;        /*背景图像的位置为水平居中，垂直在底部*/
    background-color: #FFC;                    /*背景颜色为#FFC*/
}
```

5.2.6 插入图像占位符和鼠标经过图像

在网页中还可以插入图像对象，如图像占位符、鼠标经过图像和 Fireworks HTML。

1. 插入图像占位符

在网页设计制作过程中，有时需要先设计图像在网页中的位置，等设计方案通过后，再把这个位置变成具体的图像。Dreamweaver CS6 提供了图像占位符功能，可满足上述需求。

插入图像占位符的方法如下。

（1）将光标定位于网页文档需要插入图像占位符的位置。

（2）选择"插入→图像对象→图像占位符"菜单命令，或单击"插入"面板"常用"类别中的【图像占位符】图标按钮，打开"图像占位符"对话框。

（3）在"图像占位符"对话框中设置图像占位符的名称、宽度、高度、颜色以及替换文本，如图 5-32 所示，单击【确定】按钮在页面中插入一个图像占位符，如图 5-33 所示。

图 5-32 "图像占位符"对话框

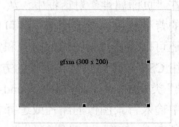
图 5-33 插入的图像占位符

提示：设置的图像占位符的名称将显示在占位符的中央，名称必须以字母开头，并且只能包含字母和数字，不允许使用空格和高位 ASCII 字符。也可以不输入该名称，这样将只在占位符中央显示宽度和高度的值。图像占位符的名称在浏览器中不显示。

使用图像占位符的目的只是占位，最后应该用合适的图像替换图像占位符。可通过如下方法之一完成替换操作。

- 双击图像占位符，打开"选择图像源文件"对话框，在资源列表中选定图像文件，单击【确定】按钮完成替换。
- 选定图像占位符后，在"属性"面板的"源文件"文本框中直接输入图像文件的路径。
- 选定图像占位符后，单击"属性"面板"源文件"选项后的【浏览文件】图标按钮，打开"选择图像源文件"对话框，然后选择图像文件。
- 选定图像占位符后，将"属性"面板"源文件"选项后的【指向文件】图标按钮拖动到"文件"面板的图像文件上。

提示：当替换的图像与图像占位符尺寸不一样大时，将按照图像的实际大小显示。另外，若将一幅已插入的图像替换为其他的图像，也可以使用上述方法进行替换。

2. 插入鼠标经过图像

鼠标经过图像是一种在浏览器中当鼠标指针移过它时会发生变化的图像，它必须由两幅图像组成，一幅是首次加载页面时显示的图像，即主图像，另一幅是鼠标指针移过主图像时显示的图像，即次图像。主、次图像应该大小尺寸相等；如果这两幅图像大小不同，Dreamweaver 将调整第二幅图像的大小来与第一幅图像匹配。

插入鼠标经过图像的方法如下。

（1）将光标定位在要插入鼠标经过图像的位置，选择"插入→图像对象→鼠标经过图像"菜单命令，或单击"插入"面板"常用"类别中的【鼠标经过图像】图标按钮，打开"插入鼠标经过图像"对话框，如图 5-34 所示。

"插入鼠标经过图像"对话框中各选项的含义如下。

- 图像名称：鼠标经过图像的名称。

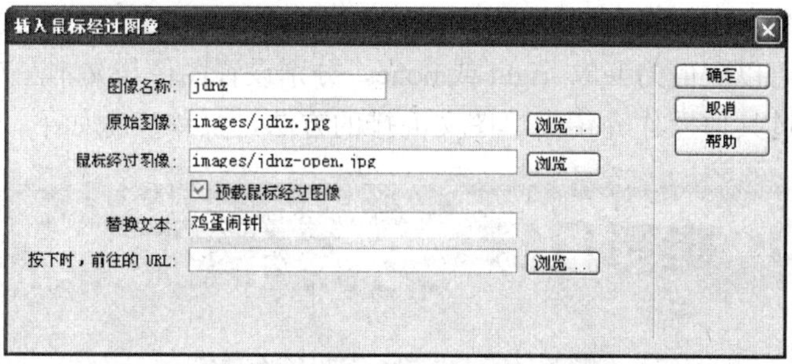

图 5-34　"插入鼠标经过图像"对话框

- 原始图像：即页面加载时显示的主图像。
- 鼠标经过图像：即鼠标经过主图像时显示的次图像。
- 预载鼠标经过图像：选中该选项时，次图像将被预先加载到浏览器的缓存中，以便在显示次图像时不会发生延迟。
- 替换文本：用于在无法正常显示图像时显示替换文本。
- 按下时，前往的 URL：鼠标经过图像时设置的超链接目标地址。

（2）设置各选项后，单击【确定】按钮完成鼠标经过图像的插入。

可以在浏览器中浏览鼠标经过图像的效果。图 5-35 为鼠标经过前效果，图 5-36 为鼠标经过时的显示效果。

图 5-35　鼠标经过图像前效果

图 5-36　鼠标经过图像时效果

5.3 案例2：图文混排——设计电影介绍网页

学习目标 掌握制作简单图文混排网页的方法和技能。

知识要点 使用 CSS 设置图像与文本对齐的方法，使用 CSS 设置图像与文本的样式，美化网页。效果如图 5-37 所示。

当网页中既包含文本，又包含图像时，可以通过定义 CSS 的 float 属性进行简单的编排。float 属性可以取值为 left、right 或 none，分别设置图像与文本左对齐、右对齐或基线对齐。下面通过具体操作介绍简单图文混排的方法，具体步骤如下。

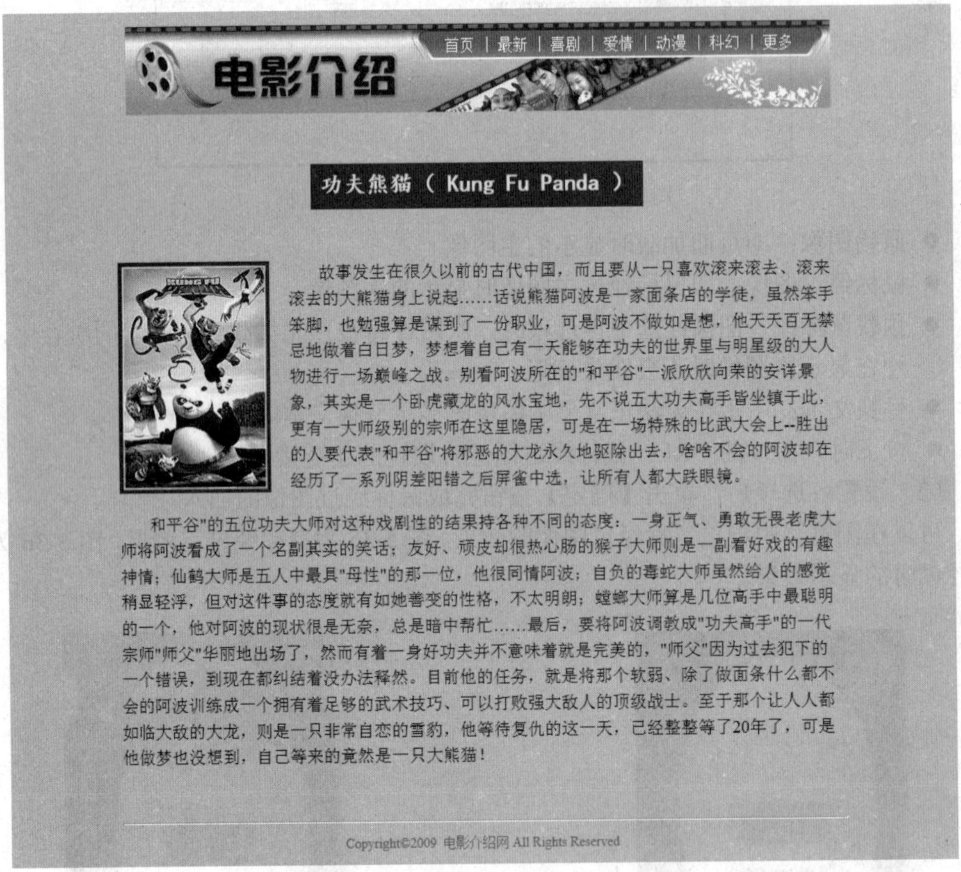

图 5-37 电影介绍网站页面效果

（1）启动 Dreamweaver CS6，创建本地站点 ch05-2，打开素材网页文件，然后以 05-2.html 为文件名另存在该站点文件夹下。

（2）插入图像并设置图像与文本对齐方式。在网页中第一段文字的开头，插入准备好的影片海报图像，并设置其 ID 为"gfxmhb"。新建选择器类型为"ID"，名称为"#gfxmhb"的 CSS 规则，设置其"方框"类别的"float"属性为 left，效果如图 5-38 所示。

图 5-38 图像与文本左对齐

（3）使用 CSS 对图像进一步美化。在"CSS 样式"面板的"全部"列表中，选中 CSS 规则"#gfxmhb"，点击【编辑样式】按钮，进一步设置其"右边界"、"左边界"、"边框样式"、"边框宽度"和"边框颜色"等样式，对应代码如下。

```
#gfxmhb {
    float: left;
    margin-right: 20px;
    margin-bottom: 15px;
    border: 4px solid #333;
}
```

（4）使用 CSS 对文本内容进行美化。新建选择器类型为"类"，名称为".nr"的 CSS 规则，设置其"文本大小"、"行高"和"首行缩进"等样式，对应代码如下。

```
.nr {
    font-size: 18px;
    line-height: 150%;
    text-indent: 32px;
}
```

（5）分别为两个段落应用设置的 CSS 样式".nr"。
（6）保存网页文档，按下<F12>键浏览图文混排效果。

案例小结　制作图文混排的网页，设置好图像和文本的布局至关重要。通过 CSS 规则的 float 属性可以简单地排版网页中的图像与文本。对于复杂的网页，需要使用 Div+CSS 或者表格等技术进行布局，详细内容请见后面章节。

5.4　实训：设计畅销书介绍网页

本节重点练习在网页中插入文本、图像、列表、特殊符号等对象的方法，以及用 CSS 设置对象样式，提高制作图文并茂网页的技能。

1. 实训目的

- 掌握在网页中添加文本和图像的方法。
- 掌握用 CSS 设置文本样式的方法。
- 掌握设置图像属性的方法。
- 掌握在网页中插入特殊对象的方法。
- 掌握用 CSS 对图像和文本进行简单混排的方法。

▶ **2．实训要求**

要求利用直接输入文本、复制/粘贴文本、导入文本等方法添加网页内容，并对网页文本进行格式化设置；插入需要的图像，对其进行格式化设置；对网页中的图像和文本进行混排，使页面中的文本与图像完美地结合在一起。参考效果如图 5-39 所示。

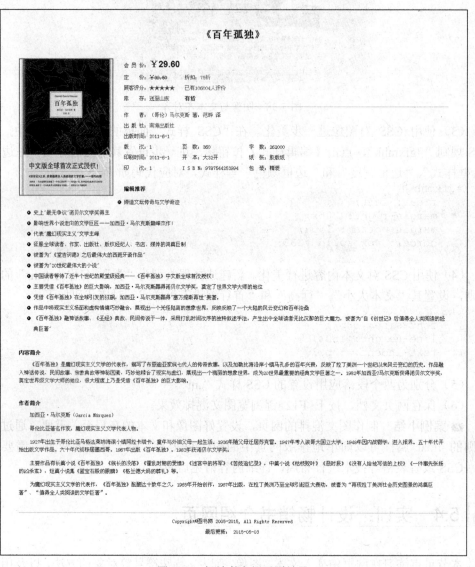

图 5-39　畅销书介绍网页效果

5.5　习题

一、填空题

1．选择性粘贴分为_____、_____、_____、_____四种粘贴方式。

2．要在网页中插入换行符，除了在"插入"面板"文本"类别中单击【换行符】按钮外，还可以通过按_____组合键实现。

3．在网页中添加一个"不换行空格"时，在其 HTML 源文件中将使用_____替代字符。

4．若用 CSS 设置文本的字体，需要设置_____属性。

5．要设置列表为嵌套列表，在选定列表项目后可以选择属性面板上的_____按钮。

6．在未保存的网页中添加图像文件时，Dreamweaver 将使用_____路径，如果网页文件是已保存的文档，Dreamweaver 将使用_____路径。

7．鼠标经过图像是指_____。

8．拖动控制点调整图像大小时，可按住_____键以保持图像的宽高比不变。

二、选择题

1．网页中"换行符"对应的标签为（　　）。
   A．<hr>　　　　　B．
　　　　　C．<b>　　　　　D．<i>

2．在网页中可以使用组合键（　　）插入一个"不换行空格"。
   A．Shift+Space　　B．Ctrl+Space　　C．Ctrl+Shift+Space　　D．Shift+Alt+Space

3．要用 CSS 设置文本的大小，需要设置（　　）属性。
   A．font-family　　B．font-size　　C．font-style　　D．font-weight

4．以下不是常见的图像格式的是（　　）。
   A．wav　　　　　B．jpg　　　　　C．gif　　　　　D．png

5．可以通过 CSS 规则中的（　　）属性来设置图像和文本的对齐方式。
   A．weight　　　　B．float　　　　C．text-align　　　　D．position

三、简答题

1．在网页中如何插入特殊字符？

2．如何修改列表项目符号？

3．图像替换文本的作用是什么？

4．调整图像显示尺寸的方法有哪些？

第6章 网页超链接与导航

超链接是联系网站内部及网站间各网页文档和资源的纽带，是使网站"活"起来的重要法宝。网页导航是网站访问者获取所需内容的快速通道和途径，是起特殊作用的超链接。本章主要介绍在网页中创建各种超链接的方法，以及网页导航相关知识。

本章学习要点：
- 超链接的概念、种类和路径；
- 创建各类超链接、图像地图的方法；
- 用 CSS 样式设置超链接的方法；
- 网页导航的分类、位置与方向；
- 用 CSS 创建网页导航的方法。

6.1 案例1：设计制作过节乐网页

学习目标 认识超链接，掌握各类超链接的作用与创建方法，并设置其 CSS 样式。

知识要点 超链接的分类，路径的设置，创建文档链接、锚点链接、电子邮件链接、空链接和脚本链接的方法，用 CSS 设置超链接样式的方法。案例效果如图 6-1 所示，请点击页面上的超链接，观察链接效果。

图 6-1 过节乐网页效果

6.1.1 超链接概述

超链接是网页中最重要、最根本的元素之一。各个网页被超链接联系在一起后，才能真正构成一个网站。通过单击网页上的超链接，浏览者可以轻松地实现网页之间的跳转、下载文件、收发邮件等操作。

1. 认识超链接

所谓超链接是指从某个网页元素指向一个目标的连接关系。在网页中用来创建超链接的元素，可以是一段文字，也可以是一幅图像。而超链接的目标可以是另一个网页，也可以是网页上的指定位置，还可以是一幅图像、一个电子邮件地址、一个文件，甚至是一个应用程序。当浏览者单击设置了超链接的文字或图像后，链接目标将显示在浏览器中，并根据目标的类型打开或运行。

超链接有以下不同的分类方式。

- 按照链接路径的不同，网页中超链接主要分为内部链接、局部链接和外部链接。
- 按照目标对象的不同，网页中的超链接可以分为文档链接、锚点链接、电子邮件链接、脚本链接、空链接等。

2. 超链接路径

创建超链接时，超链接路径的设置非常重要，如果设置不正确，将不能正确地完成跳转功能。超链接路径分为绝对路径和相对路径两大类。绝对路径和相对路径的相关知识在第 1 章中已经提及过，考虑到它的重要性，需要在本节进行详细介绍。

- 绝对路径

完整地描述文件存储位置的路径就是绝对路径，如：D:\tu\Rose.jpg。但在 Internet 中，绝对路径是指包括服务器协议和域名的完整 URL 路径。URL（Uniform Resource Locator，统一资源定位符）的一般格式如下：

```
protocol :// hostname[:port] / path / [;parameters][?query]
```

例如：http://baike.baidu.com/view/1496.htm

其中，protocol 指定使用的传输协议，主要有 http 协议，格式为 "http://"；ftp 协议，格式为 "ftp://"；SMTP 协议，格式为 "mailto:" 等。其中 "http://" 是应用最广泛的。

hostname[:port]指存放资源的服务器的域名系统主机名或 IP 地址,方括号中是端口号,可以省略,如 baike.baidu.com。

path 指路径，由零个或多个 "/" 符号隔开的字符串，一般用来表示主机上的一个目录或文件地址，如 view/1496.htm。

[;parameters][?query] 应用于动态网页的 URL 中，指定特殊参数和查询，为可选内容。

- 相对路径

相对路径是指其他文档相对于某文档的存储路径。在同一个站点内建立链接通常采用相对路径。如图 6-2 所示的文档结构，从 contents.html 文件出发到其他文档的相对路径的写法格式如表 6-1 所示。

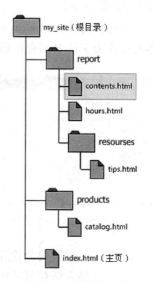

图 6-2 文档结构图

在超链接中，如果链接的对象是 Internet 上其他站点的内容，必须使用完整的 URL。对于链接对象是同一站点中内容时，使用绝对路径的优点是当前网页文件位置改变后，里面的链接还是指向正确的 URL，缺点是不利于站点的移植和本地测试。若使用相对路径，则便于将整个网站进行移植和本地测试，但当前网页文件的位置发生改变时，链接路径也需要更新，否则链接会出错。

表 6-1 相对路径写法

当前文件	目标文件	相对路径格式	说　明
contents.html	hours.html	hours.html	目标文件与当前文件在同一文件夹中
	tips.html	resourses/tips.html	目标文件位于当前文件所在文件夹的下层文件夹中
	index.html	../index.html	目标文件位于当前文件所在文件夹的父文件夹中
	catalog.html	../products/catalog.html	目标文件位于当前文件所在文件夹的父文件夹的其他子文件夹中

在 HTML 中使用相对路径还常分为两类：相对当前文档、相对站点根目录。其中，站点根目录相对路径描述从站点的根文件夹到文档的路径。在处理使用多个服务器的大型 Web 站点，或者在使用承载多个站点的服务器时，通常需要使用该种路径。其他情况下，一般建议使用文档相对路径。

6.1.2 创建各类超链接

在 Dreamweaver CS6 中可以通过菜单命令、面板按钮、直接拖曳等方式进行创建超链接，方法简单、方便。下面通过案例操作分别介绍创建几种超链接的方法。

1. 文档链接

网页中应用最多的是以文字或整幅图像为链接源，以某个文档为目标的超链接。具体操作步骤如下：

（1）启动 Dreamweaver CS6，创建本地站点 ch06-1，打开素材网页文件，然后以 06-1.html 为文件名另存在该站点文件夹下。

（2）选中要创建超链接的文字或图像，本案例选择导航条文字"西方节日"，可以通过以下方法之一创建链接。

① 选择"插入→超级链接"菜单命令，或者单击"插入"面板"常用"类别中的【超级链接】图标按钮，打开"超级链接"对话框，从中设置链接文本、链接目标和链接目标打开的方式等，如图 6-3 所示。

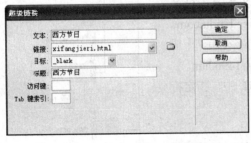

图 6-3 "超级链接"对话框

"超级链接"对话框各项含义如下：

- 文本：设置要创建超链接的文本，Dreamweaver 会自动添加选中的文本，也可以手工输入链接显示的文本。
- 链接：指定链接目标对象的路径，可以直接输入，也可以通过单击后面的【浏览】

按钮，打开"选择文件"对话框进行选择。

　　提示：超链接多采用相对路径，建议先保存新网页文档，然后再创建文档中的超链接，因为如果没有一个确切的起点，文档相对路径无效。在保存网页文档之前创建超链接，Dreamweaver 将临时使用以"file://"开头的绝对路径；当保存该网页文档时，Dreamweaver 将"file://"路径自动转换为相对路径。

● 目标：指定链接目标打开的窗口，其中"_blank"表示在新窗口中打开、"_new"也表示在新窗口中打开、"_parent"表示在上级窗口中打开（主要用于框架结构的网页中）、"_self"表示在当前窗口中打开、"_top"表示在顶层窗口中打开（主要用于框架结构的网页中）。Dreamweaver 默认在当前窗口中打开。

● 标题：设置超链接的标题。在浏览器中，当鼠标置于超链接文本上时，将在鼠标后出现一个黄色的浮动框，并显示超链接标题的名称。

② 在"属性"面板"HTML"类别中的"链接"文本框中直接输入路径，或者单击"链接"后面的【浏览文件】按钮，在打开的对话框中选择目标文件创建超链接。在"属性"面板中可同时设置超链接的标题和目标，如图 6-4 所示。

图 6-4　"属性"面板设置超链接

③ 在"属性"面板中，将"链接"后面的【指向文件】图标按钮拖动到"文件"面板中的目标文件上创建链接，如图 6-5 所示。

图 6-5　拖动【指向文件】图标按钮创建超链接

④ 按下<Shift>键的同时，拖动鼠标指针到"文件"面板中的目标文件上创建链接。如图 6-6 所示。

　　提示：创建超链接的目标文件不仅可以是网页文件，还可以是其他类型文件，如图像文件、音频文件、视频文件、文本文件等。单击超链接，目标文件将在浏览器中打开，如果目标文件需要其他应用程序打开，则单击超链接后会弹出"下载文件"对话框，询问用户执行打开或者保存操作。

（3）保存网页文档，在浏览器中预览网页中的文本"西方节日"链接效果。

　　提示：修改超链接的操作步骤与创建超链接相同；若删除超链接，只要选定超链接对象，将"属性"面板"链接"下拉框中的内容删除即可。

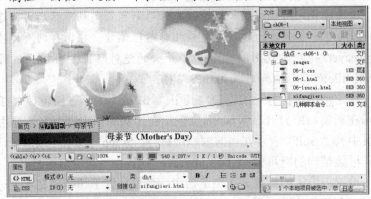

图 6-6 按下<shift>键直接拖动创建超链接

2. 锚点链接

锚点链接的功能是：单击超链接对象后，可以跳转到本页面或其他页面中的指定位置，即命名锚记处。锚点超链接通常用于长篇文章、技术文档等内容的网页中。

创建锚点链接分为建立命名锚记和创建指向命名锚记的超链接两部分，具体操作步骤如下。

（1）创建命名锚记。将鼠标光标定位在要设置命名锚记的位置，本案例是文本"母亲节"的前面，选择"插入→命名锚记"菜单命令，或者单击"插入"面板"常用"类别中的【命名锚记】图标按钮，或者按下<Ctrl+Alt+A>组合键，均能弹出"命名锚记"对话框，在对话框中输入命名锚记的名称，如"motherday"，如图 6-7 所示。

提示：同一页面中命名锚点的名称不能重复，且锚记名称区分大小写。

（2）单击【确定】按钮，可以看到在文档窗口中出现命名锚记图标，如图 6-8 所示。选中锚记图标，可以在"属性"面板上更改命名锚记的名称。

提示：如果添加了命名锚记后，文档窗口中没有出现命名锚记图标，可以选择"编辑→首选参数"菜单命令，在"不可见元素"分类中选中"命名锚记"使其显示。

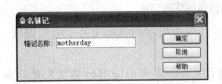

图 6-7 "命名锚记"对话框

图 6-8 添加的命名锚点及"属性"面板

（3）创建指向命名锚记的超链接。选定要设置锚点链接的文本或图像，本案例是页面最左侧的"母亲节"列表项。在"属性"面板的"链接"框中，输入一个"#"字符和命名锚记名称，如"#motherday"，如图 6-9 中的 A 标识；也可以将"指向文件"图标按钮拖动到命名锚记处，如图 6-9 中的 B 标识。

☎提示：锚点链接也可以指向其他页面中的命名锚点处，此时在"链接"框中以"其他页面的路径#锚点名称"格式输入即可。

（4）用同样的方法，分别为页面左侧的"起源"、"习俗"、"献给母亲的花"等各项设置锚点链接。

（5）保存网页文档，按下<F12>键，在浏览器中预览网页效果。

▶ 3. 电子邮件链接

使用电子邮件链接，可以方便地打开浏览器默认的邮件处理程序进行发送电子邮件操作，收件人地址即为电子邮件链接指定的邮箱地址。添加电子邮件链接的操作步骤如下。

（1）选定要设置电子邮件超链接的文本，本案例选定"联系我们"文本。

（2）选择"插入→电子邮件链接"菜单命令，或者单击"插入"面板"常用"类别中的【电子邮件链接】图标按钮，弹出"电子邮件链接"对话框，其中"文本"中的内容默认为选定的文字，在"电子邮件"文本框中输入收件人的电子邮箱地址，如图 6-10 所示，单击【确定】按钮完成电子邮件超链接的创建。

图 6-9 创建指向命名锚记超链接的两种方法

图 6-10 "电子邮件链接"对话框

☎提示：如果选定的文本是一个电子邮箱地址，Dreamweaver 会自动在"电子邮件链接"对话框中默认"文本"和"电子邮件"均为选定的文本。

（3）保存文档，在浏览器中测试设置的链接效果。点击"联系我们"，打开默认邮件处理程序（如 foxmail），效果如图 6-11 所示。

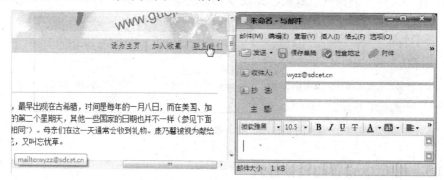

图 6-11 电子邮件链接效果

☎提示：添加电子邮件链接也可以在"属性"面板的"链接"框中直接输入"mailto:邮箱地址"。

4. 空链接

空链接是未指派的链接，主要用于向页面上的对象或文本附加行为。例如，可以为空链接添加单击事件行为来设置主页。添加空链接具体操作如下。

（1）选定要设置空链接的文本，本案例选定"设为主页"文本。

（2）在"属性"面板的"链接"框中输入"#"或"javascript:;"。

（3）为空链接附加行为。切换到"代码"视图，在超链接标签中，添加一个单击事件行为，对应代码如下。

```
<a href="#" onClick="this.style.behavior=
'url(#default#homepage)';this.setHomePage('http://www.guojiele.cn');">设
为主页</a>
```

（4）保存文档并浏览网页效果，如图 6-12 所示。

图 6-12 "设为主页"链接效果

5. 脚本链接

脚本链接能执行 JavaScript 代码或调用 JavaScript 函数。它的作用广泛，能够在不离开当前 Web 页面的情况下为访问者提供有关项目的附加信息，还可用于在访问者单击特定项时，执行计算、验证表单和完成其他处理任务等。

本案例以将网页加入收藏夹为例，介绍添加脚本链接的具体方法，操作步骤如下。

（1）选定页面中的文本"加入收藏"。

（2）在"属性"面板的"链接"框中输入如下脚本代码，其中"http://www.guojiele.cn"是该网页的 URL，"过节乐"是添加到收藏夹默认的名称。

```
javascript:window.external.addFavorite("http://www.guojiele.cn","过节乐");
```

提示：在"javascript:"后可跟一些 JavaScript 代码或一个调用函数，但在冒号与代码或与调用函数之间不能输入空格。

（3）保存文档并浏览网页效果，如图 6-13 所示。

图 6-13 "加入收藏"链接效果

6.1.3 用 CSS 设置超链接样式

默认超链接的样式为链接文本带有下划线，链接前文本为蓝色，在浏览器中单击超链接，链接活动过程中，链接文本为红色，链接后文本变为暗紫色。可以通过 CSS 规则修改超链接的样式。

具体方法：选择"修改→页面属性"菜单命令，或单击"属性"面板上的【页面属性】按钮，打开"页面属性"对话框，选择"链接（CSS）"类别，在其中设置链接的字体、大小、链接状态的颜色，以及下划线样式等，如图6-14所示。

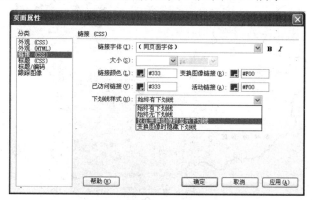

图6-14 设置超链接样式

设置完成后，对应的代码如下。

```
a:link {         /* 设置超链接对象链接时的样式，颜色为黑色，文本无下划线 */
    color: #000;
    text-decoration: none;
}
a:visited {      /* 设置超链接对象已访问后的样式，颜色为黑色，文本无下划线 */
    text-decoration: none;
    color: #000;
}
a:hover {        /* 设置超链接对象变换时的样式，颜色为红色，文本有下划线 */
    text-decoration: underline;
    color: #F00;
}
a:active {       /* 设置超链接对象活动链接时的样式，颜色为红色，文本无下划线 */
    text-decoration: none;
    color: #F00;
}
```

从上述代码可以看出，CSS样式可以设置超链接不同状态的样式，为此CSS定义了4种伪类，"a:link"设置超链接对象正常显示的样式，即未访问前的样式；"a:visited"设置超链接对象已访问后的样式；"a:hover"设置超链接对象变换时的样式，即鼠标悬停在超链接文本上的样式；"a:active"设置超链接对象活动链接时的样式，即点击超链接并释放超链接之前的样式，此过程时间非常短，通常效果不明显。

案例小结 超链接是连接网页的桥梁和纽带，在Dreamweaver中，可以通过菜单命令、面板按钮以及直接拖曳等方法创建超链接，也可以使用CSS更改超链接的默认样式。在创建超链接过程中，需要注意链接路径的设置，以保证链接的正确性。

6.2 案例2：图像地图——设计国家地理网站页面

学习目标 掌握创建图像地图的方法。

🔊 **知识要点** 图像地图的功能，图像地图的创建。案例效果如图 6-15 所示，点击山东、辽宁、湖南省区域，分别打开链接的网页。

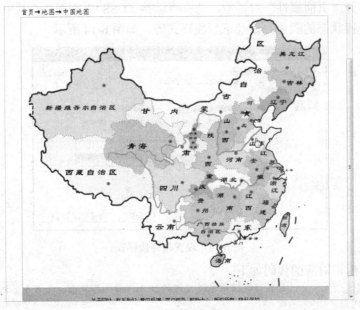

图 6-15 国家地理页面效果

在 Dreamweaver 中不仅可以方便地为一幅图像添加超链接，还可以为图像中不同的区域创建不同的超链接，即图像地图。所谓图像地图是指已被分为多个区域的图像，这些区域称为热点。当用户单击某个热点时，会显示其链接的目标文件。添加图像地图的具体操作如下。

（1）启动 Dreamweaver CS6，创建本地站点 ch06-2，打开素材网页文件，然后以 06-2.html 为文件名另存在该站点文件夹下。

（2）选中要设置热点的图像，单击图像"属性"面板左下角的【圆形热点工具】图标按钮 ◯，在图像上拖动创建热点，如图 6-16 所示的"辽宁"热点区域。此时热点的四周带有控制点，可以选定【指针热点工具】图标按钮 ▸，拖动热点区域的位置或调整热点区域的大小。

（3）在"属性"面板中，为热点设置链接目标文件的路径，并设置打开链接目标的位置和替换文本，方法与设置普通超链接一样，如图 6-17 所示。

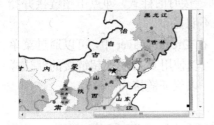

图 6-16 创建椭圆形热点区域

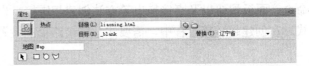

图 6-17 热点"属性"面板

（4）创建矩形热点区域。单击【矩形热点工具】图标按钮 ☐，在图像上创建矩形热点区域（如"湖南"热点区域），并在"属性"面板中为矩形热点设置链接的各个属性（如链接文件为 hunan.html）。

（5）创建多边形热点区域。单击【多边形热点工具】图标按钮，在图像上创建不规则热点区域（如"山东"热点区域），并在"属性"面板中为多边形热点设置链接的各个属性（如链接文件为 shandong.html）。设置的多边形和矩形热点区域如图 6-18 所示。

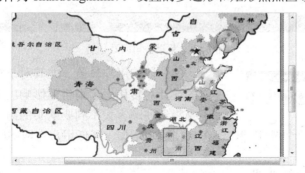

图 6-18　创建多边形和矩形热点区域

（6）保存网页文档，按下<F12>键在浏览器中预览网页效果。

提示：绘制一个不规则形状的热点区域时，需要在图像上各个转折点单击一下，最后单击【指针热点工具】按钮封闭此形状。

案例小结　图像地图可以根据图像体现的内容划分为不同的区域，并设置不同的超链接。适当地使用图像地图可以免除对网页图像的编辑操作，达到事半功倍的效果。

6.3　学习任务：网页导航设计

网页导航是网页设计中不可缺少的部分，是访问者浏览网站时从一个页面跳转到另一个页面的快速通道。为了使网站信息可以有效地传递给用户，网页导航一定要简洁、直观、明确。

本节学习任务
认识网页导航，了解网页导航的主要作用、分类与方向。

6.3.1　网页导航概述

网页导航的目的是使网站的层次结构以一种有条理的方式清晰展示，引导用户毫不费力地找到所需信息，让用户在浏览网站过程中不至迷失。它的作用概括起来主要有以下几个方面。

（1）定位显示位置。和现实生活不同，互联网无法体现类似"东西南北"、"前后左右"的方向感，为使用户不迷失在庞大的互联网信息中，需要由网页导航给用户提供信息来找到方向感，如"我在哪里？""这里有哪些内容？""我还能去什么地方？""怎样去？"等。

（2）展现网站架构。用户不仅需要确定自己在网站的位置，还需要清楚"这里有什么"。也就是说网页导航需要提供信息来展现整个网站内容的架构，如网站包括哪几部分（如首页、公司简介、产品等）、主要板块的内容分类（如当当网站按照商品种类划分）、每个分类中的细化分类（往往成为二级菜单）、特殊信息的入口（如热点、新闻等）。

（3）显示品牌形象。不同的品牌诉求，采用不同的网页导航风格，主要体现在颜色、线条、形状、质感等。如苹果公司持续采用灰色调金属质感的导航条样式，可口可乐公司惯用大红色的图标样式，分别如图6-19和图6-20所示。

图6-19 苹果公司网站导航

图6-20 可口可乐公司网站导航

（4）影响用户体验。尤其对于购物网站来说，导航的设计对转化率、销售额影响巨大。如果导航设置不当将致使顾客找不到要购买的商品、呼叫中心等服务部门成本增加、降低用户在网站中的沉浸度等。

6.3.2 网页导航分类

网页导航是网页设计的重点，导航的设计甚至决定了整个网站的风格。而导航的种类众多，其作用和起到的效果也各有不同，应用较多的导航有以下几类。

1. 水平栏导航

水平栏导航是最流行的网站导航设计模式之一，它常用于网站的主导航菜单，用于显示网站的内容分类，如图6-21所示。水平栏导航设计模式有时设有下拉菜单，当鼠标移到某个菜单项上时，会弹出对应的二级子导航项。

图6-21 水平栏导航实例

2. 垂直栏导航

类似水平栏导航，垂直导航也是当前最通用的模式之一，几乎存在于各类网站上。垂直导航常与子导航菜单一起使用，也可以单独使用。垂直导航多用于包含很多链接的网站主导航，如图6-22所示。

图6-22 垂直栏导航实例

3. 选项卡导航

选项卡导航几乎可以设计成用户想要的任何样式，如立体效果的标签、圆角标签，以及简单的方边标签等。选项卡导航存在于各种各样的网站中，一般是水平方向的，也有竖直的（堆叠标签）。选项卡导航对用户有积极的心理效应，但不太适用于链接很多的情况，如图6-23所示。

图6-23 选项卡导航实例

4. 菜单导航

菜单导航主要有出式菜单和下拉菜单两种。出式菜单（一般与垂直栏导航一起使用）和下拉菜单（一般与水平栏导航一起使用）是构建健壮的导航系统的良好方法。它使得网站整体上看起来很整洁，而且使得深层章节很容易被访问，如图6-24所示。

图6-24 下拉菜单导航实例

5. 面包屑导航

面包屑导航是二级导航的一种形式，辅助网站的主导航系统。面包屑对于多级别、具有层次结构的网站特别有用，它可以帮助访客了解到当前自己在整个网站中所处的位置。如果访客希望返回到某一级，只需要点击相应的面包屑导航项即可，如图6-25所示。

6. 标签导航

标签经常被用于博客和新闻网站，它们常常被组织成一个标签云，导航项可能按字母顺序排列，或者按流行程度排列。标签导航也多用于二级导航，可以提高网站的可发现性和探索性，如图6-26所示。

图6-25 面包屑导航实例

图6-26 标签导航实例

▶ 7. 页脚导航

页脚导航通常用于次要导航，而且通常用于放置其他地方都没有的导航项。页脚导航一般使用文字链接，偶尔带有图标，如图 6-27 所示。

图 6-27　页脚导航实例

▶ 8. 个性化导航

有些网页的导航以体现网站的个性为主，不拘一格，采用各种样式力求使网站与众不同。如图标样式的导航、气泡样式的导航、三维样式的导航，以及 JavaScript 动画导航等，如图 6-28 所示。

图 6-28　个性化样式导航实例

6.3.3　网页导航方向

网页导航的方向总的说来主要有横向、纵向和不规则 3 种。

▶ 1. 横向导航

横向导航是网页导航，尤其是网页主导航采用最多的形式，而且主导航的项目个数通常在 5~12 个。对于有非常复杂的信息结构且有很多模块组成的网站来说，横向导航应该使用水平栏导航和下拉菜单导航相结合的方式进行构建。

▶ 2. 纵向导航

纵向导航几乎适用于所有种类的网站，尤其适合有一堆主导航链接的网站。由于纵向导航菜单可以不受页面长度限制，因此可以含有很多链接。但是需要注意，纵向导航太长、导航项目太多时，容易削弱用户对已浏览项目的印象。纵向导航可以放在页面的左侧，也可以放在右侧，但是根据用户从左向右的习惯，左边的纵向导航比右边的纵向导航效果要好。

▶ 3. 不规则导航

不规则导航打破了网页由表格排版造成的"横平竖直"的布局形式，它可能是倾斜的，也可能是波浪型的，甚至是分散的。不规则导航可以充分体现网站的个性与特色，带给用户强烈的视觉冲击，但是，不适合信息量特别大，需要有较多分类的网站。

6.4 案例3：设计制作网页导航

学习目标 掌握用 CSS 创建网页导航的方法。

知识要点 用 CSS 创建网页导航的方法。案例效果如图 6-29 所示。

图 6-29 CSS 设计网页导航效果

传统制作网页导航通常使用表格技术，将导航项目分别放置在表格的单元格中，然后设置表格和单元格的样式。而用 CSS 设计制作网页导航，则把导航项目看做列表项目，用 <ul> 标签进行定义，然后设置列表项与超链接的样式，这样不仅将导航项目与样式进行了分别控制，更有利于导航项目的增删与修改。下面通过实例操作进行说明，具体步骤如下。

（1）启动 Dreamweaver CS6，创建本地站点 ch06-3，打开素材网页文件，然后以 06-3.html 为文件名另存在该站点文件夹下。

（2）添加导航项目。将光标定位在要添加导航项目的位置，输入导航项目，将其设置为列表，并命名列表的 ID 为 "nav"，如图 6-30 所示。

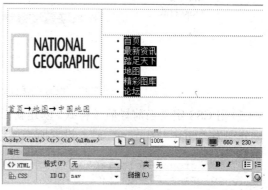

图 6-30 添加导航项目

（3）用 CSS 定义导航项目横向样式。创建新 CSS 规则定义，选择器类型为"复合内容"，名称为 "#nav li"。设置列表项目的"符号样式"为 none；设置列表项目向左浮动（float 属性为 left），从而使下一个列表项在右侧贴近自身，每一个 <li> 列表项应用此规则，就会形成水平排列的样式。"#nav li"规则对应代码如下。效果如图 6-31 所示。

```
#nav li {
    float: left;
    list-style-type: none;
}
```

图 6-31 应用 CSS 规则的导航效果

（4）为导航项创建超链接并设置链接样式。分别选中每个列表项的文字并创建超链接，本例为其创建空超链接。然后创建新 CSS 规则定义，选择器类型为"复合内容"，名称分别为"#nav li a"和"#nav li a:hover"，以定义超链接样式和超链接变换时的样式。其中，设置超链接显示为方块样式（display 属性为 block），这样可以使背景颜色等样式效果填满它所在的整个列表项。同时设置颜色、块大小、间距等属性，对应代码如下。应用 CSS 效果后如图 6-32 所示。

```css
#nav li a{
    color: #000;
    text-decoration: none;
    background-color: #ADB96E;
    text-align: center;
    display: block;
    height: 22px;
    width: 97px;
    margin-left: 2px;
    padding-top: 4px;
}
#nav li a:hover{
    color:#FF0;
    background-color:#093;
}
```

图 6-32　设置链接样式后的导航效果

（5）用 CSS 定义当前导航项样式。创建新 CSS 规则定义，选择器类型为"复合内容"，名称分别为"#nav .current a"，设置所需属性，对应具体代码如下。

```css
#nav .current a {
    background-color:#093;
    color: #FF0;
}
```

（6）为当前导航项应用 CSS 规则。将光标定位在所需列表项中，如"地图"，单击状态栏标签选择器"<li>"，在"属性"面板"CSS"类别的"目标规则"下拉列表框中选择"current"，或在"属性"面板"HTML"类别的"类"下拉列表框中选择"current"，即对列表项应用 CSS 规则。浏览器中的效果如图 6-33 所示。

图 6-33　当前导航项效果

（7）根据网页整体效果设置其他超链接样式，并应用样式，CSS 代码如下。

```css
a:link {
    color: #000;
    text-decoration: none;
}
a:visited {
    text-decoration: none;
    color: #000;
```

```
}
a:hover {
    text-decoration: none;
    color:#F00
}
a:active {
    text-decoration: none;
    color: #F00;
}
```

（8）保存网页文档，在浏览器中浏览网页效果。

📞 **提示**：要设置纵向的网页导航，只要取消"float:left;"属性，然后根据效果需要设置方框、边框等属性即可。

📝 **案例小结**　网页导航在网页设计中具有举足轻重的作用，用 CSS 结合<ul>列表设置网页导航方便快捷，更便于添加删除导航项目，应用非常广泛。

6.5　实训：设计制作点点星空网站页面

本节重点练习创建超链接、创建图像地图和用 CSS 设置超链接样式及网页导航的具体方法。

▶ 1．实训目的
- 掌握在网页中创建超链接的几种方法。
- 掌握在网页中创建图像地图的方法。
- 掌握用 CSS 设置超链接样式的方法。
- 掌握用 CSS 制作网页导航的方法。

▶ 2．实训要求及网页设计效果

要求在所提供的素材页面中分别创建文档链接、锚点链接、电子邮件链接、空链接和脚本链接；根据图像的内容设置不同的图像热点，并为热点添加超链接。然后利用 CSS 为页面添加横向和纵向导航。添加横向导航请参考 6.4 节相关代码，纵向导航的参考代码如下。

```
ul.tnav {
    list-style: none;                        /* 列表项目符号样式为 none */
}
ul.tnav li {
    border-bottom: 1px solid #666;           /* 设置项目间隔线条样式 */
}
ul.tnav a, ul.tnav a:visited {               /* 设置链接样式 */
    padding: 5px 5px 5px 15px;
    display: block;
    width: 160px;
    text-decoration: none;
    background:#333;
    color:#FC0
}
ul.tnav a:hover, ul.tnav a:active {
    background:#CCC;
    color: #f00;
}
```

点点星空网站页面效果如图 6-34 和图 6-35 所示。

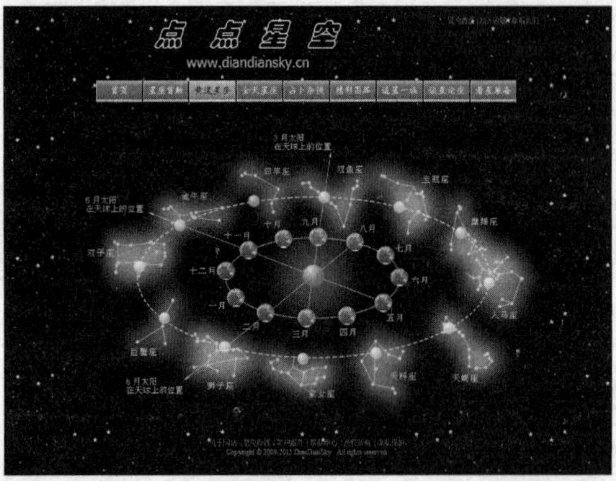

图 6-34 点点星空首页效果

图 6-35 点点星空狮子座页面效果

6.6 习题

一、填空题

1. 网页中的超链接按照目标对象的不同可以分为文档链接、_____、_____、脚本链接、_____等。

2. 超链接的路径可以使用_____路径和_____路径两种。

3. 设置超链接目标文件在新窗口中打开，可在"属性"面板上设置"目标"属性为_____或_____。

4. 创建命名锚点可以使用_____组合键。

5. 在页面中添加空链接的作用是_____，创建空链接需要在"属性"面板的"链接"框中输入_____或_____。

6. CSS 定义了 4 种伪类可以区别设置超链接不同状态的样式，分别为：_____、_____、_____、_____。

7. 图像地图可以设置_____、_____、_____三种形式的热点区域。

8. 网页导航的方向主要有_____、_____和_____三种。

二、选择题

1. 默认的文本超链接文本颜色为（　　）。

A．蓝色　　　　B．红色　　　　C．紫色　　　　D．黑色
2．默认已访问过的超链接的颜色为（　　）。
　　A．蓝色　　　　B．红色　　　　C．紫色　　　　D．黑色
3．创建超链接的"目标"属性为"_self"表示的是（　　）链接目标。
　　A．在上级窗口中打开　　　　　　B．在新窗口中打开
　　C．在当前窗口中打开　　　　　　D．在父层窗口中打开
4．要为文本或图像添加 E-mail 链接，需要在"链接"框中邮箱地址前添加（　　）。
　　A．news:　　　B．ftp://　　　C．http://　　　D．mailto:
5．设计制作网页导航时，可用（　　）标签定义导航项目，然后设置导航项的 CSS 样式。
　　A．<p>　　　　B．
　　　　C．<ul>　　　　D．<hr>

三、简答题

1．超链接的路径有几种？各有什么优缺点？
2．超链接的作用是什么？可以使用哪几种方法进行创建？
3．锚点链接的作用是什么？如何创建？
4．脚本超链接的作用是什么？如何创建？
5．网页导航的作用有哪些？分类有哪些？

第 7 章
使用表格布局网页

表格是网页设计制作时不可缺少的重要元素，使用表格可以精确定位网页在浏览器中的显示位置，也可以控制网页元素有序地显示在网页的具体位置，从而设计出版式漂亮的网页。本章主要介绍插入表格、编辑表格、设置表格属性、表格标签等内容，然后通过案例介绍使用表格布局网页的方法和技巧。

本章学习要点：
- 创建表格；
- 编辑表格；
- 设置表格属性；
- 表格数据的导入与导出；
- 表格的 HTML 标签；
- 使用表格布局网页。

7.1 案例 1：设计学生成绩单

学习目标 通过本案例的学习，熟练掌握创建表格、设置表格的属性、编辑表格等操作，为使用表格布局网页打好基础。

知识要点 创建表格，表格的属性设置，选择表格或表格单元格，插入、删除行和列，表格的拆分和合并等。案例效果如图 7-1 所示。

\<学生成绩单\>					
姓名	王晓红	姓别	女	专业	电子商务
学号	J1300128	学年	第一学年		
主要课程成绩					
课程名称	成绩		课程名称		成绩
高等数学	88		办公自动化		95
大学英语	92		商品拍摄与处理技术		89
计算机文化基础	94		客户关系管理		93
计算机网络技术	89		网页设计与制作		96
电子商务基础	90		数据库应用技术		91
图形图像处理技术	95				
网页动画制作	92				
系部意见					年 月 日
教务处意见					年 月 日

图 7-1 学生成绩单

7.1.1 创建表格

表格是由若干行和列组成的。表格横向叫行，纵向叫列，行列交叉的区域是单元格，如图 7-2 所示。一般以单元格为单位来插入网页元素，以行和列为单位来修改性质相同的单元格。单元格中的内容和单元格边框的距离叫边距，单元格和单元格之间的距离叫间距，整个表格边缘叫边框。

下面以设计学生成绩单为例介绍创建表格的方法。

（1）在 ch07 文件夹中创建本地站点 ch07-1，新建一个空白的网页文件，将其以 07-1.html 为文件名保存在创建的本地站点文件夹中。

（2）在"设计"视图，将光标定位在插入表格的位置，选择"插入→表格"菜单命令，或者在"插入"面板的"常用"分类中单击【表格】按钮，打开"表格"对话框，如图 7-3 所示。

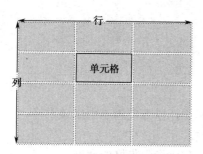

图 7-2 表格的基本组成

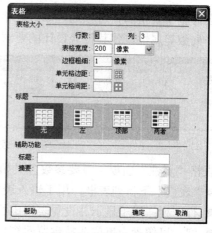

图 7-3 "表格"对话框

"表格"对话框中各项含义如下。

- 行数：设置表格的行数。
- 列：设置表格的列数。
- 表格宽度：以像素为单位或按占浏览器窗口宽度的百分比指定表格的宽度。
- 边框粗细：设置表格边框的宽度（以像素为单位）。若希望浏览器不显示边框，可将其值设置为 0 像素。
- 单元格边距：用于设置单元格内容与单元格边框之间的像素数。
- 单元格间距：用于设置相邻的表格单元格之间的像素数。
- "标题"栏：用于设置表格标题的样式。"无"对表格不启用列或行标题，"左"将表格的第一列作为标题列，"顶部"将表格的第一行作为标题行，"两者"能够在表格中输入列标题和行标题。
- "辅导功能"栏：其中的"标题"用于设置显示在表格外的表格标题；"摘要"给出对表格的内容摘要，屏幕阅读器可以读取摘要文本，但是该文本不会显示在用户的浏览器中。

（3）本例在"表格"对话框中，设置行数为"10"，列数为"7"，表格宽度为 600 像素，单元格间距为 0，边框粗细为 2 像素，标题内容为"学生成绩单"，其他为默认值，单击【确定】按钮，创建的表格如图 7-4 所示。

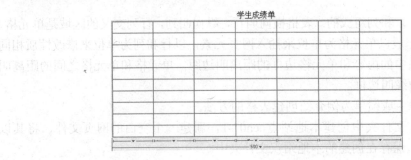

图 7-4　创建的表格

7.1.2　设置表格属性

选择整个表格后，可以通过修改表格"属性"面板中的各项参数，比如表格大小、行数、列数等属性，使其符合设计的要求。表格"属性"面板如图 7-5 所示。

图 7-5　表格"属性"面板

表格"属性"面板中主要参数含义如下。

- "表格"下拉列表框：用于输入表格的 ID 标识，以方便脚本引用该表格。
- 行、列：用于显示并设置表格中行数、列数。
- 宽：以像素为单位或按浏览器窗口宽度的百分比指定表格的宽度。
- 填充：也称单元格边距，是单元格内容和单元格边框之间的像素数。对于大多数浏览器来说，此选项的值设为 1px。如果用表格进行页面布局时，可将此参数设置为 0。
- 间距：也称单元格间距，设置相邻的表格单元格间的像素数。
- 对齐：设置表格在网页中的对齐方式，可以选择"默认"、"左对齐"、"居中对齐"和"右对齐"方式。
- 边框：以像素为单位设置表格边框的宽度。
- 类：用于选择 CSS 样式应用于表格。
- 按钮：清除列宽按钮。单击该按钮，可以取消单元格的宽度设置，使其宽度随单元格的内容自动调整。
- 按钮：清除行高按钮。单击该按钮，可以取消单元格的高度设置，使其高度随单元格的内容自动调整。
- 按钮：将表格宽度转换成像素按钮。将表格每列宽度的单位和表格宽度的单位转换成像素。
- 按钮：将表格宽度转换成百分比。将表格每列宽度的单位和表格宽度的单位转换成百分比。

继续上一节的操作。

（1）选中整个表格。将鼠标指针指向表格的上边框或下边框，当鼠标指针变为形状时单击，选择整个表格；或者在表格的某个单元格中定位光标，单击状态栏中的<table>标记，选择整个表格。被选中表格的下边框和右边框将出现控制点。

（2）设置表格的属性。在表格"属性"面板中，将行数改为"11"，列数改为"6"，设置对齐为"居中对齐"，设置后的表格如图7-6所示。 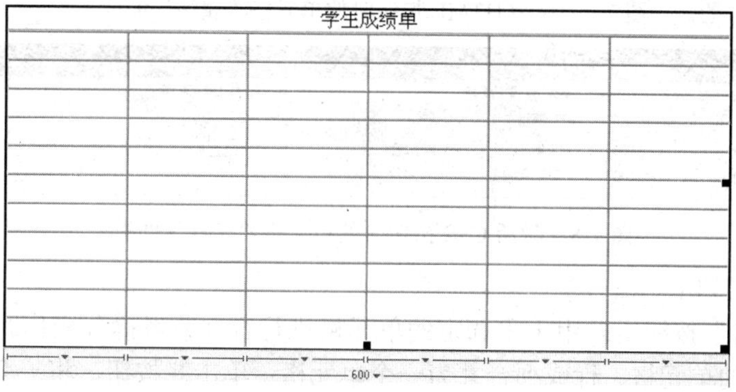

图7-6 设置表格属性

（3）保存文件，按下<F12>键预览表格效果。

☎提示：在表格"属性"面板中，如果没有明确指定"边框"、"间距"、"填充"的值，大多数浏览器会按边框和单元格边距均为1px、单元格间距为2px显示表格；要确保浏览器不显示表格中的边距和间距，请将"边框"、"间距"、"填充"的值均设置为0；当"边框"设置为0时，要查看单元格和表格边框，选择"查看→可视化助理→表格边框"命令。

7.1.3 编辑表格

表格创建好后可能达不到需要的效果，可对表格进行编辑操作，如插入行或列、删除行或列、合并或者拆分单元格等。

▶ 1. 选择表格单元格

选中表格元素是对表格进行编辑的基础。将鼠标指针指向表格中的某个单元格单击，即可选中该单元格；要选择多个单元格，可使用下面的方法完成。

- 选择连续的多个单元格：在需要选择的单元格中单击鼠标，然后按住鼠标左键不放，同时向相邻的单元格方向拖曳，被拖到的单元格出现黑色边框，表示它们被选中。
- 选择不连续的多个单元格：按住<Ctrl>键的同时，单击任意一个不相邻的单元格，可以选中不相邻的多个单元格。
- 选择整行单元格：将鼠标移到行的最左边，当光标变成一个向右的箭头时单击，即可选中整行单元格。
- 选择整列单元格：将鼠标移到列的最上边，当光标变成一个向下的箭头时单击，即可选中整列单元格。
- 选择表格的所有单元格：选中表格左上角的第1个单元格，按住<Shift>键的同时，将鼠标指针移动到表格右下角最后一个单元格单击,将选中全部的单元格。

选择单元格、行或列后,其对应的"属性"面板如图7-7和图7-8所示。

图7-7 激活HTML按钮时的单元格"属性"面板

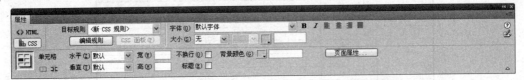

图7-8 激活CSS按钮时的单元格"属性"面板

各选项含义如下。

- "单元格"按钮组:用于将选定的单元格进行合并或者拆分操作。单击□按钮,将所选的单元格、行或列合并为一个单元格;单击⊥按钮,将一个单元格分成两个或更多个单元格,需要说明的是,一次只能拆分一个单元格;如果选择的单元格多于一个,则此按钮将被禁用。
- 水平:指定单元格、行或列内容的水平对齐方式。可将内容对齐到单元格的左侧、右侧或使之居中对齐,也可以指示浏览器使用其默认的对齐方式(通常常规单元格为左对齐,标题单元格为居中对齐)。
- 垂直:指定单元格、行或列内容的垂直对齐方式。可将内容对齐到单元格的顶端、中间、底部或基线,或者指示浏览器使用其默认的对齐方式(通常是居中对齐)。
- 宽与高:所选单元格的宽度与高度,以像素为单位或按整个表格宽度或高度的百分比指定。
- 不换行:防止换行,单元格的宽度将随文字长度的不断增加而加长。
- 标题:将所选的单元格格式设置为表格标题单元格。默认情况下,表格标题单元格的内容为粗体并且居中。
- 背景颜色:设置表格的背景图像。单击后面的文件夹图标□浏览某个图像,或者按住【指向文件】图标⊕拖到一个图像文件以选中它。

2. 插入行或列

在表格中插入行和列的方法如下。

- 将光标定位在表格的某个单元格中,选择"修改→表格→插入行"菜单命令,即在表格中插入一行。
- 选择"插入→表格对象"菜单命令,在其级联式菜单中,选择"在上面插入行"或者"在下面插入行"菜单命令,均能在表格中插入一行。
- 按下<Ctrl+M>组合键,在插入点的下面插入一行。
- 选择"修改→表格→插入行或列"菜单命令,弹出"插入行或列"对话框,根据需要设置对话框,可实现在当前行的上面或下面插入多行。

📞提示：插入列操作与插入行操作的方法一样。除了以上方法外，插入列操作还有一种更简便的方法：单击列最下方的绿色下三角按钮，在弹出的下拉菜单中选择"左侧插入列"或者"右侧插入列"命令。

3．删除行或列

在 Dreamweaver 中，不能单独删除一个或几个单元格，删除单元格时，会同时删除该单元格所在的行或列。删除行或列的操作方法如下。

- 选中要删除的行或列，或者将光标置于某行或列的任意一个单元格中，选择"修改→表格→删除行"或"修改→表格→删除列"菜单命令。
- 选中要删除的行或者列，选择"编辑→清除"菜单命令或按下<Delete>键。
- 将光标置于被删除列中的一个单元格中，按下<Ctrl+Shift+->组合键。

4．拆分或合并单元格

在使用表格进行网页排版的过程中，通过拆分或者合并单元格，可以及时调整表格，以满足网页布局要求。

拆分单元格的具体方法：将光标置于要拆分的单元格中，选择"修改→表格→拆分单元格"菜单命令，或者单击"属性"面板中的"拆分单元格为行或列"按钮 ，均能打开如图 7-9 所示的"拆分单元格"对话框。在对话框中选择要将单元格拆分为行或列，并设置相应的行数或列数，然后单击【确定】按钮，即可拆分单元格。

合并单元格的具体方法：选中要合并的多个连续单元格，选择"修改→表格→合并单元格"菜单命令，或者单击"属性"面板中的"合并所选单元格"按钮 ，将选中的多个连续单元格合并为一个单元格。

下面对创建的学生成绩单表格进行编辑，具体操作如下。

（1）使用前面介绍的方法为学生成绩单表格插入 2 行。将光标置于某一行的单元格中，选择"修改→表格→插入行或列"菜单命令，在打开的"插入行或列"对话框中，设置插入为"行"，行数为"2"，单击【确定】按钮。

（2）删除第 6 列。将光标置于第 6 列的任意一个单元格中，选择"修改→表格→删除列"菜单命令删除第 6 列。

（3）拆分单元格。将光标置于第 1 行第 3 列，选择"修改→表格→拆分单元格"菜单命令，在打开的"拆分单元格"对话框中，设置"把单元格拆分"为列，"列数"为 2，单击【确定】按钮。

（4）合并单元格。选中第 3 行所有单元格，选择"修改→表格→合并单元格"菜单命令将选中的多个单元格合并为一个单元格，用同样的方法将第 4 行至第 11 行的第 3 列所有单元格合并为一个单元格，继续分别把第 12 行、第 13 行的第 2 至第 5 列的单元格合并为一个单元格，把第 2 行第 5、6 列的两个单元格合并为一个单元格。

（5）调整表格和单元格大小。根据需要适当调整表格或者单元格的大小：将光标指向表格右下角的控制点，按下鼠标左键拖曳控制点，可以同时调整表格的宽度和高度，来改变表格的大小；单击要修改大小的单元格边线，按住鼠标左键拖曳，可以改变单元格的大小，编辑后的学生成绩单表格如图 7-10 所示。

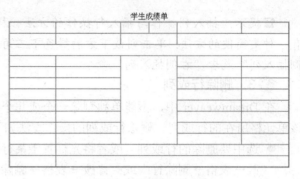

图 7-9 "拆分单元格"对话框　　　　图 7-10 编辑后的表格

7.1.4 使用 CSS 美化表格

首先在表格中输入文本，然后使用 CSS 美化表格，具体操作如下。

（1）在表格中输入文本。将光标置于表格的各个单元格中，参考图 7-1 输入表格内容。

（2）新建 CSS 样式表文件。选择"窗口→CSS"菜单命令，或者按下<Shift+F11>组合键，打开"CSS 样式"面板，单击面板底部的"新建 CSS 规则"按钮，打开"新建 CSS 规则"对话框，在"选择器类型"下拉列表中选择"类（可应用于任何 HTML 元素）"选项，在"选择器名称"下拉列表框中输入".text"，在"规则定义"下拉列表框中选择"（新建样式表文件）"选项。

（3）单击【确定】按钮将弹出"将样式表文件另存为"对话框，在"文件名"文本框中输入样式表文件名 style，将其保存到默认的文件夹中。

（4）单击【保存】按钮，弹出".text 的 CSS 规则定义（在 style.css 中）"对话框，在"类型"栏中设置 font-family 为"黑体"，font-size 为"16px"；在"区块"栏中设置 text-align 为"center"，单击【确定】按钮。在"CSS 样式"面板中可以看到刚创建的 CSS 样式，对应的 CSS 代码如下。

```
.text {
    font-family: "黑体";
    font-size: 18px;
    text-align: center;
}
```

（5）切换到"代码"视图，可以看到，在<head>与</head>标签之间添加了如下代码。

```
<link href="style.css" rel="stylesheet" type="text/css" />
```

（6）应用 CSS 样式。在文档窗口中，选择需要应用 CSS 样式的表格单元格，在"属性"面板中单击 HTML 按钮，然后在"类"下拉列表中选择"text"，为选择的表格单元格应用样式，效果如图 7-11 所示。

（7）选中所有的单元格，在"属性"面板中设置背景颜色为"#FFFF66"。

（8）分别将光标置于表格最后两行右侧的单元格中，在"属性"面板中设置水平为"右对齐"。

（9）选中整个表格，在"属性"面板中设置对齐为"居中对齐"。

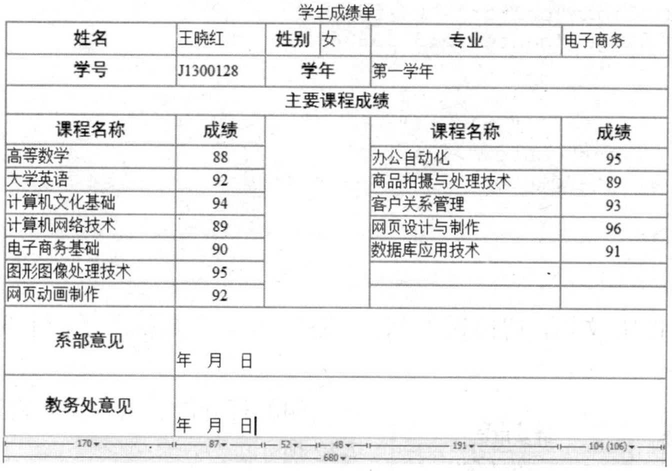

学生成绩单

姓名	王晓红	姓别	女	专业	电子商务
学号	J1300128	学年	第一学年		
主要课程成绩					
课程名称	成绩		课程名称		成绩
高等数学	88		办公自动化		95
大学英语	92		商品拍摄与处理技术		89
计算机文化基础	94		客户关系管理		93
计算机网络技术	89		网页设计与制作		96
电子商务基础	90		数据库应用技术		91
图形图像处理技术	95				
网页动画制作	92				
系部意见	年 月 日				
教务处意见	年 月 日				

图 7-11　应用 CSS 样式

（10）保存文件，按下<F12>键预览学生成绩单效果。

案例小结　在网页中使用表格不仅可以整理复杂的内容，还可以实现网页的精确排版和定位。本节重点介绍了创建表格、设置表格的属性、编辑表格等操作，熟练掌握表格的属性设置和基础操作，将为使用表格布局网页打下坚实的基础。

7.2　学习任务：表格标签

表格也可以通过 HTML 语言创建和设置属性。表格涉及的标签及其属性在第 1 章中已经介绍，本节主要介绍对表格标签的应用。

本节学习任务

掌握表格标签的功能和应用，能使用标签选择器设置表格的属性。

7.2.1　使用表格标签制作网页表格

表格标签有<table>、<tr>和<td>，它们的属性及功能请见本教材第 1 章的 1.3.3 节。

（1）创建本地站点 ch07-2，新建一个空白的网页文件，将其以 07-2.html 为文件名保存在创建的本地站点中。

（2）切换到“代码”视图，在该窗口中输入如下代码。

```
<html>
    <head>
        <title>表格标签</title>
    </head>
    <body>
        <table width="400" border="2" cellpadding="0" cellspacing="0">
              <tr >
                <td align="center">设计人员</td>
                <td align="center">工龄</td>
                <td align="center">联系电话</td>
              </tr>
              <tr>
                <td align="center">张玉华</td>
```

```
          <td align="center">10</td>
          <td align="center">13159696729</td>
        </tr>
        <tr>
          <td height="23" align="center">李秋月</td>
          <td align="center">12</td>
          <td align="center">13864041568</td>
        </tr>
      </table>
  </body>
</html>
```

（3）保存 HTML 文档，切换到"设计"视图，可以看到插入了一个 3 行 3 列的表格，且内容居中对齐。

设计人员	工龄	联系电话
张玉华	10	13159696729
李秋月	12	13864041568

图 7-12　插入的表格

（4）打开浏览器预览表格效果，效果如图 7-12 所示。

代码解析：表格包含 3 对标签：<table></table>、<tr></tr>、<td></td>。其中：<table>是一个容器标签，<table>、</table>分别代表表格的开始和结束；<tr>用来创建表格中的每一行，<tr></tr>代表一个行的开始与结束，该对标签只能放在<table></table>标签对之间使用；<td>用于创建一行中的每一个单元格，<td></td>代表一个单元格的开始和结束，该对标签只能放在<tr></tr>标签对中才是有效的。

在<table></table>标签中包含多个属性，用来设置表格样式，如 width（表格的宽度）、border（边框的宽度）、cellpadding（单元格边距）、cellspacing（单元格间距）等；<td></td>标签中包含 align 属性，align 是水平对齐方式，取值分别为 left（左对齐）、center（居中）、right（右对齐）。

7.2.2　在标签选择器中设置表格的属性

网页中的表格除了可以在"属性"面板和"代码"窗口中设置属性参数外，也可以通过"标签检查器"面板设置。具体方法：在"设计"窗口中选中创建的表格，选择"窗口→标签检查器"菜单命令，打开"标签检查器"面板，如图 7-13 所示，其中列出了被选表格所有的属性。

图 7-13　"标签检查器"面板

"标签检查器"面板中显示的属性及含义如表 7-1 所示。

表 7-1　表格的属性及含义

属　性	含　义
align	表格的对齐方式，分为 center（居中）、left（左对齐）、right（右对齐）
bgcolor	用于设置表格的背景颜色
border	用于设置表格的边框粗细
cellpadding	用于设置表格的填充
cellspacing	用于设置表格的间距
frame	above，只显示上边框
	below，只显示下边框

续表

属性	含义
	border，显示普通表格边框
	box，显示上下左右边框
	hsides，显示上下边框
	lhs，只显示左边框
	rhs，只显示右边框
	void，不显示边框
	vsides，只显示左右边框
rules	none，表格内部所有线框不显示
	groups，表格内部横向和纵向线框不显示
	rows，只显示表格内部横向线框
	cols，只显示表格内部纵向线框
	all，显示表格所有内部线框
width	设置表格的宽度

请用户根据表 7-1 列出的表格属性，在"标签检查器"面板中对表格作进一步的属性设置，并通过"设计"视图观察表格外观变化情况。

7.3 案例2：使用表格布局图书资源网

学习目标 掌握使用表格布局网页、使用 CSS 样式美化网页的方法和技巧；掌握在网页中导入表格数据，并能对表格数据进行相关的操作。

知识要点 用表格布局网页，用 CSS 样式美化网页，导入、导出表格数据等。图书资源网页面效果如图 7-14 所示。

7.3.1 使用表格布局网页

在网页设计中，表格是页面布局常用方法之一。由于所有的浏览器都支持表格，并且用表格布局的网页下载速度快，所以常常采用表格来对网页进行布局。下面以图书资源网为例进行详细介绍。

（1）创建本地站点 ch07-3，新建网页文件，将其以 07-3.html 为文件名保存在创建的本地站点文件夹中。

（2）插入表格。选择"插入→表格"菜单命令，在打开的"表格"对话框中，设置行数为"8"，列数为"2"，表格宽度为"730px"，边框粗细为"0"，其他为默认值，单击【确定】按钮。

（3）合并单元格。选中第 1 行的两个单元格，将其合并为一个单元格；选中第 2 行的两个单元格，也将其合并为一个单元格。

图 7-14　图书资源网效果

（4）插入图像。将光标置于第 1 行的单元格中，选择"插入→图像"菜单命令，在打开的"选择图像源文件"对话框中，选择网页的标题图片（ch07-3/images/banner.jpg），单击【确定】按钮，效果如图 7-15 所示。

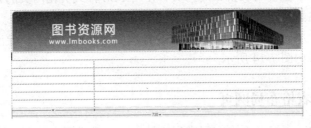

图 7-15　插入标题图像

（5）用同样的方法，在表格的第 2 行插入导航图像（ch07-3/images/02.jpg），如图 7-16 所示。

图 7-16　插入导航图像

（6）将光标置于第 3 行左侧的单元格中，输入"近期热点"；将光标置于第 4 行左侧的单元格中，输入与"近期热点"相关的文字，并插入图片（ch07-3/images/03.jpg）。

（7）选择"窗口→CSS"菜单命令打开"CSS 样式"面板，单击面板底部的"新建 CSS 规则"按钮，打开"新建 CSS 规则"对话框，在"选择器类型"下拉列表中选择"类（可应用于任何 HTML 元素）"选项，在"选择器名称"下拉列表框中输入.tu1，在"规则定义"下拉列表框中选用默认的"（仅限该文档）"选项。

（8）单击【确定】按钮打开".tu1 的 CSS 规则定义"对话框，在"分类"列表中选择"方框"，设置"Float"为 left，设置"Margin"的 Right 值为 5px，单击【确定】按钮。此时的 CSS 代码如下。

```css
.tu1{
    float: left;
    margin-right: 5px;
}
```

（9）用同样的方法，创建.text1 类别选择器，其 CSS 代码如下。

```css
.text1{
    font-family: "宋体";
    font-size: 14px;
    line-height: 20px;
    padding-left: 8px;
    padding-right: 8px;
}
```

（10）选中第 4 行左侧单元格中输入的文字，在"属性"面板中的"类"列表中选择 text1，为文字添加样式；选中插入的图片，在"属性"面板中的"类"列表中选择 tu1，为图片添加样式，完成图文混排效果设置。然后在该单元格的下侧插入一条水平线。

（11）将光标置于第 3 行右侧的单元格中，输入"新书快递"。

（12）插入嵌套的表格。将光标置于第 4 行右侧的单元格中，插入一个 2 行 3 列、"表格宽度"为 100%、"边框粗细"为 1 像素的嵌套表格。

（13）在嵌套表格的 6 个单元格中分别插入图片，效果如图 7-17 所示。

图 7-17　在嵌套的表格中插入图片效果

（14）将光标置于第 5 行左侧的单元格中，输入"图书资讯"；将光标置于第 6 行左侧的单元格中，输入与"图书资讯"相关的文字，并为输入的文字添加 text1 样式。

（15）将光标置于第 5 行右侧的单元格中，输入"教材专区"；将光标置于第 6 行右侧的单元格中，导入 Excle 文档数据。

7.3.2 导入 Excel 文档

当用已有表格数据在网页中呈现时，使用 Dreamweaver 导入表格数据可以使网页编排工作方便快捷。

继续上面案例的制作，介绍 Microsoft Excel 电子表格数据导入到网页中的方法。

（1）首先，在 Microsoft Excel 中创建一个电子表格，如图 7-18 所示，将其以 bg.xls 为文件名保存在 ch07-3 文件夹之下。

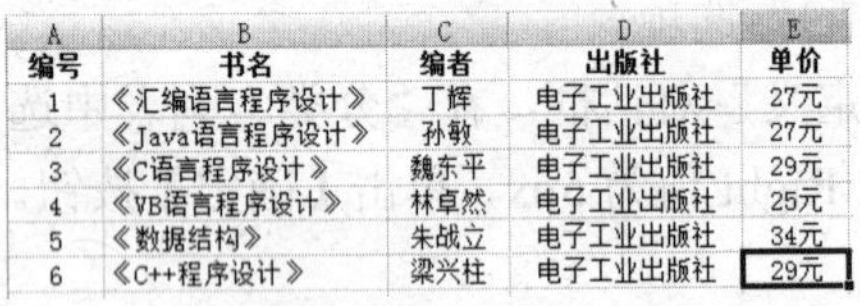

A	B	C	D	E
编号	书名	编者	出版社	单价
1	《汇编语言程序设计》	丁辉	电子工业出版社	27元
2	《Java语言程序设计》	孙敬	电子工业出版社	27元
3	《C语言程序设计》	魏东平	电子工业出版社	29元
4	《VB语言程序设计》	林卓然	电子工业出版社	25元
5	《数据结构》	朱战立	电子工业出版社	34元
6	《C++程序设计》	梁兴柱	电子工业出版社	29元

图 7-18　Excel 电子表格

（2）在网页中导入 Excel 表格数据。打开 07-3.html 网页文件，将光标置于第 6 行右侧的单元格中，选择“文件→导入→Excel 文档”菜单命令，弹出“导入 Excel 文档”对话框，选择文件（ch07-3/bg.xls），单击【打开】按钮导入 Excel 表格数据。

（3）创建.text2 类别选择器，其 CSS 代码如下。

```
.text2{
    font-family: "宋体";
    font-size: 12px;
    line-height: 20px;
}
```

（4）选中导入的表格数据，为其添加 text2 样式，并添加 1px 的边框，效果如图 7-19 所示。

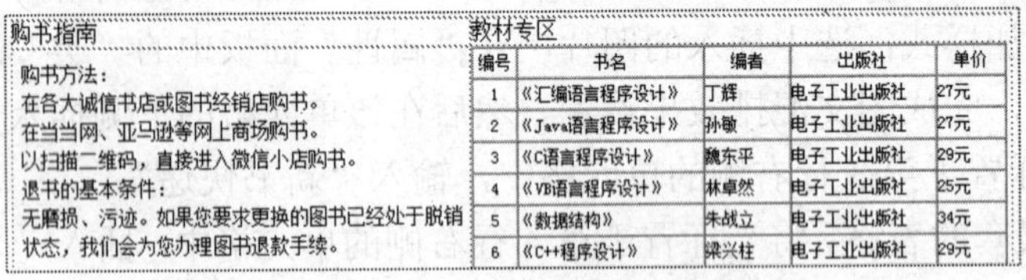

图 7-19　导入 Excel 表格

（5）将光标置于表格的第 7 行左侧的单元格中，选择“插入→图像”菜单命令，插入图像文件（ch07-3/images/05.jpg）。

（6）拆分单元格。将光标置于第 7 行右侧的单元格中，选择“修改→表格→拆分单元格”菜单命令，或者单击“属性”面板中的“拆分单元格为行或列”按钮，打开“拆分单元格”对话框，在对话框中选择“把单元格拆分”为“列”，设置“列数”为 2，单击【确定】按钮，把第 7 行右侧的单元格拆分为两个单元格。

（7）在拆分的单元格中输入文本内容，添加项目列表符号，效果如图 7-20 所示。

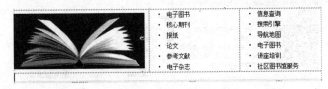

图 7-20　在拆分的单元格中输入文本

（8）制作页脚。选中第 8 行的两个单元格，将其合并为一个单元格，选择“插入→图像”菜单命令，插入带有网页版权等信息的图像文件（ch07-3/images/footer.jpg），效果如图 7-21 所示。

图 7-21 制作的页脚效果

🔔提示：在 Dreamweaver 中也可以导入 Word 文档，具体方法同导入 Excel 文档一样。还可以将 Dreamweaver 中的表格导出，具体方法：将插入点放置在表格中的任意单元格中，选择"文件→导出→表格"菜单命令，打开"导出表格"对话框，在"定界符"列表中选择一种分隔符，在"换行符"列表中指定将在哪种操作系统中打开导出的文件，单击【导出】按钮，将打开"表格导出为"对话框，从中指定保存路径，并输入文件名称，然后单击【保存】按钮。

🔔提示：在 Dreamweaver 中，可以将一个以分隔（如，制表符、逗号、分号或引号）文本内容的表格式数据导入到 Dreamweaver 中，并设置为表格格式。具体方法：选择"文件→导入→表格式数据"菜单命令，或者选择"插入→表格对象→导入表格式数据"菜单命令，打开"导入表格式数据"对话框。在对话框中，选择导入的数据文件，设置表格宽度、单元格边距、单元格间距等值，单击【确定】按钮，在网页中导入表格式数据。

7.3.3 使用 CSS 美化页面

下面通过 CSS 样式进一步美化图书资源网。

（1）单击"CSS 样式"面板底部的"新建 CSS 规则"按钮，打开"新建 CSS 规则"对话框，在"选择器类型"下拉列表中选择"类（可应用于任何 HTML 元素）"选项，在"选择器名称"下拉列表框中输入".title"，在"规则定义"下拉列表框中选择"（仅限该文档）"选项，单击【确定】按钮。

（2）设置类别选择器.title 的 CSS 代码如下。

```
.title {
    font-family: "黑体";
    font-size: 16px;
    color: #FF6600;
    border-left-width: 5px;
    border-left-style: solid;
    border-left-color: #FF6600;
    font-weight: bold;
    margin-left: 3px;
    padding-left: 8px;
}
```

（3）分别为"近期热点"、"新书快递"、"购书指南"、"教材专区"文字添加.title 样式，效果如图 7-22 所示。

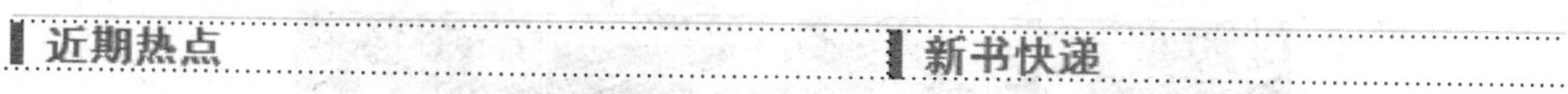

┃近期热点　　　　　　　　　　　　　　┃新书快递

图 7-22 为"近期热点"、"新书快递"添加 CSS 样式效果

（4）创建标签 table 选择器，为表格添加背景颜色。其 CSS 代码如下。

```
table {
    background-color: #FFFFE6;
}
```

（5）创建标签 body 选择器，为网页添加背景颜色。其 CSS 代码如下。
```
body {
    background-color: #666666;
}
```

（6）选中整个表格，在"属性"面板中设置对齐方式为"居中对齐"，使网页内容在浏览器中居中显示。

（7）在<title></title>标签中输入"图书资源网"。保存文件，按下<F12>键预览网页效果。图书资源网最终效果如图 7-14 所示。

案例小结　由于用表格布局的网页兼容性好，浏览网页时下载速度快，所以，网页设计者常用表格布局网页。传统数据经常基于 Word、Excel 或者文本等文档，有些文档数据内容比较多，也比较杂，如果将这些数据手工输入到 Dreamweaver 中，是一件比较麻烦的事情，使用 Dreamweaver 中的导入"表格式数据"、"Excel 文档"等命令，可以将外部文档数据导入到 Dreamweaver 中，大大提高网页制作效率。

7.4　案例 3：设计旅游信息网

学习目标　旅游信息类网站集吃、宿、行、乐于一体，具有旅游推广、提供充足的导游信息等功能。通过本案例的学习，希望用户熟练掌握使用表格布局网页的方法和技能，能够掌握旅游信息类网站的设计表现形式。

知识要点　使用表格布局网页，编辑表格，将网页元素插入表格，使用 CSS 样式美化页面等。案例效果如图 7-23 所示。

图 7-23　旅游信息网浏览效果

7.4.1 使用表格布局页面

(1) 创建本地站点 ch07-4,新建网页文件,将其以 07-4.html 为文件名保存在创建的本地站点文件夹中。

(2) 插入表格。选择"插入→表格"菜单命令,在打开的"表格"对话框中,设置行数为"8",列数为"3",表格宽度为"950px",边框粗细为"0",其他为默认值,单击【确定】按钮。

(3) 编辑表格。分别将第 1、第 2、第 6、第 7、第 8 各行的 3 个单元格合并为一个单元格;将光标置于第 3 行的第 1 个单元格中,将单元格拆分为 2 行 1 列;将光标置于第 3 行的第 3 个单元格中,将单元格拆分为 4 行 1 列;合并表格左侧第 1 列、第 3 行下侧连续的 3 个单元格。

(4) 插入嵌套表格。将光标置于第 3 行的第 2 个单元格中,插入一个 2 行 2 列、表格宽度为"100%"的嵌套表格;用同样的方法,在第 6 行中插入一个 2 行 4 列、表格宽度为"100%"的嵌套表格,如图 7-24 所示。

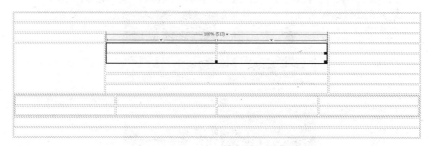

图 7-24 编辑后的表格

7.4.2 在表格中插入网页元素

(1) 插入网页标题图片。将光标置于第 1 行的单元格中,选择"插入→图像"菜单命令,或者在"插入"面板的"常用"分类中单击【图像】按钮,在打开的"选择图像源文件"对话框中,选择网页的标题图片(ch07-4/images/logo.jpg),单击【确定】按钮。

(2) 制作导航菜单。在表格的第 2 行,插入一个 1 行 11 列的嵌套表格,然后在嵌套表格中输入导航菜单,如图 7-25 所示。

图 7-25 设计导航菜单

（3）输入主体内容。将光标置于表格第 3 行第 1 列中，选择"插入→图像"菜单命令，插入标题图片（ch07-4/images/title_jp.jpg）。

（4）将光标置于表格第 4 行第 1 列中，插入一个 16 行 1 列、表格宽度为"100%"的嵌套表格，分别在嵌套表格的前 14 行中输入文字、在后 2 行中添加已经准备好的图片。选中嵌套表格的所有单元格，在"属性"面板中，设置高为"29"。

（5）将光标置于第 3 行第 2 列已经插入的嵌套表格中，分别在嵌套表格的 4 个单元格中添加带文字说明的图片。

（6）用同样的方法，在表格的其他单元格中添加图片和输入文字。添加部分图片和文字后的页面效果如图 7-26 所示。

图 7-26 添加图片和文字

（7）继续为页面添加图片和文字。将光标置于第 6 行已经插入的 4 行 2 列嵌套表格中，分别在嵌套表格的 8 个单元格中添加图片和输入文字。

（8）将光标置于第 7 行中，选择"插入→图像"菜单命令，插入一条线型的图片（ch07-4/images/line.jpg）。

（9）制作页脚。将光标置于表格的最后一行，输入网页的版权信息等文本内容。在"属性"面板中设置"水平"为"居中对齐"。

（10）选中整个表格，在"属性"面板中设置对齐方式为"居中对齐"，使网页内容在浏览器中居中显示。保存文件，按下<F12>键预览网页效果。

7.4.3 使用 CSS 美化页面

下面通过 CSS 样式美化旅游信息网。主要通过 CSS 设置页面文字的大小,为表格填充浅灰色,具体方法如下。

(1) 新建 CSS 样式表文件。在"CSS 样式"面板中,单击面板底部的"新建 CSS 规则"按钮,打开"新建 CSS 规则"对话框,在"选择器类型"下拉列表中选择"类(可应用于任何 HTML 元素)"选项,在"选择器名称"下拉列表框中输入".text",在"规则定义"下拉列表框中选择"(新建样式表文件)"选项。

(2) 单击【确定】按钮将弹出"将样式表文件另存为"对话框,在"文件名"文本框中输入样式表文件名"style-text",将其保存到 ch07-4 文件夹中。

(3) 单击【保存】按钮,在弹出的".text 的 CSS 规则定义(在 style-text.css 中)"对话框"类型"一栏中,设置 Font-size 为"12px",单击【确定】按钮。

(4) 为 table 标签定义样式,需要注意的是,在"新建 CSS 规则"对话框中,"选择器类型"选择"标签(重新定义 HTML 元素)","选择器名称"下拉列表中选择"table"标签,在"规则定义"下拉列表框中选择"(新建样式表文件)"选项。

(5) 单击【保存】按钮,在弹出的"table 的 CSS 规则定义(在 style-table.css 中)"对话框"背景"一栏中,设置 Background-color 为"#EAEAEA",单击【确定】按钮,为表格填充浅灰色。此时,创建的外部样式表文件 style-table.css 也出现在"CSS 样式"面板和"文件"面板中。

(6) 应用 CSS 样式。选中页面中的文本内容,在"属性"面板的"类"下拉列表中选择"text",为页面文本应用 CSS 样式。

(7) 保存网页文件,按下<F12>键,在浏览器中预览网页效果。

案例小结 表格能简明扼要而内容丰富地组织和显示信息,通过对表格单元格合并或拆分、在表格中插入嵌套表格等操作,能够得到需要的页面布局。表格布局的优势在于它能对不同对象加以处理,不用担心不同对象之间相互影响,而且在定位图片和文本时非常方便。如果使用过多表格,页面下载速度将会受到影响。

7.5 实训

本章实训重点练习使用表格布局网页、使用 CSS 样式美化网页的方法和技巧,希望用户能够熟练掌握通过表格布局网页的技能。

7.5.1 实训一 设计健康美食网

1. 实训目的

- 掌握使用表格布局网页的方法。
- 掌握合并单元格、插入嵌套表格等操作。
- 掌握在网页中导入 Excel 表格数据的方法。
- 掌握设置页面文本大小、为表格添加外边框的 CSS 样式定义方法。

2. 实训要求

实训要求：用表格布局页面。插入 7 行 3 列、表格宽度为 800px 的表格，合并单元格、插入嵌套表格后的表格如图 7-27 所示。

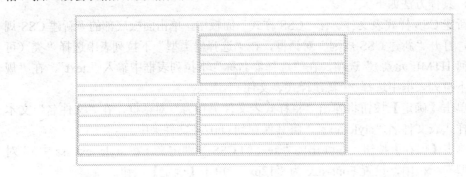

图 7-27　用表格布局页面

请参考健康美食网效果图，在表格中添加网页元素，导入已经准备好的 Excel 表格（ch07/ex07-1/table.xls），并对表格式数据进行对齐设置；创建设置页面文字大小和为表格添加外细边框的 CSS 样式文件，分别在页面中应用 CSS 样式。健康美食网浏览效果如图 7-28 所示。

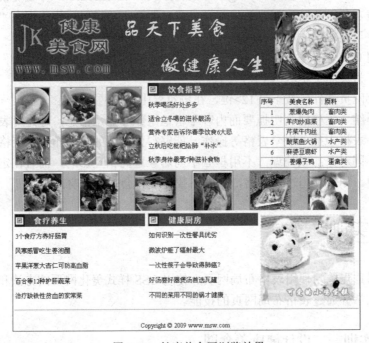

图 7-28　健康美食网浏览效果

7.5.2　实训二　设计时尚礼品网

1. 实训目的

- 熟练掌握使用表格布局网页的技能。
- 熟练掌握定义并应用文本字体、大小等属性的 CSS 样式。
- 掌握设置图片与文本排列方式的 CSS 样式。

● 掌握为表格单元格和页面背景增加不同色彩的 CSS 样式定义方法。

▶ **2.实训要求**

实训要求：用表格布局页面。插入 1 行 3 列、表格宽度为 760px 的表格，在第 2 个单元格中插入 5 行 1 列、表格宽度为 600px 的嵌套表格，然后再在嵌套表格的第 4 个单元格中，插入 2 行 2 列、表格宽度为 100%的嵌套表格，如图 7-29 所示。

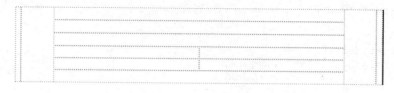

图 7-29 用表格布局页面

在网页中插入网页元素（图片元素请参考 ch07/ex07-2/images 文件夹中提供的网页素材，用户根据自己的设计需求，也可以上网搜集其他网页素材），添加网页元素后的页面效果如图 7-30 所示。

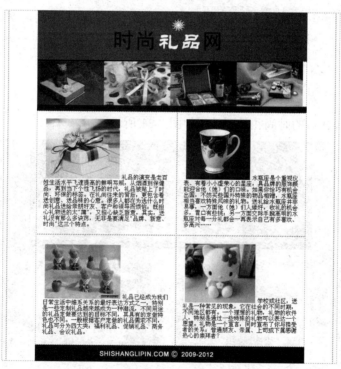

图 7-30 添加网页元素后的页面效果

定义外部 CSS 样式表文件 style.css，完成设置文本的字体和大小、图片与文本混排、设置表格单元格和页面背景色彩等功能。外部样式表文件中的 CSS 代码参考如下。

```
body {
    background-color: #F188B0;
    margin: 0px;
    padding: 0px;
}
.tab1 {
    height: auto;
    border: 1px solid #000;
```

```css
}
.tab2 {
    border: 1px solid #000;
}
.img1 {
    margin: 0px 3px 3px 0px;
}
.img2 {
    margin: 0px 0px 3px 0px;
}
.img3{
    float:left;
    margin:3px 15px 12px 12px;
}
td{
    font-size:12px;
    font-family:Tahoma;
    color:#050000;
    line-height:13px;
}
.td1{
    background-color: #FFCCFF;
}
.td2{
    background-color: #FF99FF;
}
.td3{
    background-color: #FFCCFF;
}
```

应用 CSS 样式后的时尚礼品网效果如图 7-31 所示。

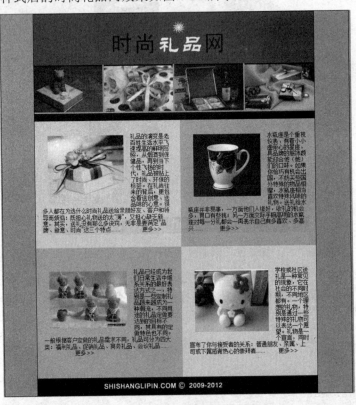

图 7-31 应用 CSS 样式后的网页效果

7.6 习题

一、填空题

1. 在"表格"对话框中，表格宽度有两种可选择的单位，一种是_____，另一种是_____。
2. 创建表格时，可以选择"插入→表格"菜单命令，也可以单击"插入"面板"常用"分类列表中的_____按钮。
3. 在Dreamweaver中用表格布局页面后，一般以_____为单位来插入网页元素。
4. 在HTML代码中，表格的标签是_____。
5. 当表格边框设置为0时，若要查看单元格和表格边框，应该选择"查看→可视化助理→_____"菜单命令。
6. 要导入表格式数据，可执行"文件→导入→_____"菜单命令，也可以单击_____选项栏中的"导入表格式数据"按钮。

二、选择题

1. 按下（　　）组合键可以直接打开"表格"对话框。
   A. Ctrl+T　　　　B. Shift+T　　　　C. Alt+T　　　　D. Ctrl+Alt+T
2. 定义表格的行的标签是（　　）。
   A. tr　　　　B. th　　　　C. td　　　　D. table
3. 合并单元格应选中要合并的单元格，单击"属性"面板中的【合并所选单元格】按钮（　　）。
   A. 　　　　B. 　　　　C. 　　　　D.

三、简答题

1. 在Dreamweaver中，表格的主要功能是什么？
2. 用表格布局网页的特点是什么？

第8章 使用框架布局网页

框架是网页布局的工具之一，它能够将网页分割成几个独立的区域，每个区域分别显示不同的网页。目前，随着网页表现形式的多样性、互联网技术的发展，框架在网页中的应用已经比较少了。

本章学习要点：
- 认识框架和框架集；
- 编辑框架和框架集；
- 设置框架和框架集的属性；
- 使用框架布局网页；
- 框架标签；
- 浮动框架。

8.1 案例1：使用框架布局休闲音乐网页

学习目标 认识框架和框架集，掌握创建框架、保存框架和框架集的方法，能够使用框架布局简单的网页。

知识要点 创建框架和框架集，保存框架和框架集，用框架布局网页，在框架中插入网页等。案例效果如图 8-1 所示。

图 8-1 用框架布局网页

8.1.1 认识框架与框架集

框架网页由框架集和框架两部分组成。框架可以简单地理解为是对浏览器窗口进行划分后的子窗口，每一个子窗口是一个框架，可以在框架中插入图片、输入文本或者在框架中打开一个独立的网页文档。

一个网站往往是由多个网页组成的，如果网站中的所有网页是同一个布局，并且在相同的位置有相同的网页元素，通过导航条的链接只更改网页中主要区域中的内容，这时就可以使用框架来布局网页。框架结构常用在具有多个分类导航或多项复杂功能的网页中，如 BBS 论坛页面及网站中的邮箱操作页面等。

框架集是在一个文档内定义一组框架结构的 HTML 网页。框架集定义了页面显示的框架数、框架的大小、载入框架的网页等。框架集不会显示在浏览器中，它只是用于容纳和组织保存框架网页的一个容器。

图 8-2 所示为框架与框架集之间的关系。图中的框架集包含了 3 个框架。实际上该页面包含的是 4 个独立的文件：1 个框架集文件和 3 个框架文件。

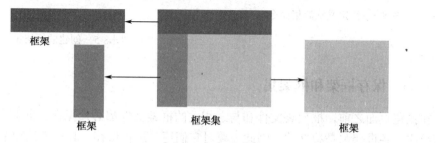

图 8-2 框架和框架集的关系

当一个页面被划分成几个框架时，系统会自动建立一个框架集文档，用来保存网页中所有框架的数量、大小、位置及每个框架内显示的网页名等信息。当用户打开框架集文档时，计算机就会根据其中的框架数量、大小、位置等信息将浏览器窗口划分成几个子窗口，每个窗口显示一个独立的网页文档内容。

总之，框架页面由框架和框架集两部分组成。框架集是定义一组框架结构的 HTML 文档，框架是网页窗口上定义的一块区域，并且可以根据需要在这个区域中显示不同的网页内容。

8.1.2 创建框架和框架集

在创建框架集和框架前，选择"查看→可视化助理→框架边框"菜单命令，以便框架边框在"文档"窗口的"设计"视图中可见。

在 Dreamweaver 中创建框架和框架集，可以使用预定义框架集的方法完成，具体方法如下。

（1）在 ch08 文件夹中创建本地站点 ch08-1，在该站点中创建存放网页素材的子文件夹 images。打开 Dreamweaver CS6，选择"插入→HTML→框架"命令，在弹出的菜单中包含了所有的预定义框架集，如图 8-3 所示。本案例选择"上方及下方"选项后，会弹出"框架标签辅助功能属性"对话框，如图 8-4 所示。

（2）单击【确定】按钮，即可插入预定义框架集，效果如图 8-5 所示。选择"窗口→框架"命令，打开"框架"面板，可以在"框架"面板中看到刚插入的框架集。

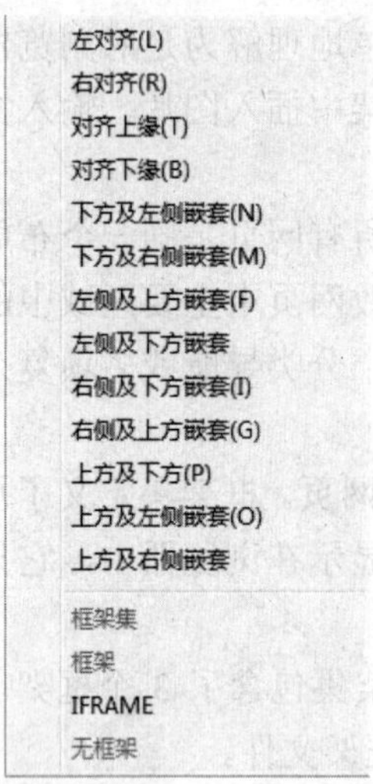

图 8-4 "框架标签辅助功能属性"对话框

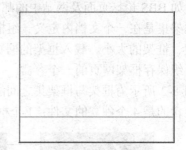

图 8-3 预定义框架集命令

图 8-5 创建的框架集

8.1.3 保存框架和框架集

在预览页面之前，框架集文件和与之相关的框架文件都必须保存。框架页面由多个框架组成，各框架都是独立的，因此需要对它们逐一进行保存。具体方法如下。

（1）选择"文件→保存全部"命令，将保存整个框架集，弹出"另存为"对话框，为框架集指定保存的路径文件夹，并命名为"index.html"，如图 8-6 所示，单击【保存】按钮，保存框架集。

（2）在弹出的下一个"另存为"对话框中，命名为"main.html"。将光标置于底部的框架中，选择"文件→保存框架"命令，将其保存为"bottom.html"；将光标置于顶部的框架中，选择"文件→保存框架"命令，将其保存为"top.html"。

（3）在"我的电脑"窗口中打开站点 ch08-1，其中列出了保存过的框架集和框架文件，如图 8-7 所示。

图 8-6 "另存为"对话框

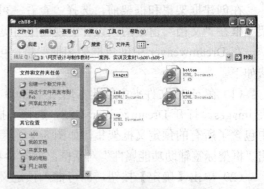

图 8-7 框架集和框架文件

☎提示：如果仅仅是修改了某一个框架中文档的内容，可以选择"文件→保存框架"菜单命令进行单独保存；如果要给框架中的文档改名，可以选择"文件→框架另存为"菜单命令进行换名保存；如果要把框架保存为模板，可以选择"文件→框架另存为模板"菜单命令进行保存。

8.1.4 向框架中添加内容

框架页面创建完成后，就可以在其中添加内容。每一个框架都是一个文档，就像制作普通的网页一样，可以在其中添加文字、图像等内容，也可以在框架中添加一个已经存在的网页文档。下面为创建的框架添加内容，具体方法如下。

（1）在框架中插入导航图片。将插入点放置在要添加图像的 top 框架中，选择"插入→图像"菜单命令，在打开的"选择图像源文件"对话框中，选择已经准备好的导航图片，单击【确定】按钮，效果如图 8-8 所示。

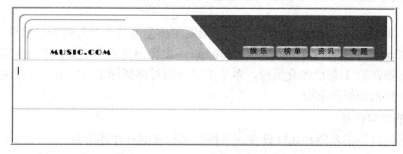

图 8-8 为框架添加图片

（2）在框架中打开网页文档。将光标置于主框架中，选择"文件→在框架中打开"菜单命令，弹出"选择 HTML 文件"对话框，选择一个已经制作好的网页文档（本例选择 ch08-1/sub-pages/w1.html），单击【确定】按钮，即可在主框架中打开网页。

（3）在框架中输入文本。将光标置于底部的 bottom 框架中，直接输入文本内容，也可以将复制的文本内容粘贴到框架中。

（4）定义并应用 CSS 样式。将光标置于底部的 bottom 框架中，在"属性"面板中单击 CSS 样式按钮 ▇CSS，然后单击【居中对齐】按钮▇，将直接打开"新建 CSS 规则"对话框，在"选择器类型"下拉列表中选择"类（可应用于任何 HTML 元素）"选项，在"选择器名称"下拉列表框中输入".line"，在"规则定义"下拉列表框中选择"（新建样式表文件）"选项。

（5）单击【确定】按钮，在弹出的"将样式表文件另存为"对话框中，输入样式表文件名"style"，并将其保存到 ch08-1 文件夹中。

（6）单击【保存】按钮，定义的 CSS 样式直接应用到框架中，使框架中的文本居中对齐，如图 8-9 所示。

（7）选择"文件→保存全部"菜单命令，保存框架和框架集文件，按下<F12>键预览网页效果。

📖案例小结　本案例主要介绍了使用框架布局网页的基本方法，主要包括创建框架、保存框架、向框架中添加文本和图片、在框架中导入网页等内容。通过本案例的学习，相信用户可以掌握用框架布局网页的基本技能。

图 8-9 在框架中输入文本并应用 CSS 样式

8.2 学习任务：框架标签

HTML 框架使用<frameset>标签把浏览器的窗体分为多个行与列的框架页，每个页面又使用了<frame>标签定义，同时使用<noframes>定义浏览器不支持框架时显示的内容。

框架标签在第 1 章已经介绍过，本节主要介绍对框架标签的应用，方便用户对框架标签有进一步的理解和掌握。

本节学习任务

熟悉框架标签的功能和属性设置，掌握框架标签的具体使用方法。

打开 8.1 节案例 1 中介绍的休闲音乐网页，在"框架"面板中选中框架集，转换到"代码"视图，框架集和框架代码如下：

```
< frameset rows="125,*,40" framespacing="3" frameborder="no" border="3">
    <frame src="top.html" name="topFrame" scrolling="No" noresize="noresize" marginwidth="0" marginheight="0" />
    <frame src="sub-pages/w1.html" name="mainFrame" frameborder="no" marginwidth="10" marginheight="0" />
    <frame src="bottom.html" name="bottomFrame" scrolling="No" noresize="noresize" />
</frameset>
<noframes>
<body></body>
</noframes>
```

框架的 HTML 标签包括：框架集标签<frameset>、框架标签<frame>、浏览器不支持框架标签<noframes>。

<frameset>标签是成对出现的，以<frameset>开始，以</frameset>结束。<frameset>标签代替了<body>标签，因此，框架标签不能包含在<body>标签中。<frameset>的 rows 属性（125,*,40）指定义了一个 3 行的框架，第 1 行 125 像素，第 3 行 40 像素，第 2 行是整个页面减去第 1 行与第 3 行剩下的区域；属性 framespacing="3"表示框架与框架间保留的空白距离是 3px；属性 frameborder="no" 设定框架不要边框；属性 border="3"表示框架集的边框宽度为 3px。

在案例休闲音乐网页中，<frameset>标签中包含了 3 个<frame>标签，表示框架集包含 3 个框架。每个<frame>都使用 src 属性定义了框架页所包含的页面，使用 name 属性

定义框架的名称，使用 marginwidth 属性定义框架宽度部分边缘所保留的空间，使用 marginheight 属性定义框架高度部分边缘所保留的空间。另外，在<frame>中，用属性 scrolling 决定 frame 是否使用滚动条，用属性 noresize 决定 frame 能否调整大小。

8.3 案例2：使用框架布局校园论坛页面

学习目标　通过介绍校园论坛网页的制作，希望用户熟练掌握使用框架布局复杂网页的技能，并能从中掌握编辑框架和框架集、设置框架和框架集的属性、在框架中插入表格、链接框架等操作。

知识要点　编辑框架和框架集，设置框架和框架集属性，链接框架，在框架中插入表格等。案例效果如图 8-10 所示。

图 8-10　案例效果图

首先，创建本地站点 ch08-3，用 8.1 节介绍的方法创建一个"上方固定及左侧嵌套"的框架集，如图 8-11 所示。分别将创建的框架集和 3 个框架进行保存，保存后的框架集和框架文件如图 8-12 所示。

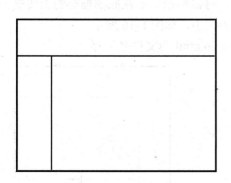

图 8-11　创建的框架集

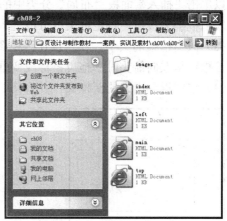

图 8-12　框架集和框架文件

8.3.1 选择框架

框架和框架集都是单个 HTML 文档，选择框架或框架集的方法如下。
- 在"框架"面板中选择。
- 在"设计"视图中选择单个框架。

继续前面的操作。

（1）选择"窗口→框架"菜单命令，或者按下<Shift+F2>组合键，打开"框架"面板，如图 8-13 所示，每个框架是用框架名来识别的。

（2）在"框架"面板中单击任意一个框架，即可将单击的框架选中。比如，用鼠标单击 mainFrame 框架，对应的主框架边框会出现点线轮廓，说明该框架处于被选中状态，如图 8-14 所示。

图 8-13 "框架"面板

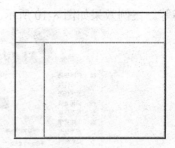

图 8-14 被选中的框架

8.3.2 拆分框架

制作框架网页可以根据 Dreamweaver 自定义的框架集来创建，也可以自行设计各种类型的框架集结构，以符合设计要求。自行设计框架集结构，其实就是拆分框架。

继续前面的操作。

（1）对主框架进行拆分。将光标置于主框架中，选择"修改→框架集"菜单命令，在弹出的子菜单中选择可以拆分框架的命令，本例选择的是"拆分下框架"菜单命令。也可以单击"插入"面板"布局"分类中的【框架】下三角按钮，在弹出的列表中选择【底部框架】按钮，将主框架拆分成上、下两个框架，如图 8-15 所示。

（2）改变框架的大小。在"设计"视图中，将鼠标指针放在底部框架的上边框上，当鼠标指针呈双向箭头时，拖曳鼠标改变框架的大小，如图 8-16 所示。

（3）选中拆分出来的新框架，并将其以 bottom.html 为文件名保存。

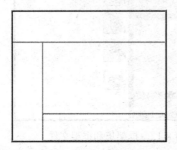

图 8-15 拆分后的框架

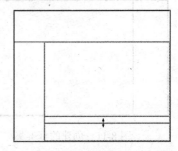

图 8-16 改变框架的大小

🕮提示：将鼠标置于框架最外层边框线上，当鼠标指针变为双箭头时，单击并拖动鼠标到合适的位置即可创建新的框架；如果将鼠标指针置于最外层框架的边角上，当鼠标指针变为十字箭头时，单击并拖动鼠标到合适的位置，可以一次创建垂直和水平的两条边框，将框架分隔为 4 个框架；如果拖动内部框架的边角，可以一次调整周围所有框架的大小，但不能创建新的框架；若按住<Alt>键的同时拖动鼠标，可以对框架进行垂直和水平的拆分。

🕮提示：如果在框架集中出现了多余的框架，这时需要将其删除。删除多余框架的方法比较简单，用鼠标将其边框拖到父框架边框上或拖离页面即可。

8.3.3 设置框架集和框架属性

选择框架和框架集后，就可以在"属性"面板中设置其属性了，下面分别介绍设置框架和框架集属性的方法。

▶1．设置框架集的属性

选择需要设置属性的框架集，显示"属性"面板，如图 8-17 所示。

图 8-17　框架集"属性"面板

其中各参数的含义如下。
- 边框：用于设置是否显示框架集中所有框架的边框。
- 边框颜色：用于设置框架集中所有框架的边框颜色。
- 边框宽度：用于设置框架集中所有框架的边框宽度。
- 行或列：用于设置列（或"行"）的宽度（或高度）。其中"单位"下拉列表框中有"像素"、"百分比"和"相对"3 个选项，选择"像素"选项，则以具体的像素值定义框架的宽度；选择"百分比"选项，则以占窗口宽度的百分比定义框架的宽度；选择"相对"选项，则框架的宽度为窗口的宽度减去其他框架的宽度。

▶2．设置框架的属性

选择需要设置属性的框架，显示其"属性"面板，如图 8-18 所示。

图 8-18　框架"属性"面板

其中各参数的含义如下。
- 框架名称：可为选择的框架命名，以方便被 JavaScript 程序引用，也可作为打开链接的目标框架名。
- 源文件：显示框架源文件的 URL 地址，单击文本框后的按钮，可在弹出的对话框中重新指定框架源文件的地址。

- 边框：设置是否显示框架的边框。
- 滚动：设置框架显示滚动条的方式，有"是"、"否"、"自动"和"默认"4个选项。选择"是"选项表示在任何情况下都显示滚动条；选择"否"表示在任何情况下都不显示滚动条；选择"自动"选项表示当框架中的内容超出了框架大小时，显示滚动条，否则不显示滚动条；选择"默认"选项表示采用浏览器的默认方式。
- "不能调整大小"复选框：选中该复选框则不能在浏览器中通过拖动框架边框来改变框架大小。
- 边框颜色：设置框架边框的颜色。
- 边界宽度：输入当前框架中的内容距左、右边框间的距离。
- 边界高度：输入当前框架中的内容距上、下边框间的距离。

8.3.4 在框架中添加页面内容

（1）在框架中插入图片。将光标置于顶部的 topFrame 框架中，在"插入"面板"常用"分类列表中单击【图像】按钮，打开"选择图像源文件"对话框，从中选择已准备好的图片文件（ch08/ch08-3/images/top.jpg），然后单击【确定】按钮。

（2）调整框架。将鼠标指针移动到顶部框架 topFrame 的下边框上单击，在框架集"属性"面板中，设置行的值为"115px"，调整框架后的效果如图 8-19 所示。

图 8-19　在 topFrame 框架中插入图片

（3）将光标置于左侧框架 leftFrame 中，插入 19 行 2 列、表格宽度为"130px"的表格，适当调整框架的宽度，然后在表格中输入文本、插入起点缀作用的小图片，如图 8-20 所示。

（4）选中表格中的单元格内容，在"属性"面板的水平列表中选择"居中对齐"，并设置高为"21"。

（5）在框架中打开网页。浏览网页时，为了最初能够在主框架中显示链接的网页，需要在主框架中设置最初要显示的网页。将光标置于主框架 mainFrame 中，选择"文件→在框架中打开"菜单命令，在弹出的"选择 HTML 文件"对话框中，选择已经制作好的网页文档（ch08-3/sub-pages/w1.html），单击【确定】按钮。

（6）保存框架集文件和框架文件，浏览网页效果，如图 8-21 所示。

图 8-20 在 leftFrame 框架中添加文本和小图片

图 8-21 在 mainFrame 框架中打开的网页

8.3.5 通过链接框架制作导航

当在一个框架中单击设计的导航列表超链接时（如本案例 leftFrame 框架中的列表项"校园生活"、"出国留学"等），在右边的框架 mainFrame 中显示链接的页面内容，其实这就是典型的导航页面。

在框架之间设置链接，要求框架必须有名字。除了框架默认的名字之外（如 mainFrame、topFrame 等），用户可以为各个框架重命名。

下面介绍通过链接框架制作导航的具体方法。

（1）选中左侧 leftFrame 框架中的列表项"校园生活"，在"属性"面板中，单击"链接"右侧的"浏览文件"按钮，在打开的"选择文件"对话框中，选择要链接的网页文件（ch08-3/sub-pages/w1.html），单击【确定】按钮；在"目标"列表中选择 mainFrame，指定链接文件打开的窗口位置，如图 8-22 所示，链接的网页文件将在所选的主框架

mainFrame 中显示。

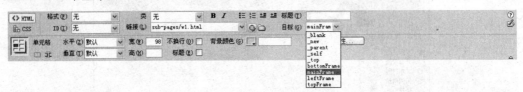

图 8-22 设定链接文件和打开的目标位置

"目标"列表中各项含义如下。
- _blank：在新的浏览器窗口中打开链接文档，每个链接会创建一个窗口。
- _new：在同一个新窗口中打开链接文档。
- _parent：在父级框架窗口中或包含该链接的框架窗口中打开链接网页。
- _self：为默认选项，表示在当前框架中打开链接，同时替换该框架中的内容。
- _top：在整个浏览器窗口中打开链接的文档，同时替换所有框架。

（2）选中左侧 leftFrame 框架中的列表项"出国留学"，在"属性"面板中，指定要"链接"的网页文件（ch08-3/sub-pages/w2.html），在"目标"列表中选择 mainFrame，指定链接的网页文件仍在主框架 mainFrame 中显示。

（3）用同样的方法，为 leftFrame 框架中的列表项"创业家园"设置链接，链接的网页文件是（ch08-3/sub-pages/w3.html），"目标"仍设定为 mainFrame 框架。

（4）用同样的方法，分别为表格中的其他文本建立链接，"目标"均设定为 mainFrame 框架。

（5）设置链接文本链接前后的显示效果。选中 leftFrame 框架中所有的列表项，在"属性"面板中单击"页面属性"按钮，打开"页面属性"对话框，在"分类"列表中选择"链接"，设置"链接颜色"为"#000"、"已访问链接"为"#000"、"下画线样式"为"始终无下画线"，然后单击【确定】按钮。

（6）输入网页相关版权信息。将光标置于 bottomFrame 框架中，输入网页相关版权信息。到此为止，网页制作完成。

（7）保存框架集文件和框架文件，按下<F12>键浏览网页效果。

提示：在框架集中可以包含嵌套的框架集。嵌套的框架集是指在一个框架集之内的框架集。如果在一组框架里，不同行或不同列中有不同数目的框架，则要求使用嵌套的框架集，一个框架集文件可以包含多个嵌套的框架集。

8.3.6 使用 CSS 美化页面

（1）分别选中"校园生活"、"出国留学"、"创业家园"、"论坛服务"所在的单元格，在"属性"面板中，设置背景颜色为"#FADD99"。

（2）用前面介绍的方法新建外部 CSS 样式表文件 style.css，用来设置文本的字体、大小，并将其保存到 ch08-3 文件夹中。外部样式表文件中的 CSS 代码参考如下。

```
.text1 {
    font-family: "黑体";
    font-size: 18px;
    font-weight: bold;
}
```

```
.text2 {
    font-family: "宋体";
    font-size: 16px;
}
```

（3）分别选中"校园生活"、"出国留学"、"创业家园"、"论坛服务"4项，为它们应用"text1"样式；选中其他的单元格内容，分别为它们应用"text2"样式。

（4）选中 bottomFrame 框架中的文本，为其定义并应用文字大小和居中对齐的 CSS 样式。

```
.align {
    font-family: "宋体";
    font-size: 12px;
    text-align: center;
}
```

（5）保存框架集文件和框架文件，按下<F12>键浏览网页效果。

案例小结　通过设置框架页面之间的链接，可以实现在一个框架所显示网页的超链接上单击，被超链接所指定的网页可在其他框架中显示，方便地完成导航任务。本案例重点介绍了设置框架和框架集的属性、在框架中插入表格、设置框架页面之间的链接等内容。

8.4 案例3：使用浮动框架布局宝贝相册网页

学习目标　认识浮动框架，掌握浮动框架的插入、通过浮动框架显示其他网页内容的方法。

知识要点　插入浮动框架，应用浮动框架。案例效果如图 8-23 所示。

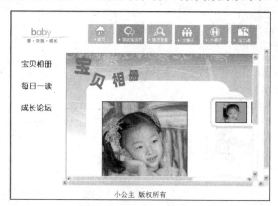

图 8-23　案例效果

浮动框架由<iframe>标签指定，是一个嵌入在页面中的、独立的、可控制的内容区域。本节通过案例制作来介绍浮动框架的创建和使用。

（1）在 ch08 文件夹中创建本地站点 ch08-4。首先，制作一个将在浮动框架中显示的宝贝相册网页（ch08/ch08-4/sub-pages/w1.html），效果如图 8-24 所示。

（2）用框架布局页面。新建一个"上方及下方"的框架集。

（3）选择"文件→保存全部"菜单命令保存框架集和各个框架。本例将整个框架集保存为 index.html，下方框架保存为 bottom.html，主框架保存为 main.html，上方框架保存为 top.html。

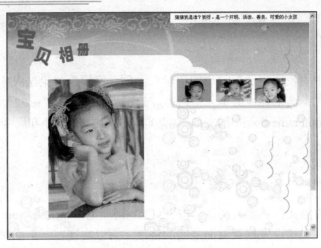

图8-24 宝贝相册

（4）将光标置于mainFrame框架中，选择"修改→框架集"命令，在弹出的子菜单中选择"拆分左侧框架"，在mainFrame框架的左侧拆分出一个leftFrame框架。

（5）将光标置于leftFrame框架中，插入3行1列、表格宽度为"130px"的表格，选中表格单元格，设置单元格的高为"60px"，如图8-25所示。

（6）在框架中添加网页内容。将光标置于页面顶部的框架topFrame中，插入图片（ch08/ch08-4/images/top.jpg）。

（7）在左侧框架leftFrame的表格中输入文本，并通过定义CSS样式，设置文本的字体、大小、对齐方式、粗体等属性，CSS代码参考如下。

```
.text1 {
    font-size: 22px;
    font-family: "幼圆";
    text-align: center;
    font-weight: bold;
}
```

效果如图8-26所示。

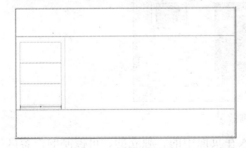

图8-25 页面布局

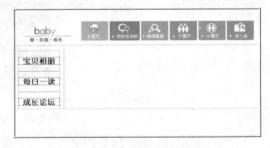

图8-26 为框架添加网页元素

（8）插入浮动框架。将光标置于主框架（mainFrame）中，选择"插入→标签"菜单命令，弹出"标签选择器"对话框，在对话框中选择"HTML标签→页面元素→iframe"选项，如图8-27所示。

（9）单击【插入】按钮，弹出"标签选择器 – iframe"对话框，单击"源"文本框右边的【浏览】按钮，在打开的对话框中选择前面已经制作好的"宝贝相册"文件，并设置浮动框架的宽度和高度，如图8-28所示。

图 8-27 "标签选择器"对话框

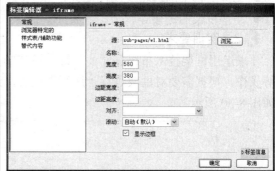
图 8-28 "标签选择器 – iframe"对话框

（10）单击【确定】按钮，在"拆分"视图中可以看到插入浮动框架的代码，如图 8-29 中被选中的部分代码。

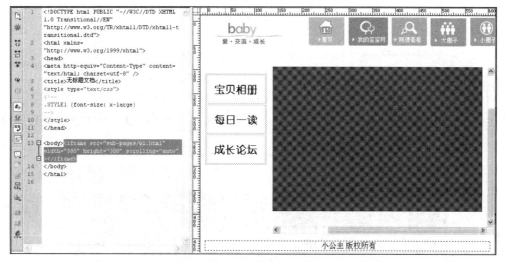
图 8-29 浮动框架对应的 HTML 代码

（11）在页面的 bottomFrame 框架中输入网页版权信息，至此为止，网页制作完成。保存文档，按下<F12>键预览网页效果。

案例小结 利用浮动框架可以在指定位置以指定大小显示其他网页文档或站点，如滚动新闻等。本节重点介绍了浮动框架的插入、通过浮动框架显示其他网页内容的操作方法。

8.5 实训：设计花园式楼盘网页

通过本实训的练习，希望用户能够熟练地运用框架技术来布局制作网页，提高网页的设计与制作能力。

1. 实训目的
- 熟练掌握使用框架布局网页的方法。
- 掌握在框架中插入网页内容的方法。

- 掌握对框架的编辑及属性设置。
- 掌握框架的链接等。

2. 实训要求

要求运用框架技术布局页面，并练习框架的拆分、在框架中插入表格来制作导航菜单等操作，根据需要对框架进行"属性"设置，最后完成链接框架等操作。页面布局参考如图 8-30 所示。

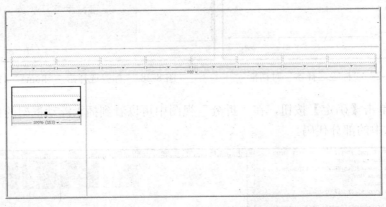

图 8-30 用框架布局页面

参考图 8-31 所示的花园式楼盘网页效果图，在框架中添加网页元素、链接框架。需要链接的子网页参考效果如图 8-32 所示。请使用本教材提供的素材（**ch08/ex08/images**），用户也可以从网上搜集其他相关的素材。

图 8-31 花园式楼盘网

图 8-32　子网页

8.6　习题

一、填空题

1．框架主要由_____和_____两部分组成。

2．在网页文档中，创建一个包含 3 个框架的框架集，保存网页文档时将产生_____个文件。

3．_____也是网页文件，它定义了一组框架的布局和属性，包括框架的数目、框架的大小和位置以及在每个框架中初始显示的页面的 URL。

4．如果使框架边框在"设计"视图中可见，在创建框架集和框架前，选择"_____→可视化助理→框架边框"菜单命令即可。

5．在_____中选择框架集通常比在"视图"窗口中选择框架集容易。

6．浮动框架由_____标签指定，是一个嵌入在页面中的、独立的、可控制的内容区域。

二、选择题

1．在 Dreamweaver 中，设置各分框架属性时，参数滚动是用来设置（　　）的。

  A．是否进行颜色设置　 B．是否出现滚动条

  C．是否设置边框宽度　 D．是否使用默认边框宽度

2．在 Dreamweaver 中，想要在当前框架打开链接，"目标"设置应该为（　　）。

  A．_blank　 B．_parent　 C．_self　 D．_top

3．定义框架集的 HTML 标签是（　　），含有标签的源代码存放在框架集文件中。

  A．<html></html>　 B．<frame></frame>

  C．<frameset></frameset>　 D．<table></table>

4. 下面关于使用框架的弊端和作用的说法，错误的是（　　）。

  A．增强网页的导航功能

  B．低版本的 IE 浏览器（如 IE3.0）中不支持框架

  C．整个浏览空间变小，让人感觉缩手缩脚

  D．容易在每个框架中产生滚动条，给浏览造成不便

5. 按（　　）键可以打开"框架"面板。

  A．<Ctrl+F2>   B．<Shift+F2>

  C．<Alt+F2>   D．<Ctrl+Alt+F2>

三、简答题

1. 使用框架布局网页大致包括哪些步骤？
2. 简述表格布局与框架布局的优缺点。

第9章 使用流体网格布局网页

在 Dreaweaver CS6 中新增加了流体网格布局功能，该功能是基于 CSS3 的自适应网格版面布局，创建跨平台和跨浏览器的兼容网页。通过创建流体网格布局页面，能够在智能手机、平板电脑和桌面电脑 3 种不同的设备上方便地浏览网页效果。

本章学习要点
- 流体网格布局的内涵；
- 使用流体网格布局页面的方法和技能。

9.1 学习任务：流体网格布局概述

本节学习任务

了解什么是流体网格布局，理解流体网格布局的内涵和功能。

随着技术的不断进步，设备越来越多样化，智能手机、平板电脑等移动设备的屏幕和分辨率不断革新，用这种设备浏览统一网页尺寸的网站时，不能完全展示整个网页的内容，只能通过滚动条滑动才能浏览完整的网页内容，这给使用移动设备的用户带来极大的不方便。为了解决这个问题，一种全新的 Web 设计方式"响应式 Web 设计"诞生了。

页面的设计与开发应当根据用户行为以及设备环境（系统平台、屏幕尺寸、屏幕定向等）进行响应和调整。无论用户正在使用笔记本还是移动设备，页面都应该自动切换分辨率、图片尺寸及相关脚本功能等，以适应不同设备，使页面能够自动响应用户的设备环境，不必为不断面世的新设备做专门的版本设计和开发。

Dreaweaver CS6 新增加了响应式 Web 设计工具——流体网格布局，它是一个简单的辅助设计工具，可以创建自适应多种设备的网页内容。网格是用竖直或水平分割线将布局进行分块，把边界、空白和栏包括在内，提供组织内容的框架，在安排网页元素时，通过网格能够提高精确性和连贯性。

9.2 案例：使用流体网格布局购物网

学习目标 通过本案例的学习，掌握流体网格布局技术、创建自适应多种设备的网页技能。

知识要点 创建流体网格布局，创建模块内容，设置流体网格布局网页。案例预览效果如图 9-1 所示。

图 9-1 自适应多种设备的多屏幕预览效果

9.2.1 创建流体网格布局

Dreaweaver CS6 提供了 3 种创建流体网格布局的方式。
- 执行"文件→新建流体网格布局"菜单命令。
- 执行"文件→新建"菜单命令,在打开的"新建"对话框中选择"流体网格布局"。
- 在欢迎界面中,单击"新建"栏中的"流体网格布局"按钮。

通过以上 3 种方式,都可以进入"流体网格布局"设置对话框,如图 9-2 所示。

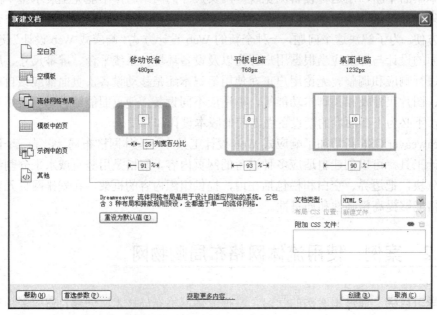

图 9-2 "流体网格布局"设置对话框

流体网格布局默认显示移动设备、平板电脑、桌面电脑 3 种设备的网格方案。
- 移动设备:默认 5 列网格,网格总宽度占设备屏幕宽度的 91%,最大宽度 480px。

- 平板电脑：默认 8 列网格，网格总宽度占设备屏幕宽度的 93%，最大宽度 768px。
- 桌面电脑：默认 10 列网格，网络总宽度占设备屏幕宽度的 90%，最大宽度 1232px。

列与列之间的间隙是列宽的 25%，文档类型默认 HTML5。以上数据均可以根据需要进行修改。

下面以制作购物网为例，详细介绍流体网格布局方法。

（1）创建本地站点 ch09-1。

（2）选择"文件→新建流体网格布局"菜单命令，打开"流体网格布局"设置对话框。修改移动设备、平板电脑、桌面电脑 3 种设备的流体宽度均为 100%。

（3）单击【创建】按钮，弹出"将样式表文件另存为"对话框，软件要求必须先保存系统生成的样式表文件。在"保存在"列表中选择 ch09/ch09-1 文件夹，在"文件名"文本框中输入"style"，单击【保存】按钮，保存外部样式文件，新建一个带有透明红色网格的未命名页面，如图 9-3 所示，该页面自动链接保存的样式文件 style.css。

选择"文件→保存"菜单命令，打开"另存为"对话框，选择 ch09/ch09-1 文件夹，以 09-1 为文件名，单击【保存】按钮，弹出"复制相关文件"对话框，如图 9-4 所示。

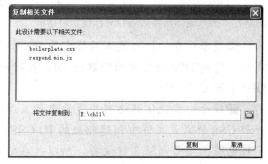

图 9-3　新建流体网格布局页面　　　图 9-4　"复制相关文件"对话框

待保存的页面需要链接默认的重置浏览器样式文件 boilerplate.css 和执行页面响应命令的 JavaScript 文件 respond.min.js，单击【复制】按钮，即可将两个相关文件复制到指定的 ch09-1 文件夹中，完成流体网格布局的文件部署。

📌提示：boilerplate.css 是基于 HTML5 的 CSS 样式文件，它可以确保在多个设备上渲染网页的方式保持一致；respond.min.js 是一个 JavaScript 库，可帮助在旧版本的浏览器中向媒体查询提供支持。

9.2.2　创建模块内容

部署完所需文件之后，可以开始创建流体网格布局的内容了。流体网格布局默认为移动设备视图，可以通过状态栏的设备图标来切换移动设备、平板电脑和桌面电脑的视图。

Dreaweaver 自动创建应用了 gridContainer 样式的 DIV 对象，并在此对象中生成 ID

为 LayoutDiv1 的 DIV，两个 DIV 都以绿色透明色块表示。所有布局的 DIV 标签必须直接插入到"gridContainer"DIV 标签中，目前 Dreaweaver 不支持嵌套布局的 DIV 标签。

下面为购物网创建模块内容。

（1）将光标置于页面 ID 为 LayoutDiv1 的 DIV 中，删除多余的文字，选择"插入→图像"菜单命令，在打开的"选择图像源文件"对话框中，选择网页的 LOGO 图片（ch9/images/logo.jpg），单击【确定】按钮，效果如图 9-5 所示。

（2）单击"文档"工具栏上的"可视化助理"按钮 ，在弹出的菜单中取消"流体网格布局参考线"选项的勾选，可以看清页面的布局效果，如图 9-6 所示。

图 9-5 插入图片　　　　　　　　　　图 9-6 取消"流体网格布局参考线"效果

（3）将光标移到 ID 为 LayoutDiv1 的 DIV 之后，单击"插入→布局对象→流体网格布局 Div 标签"菜单命令，打开"插入流体网格布局 Div 标签"对话框，如图 9-7 所示。

（4）定义 ID 为 menu，单击【确定】按钮，在光标位置插入名为 menu 的 DIV，如图 9-8 所示。

图 9-7 "插入流体网格布局 Div 标签"对话框　　　　图 9-8 插入的 DIV

提示：在"插入流体网格布局 Div 标签"对话框中，不勾选"新建行"复选框，表示新建的 DIV 与它前面刚建的 DIV 在同一行，勾选"新建行"复选框，表示新建的 DIV 单独占用一行。

提示：在流体网格布局页面中插入流体网格布局的 DIV 标签，会自动在其链接外部 CSS 样式表文件中创建相应的 ID CSS 样式，由于流体网格布局是针对移动设备、平板电脑、桌面电脑 3 种设备，所以，在外部的 CSS 样式表文件中，针对相应的 3 种设备，在不同的位置会创建 3 个 ID CSS 样式，如图 9-9 所示。

```
/* 移动设备布局: 480px 及更低。*/
#menu {
    clear: both;
    float: left;
    margin-left: 0;
    width: 100%;
    display: block;
}
/* 平板电脑布局: 481px 至 768px。样式继承自: 移动设备布局。*/
#menu {
    clear: both;
    float: left;
    margin-left: 0;
    width: 100%;
    display: block;
}
/* 桌面电脑布局: 769px 至最高 1232px。样式继承自: 移动设备布局和平板电脑布局。*/
#menu {
    clear: both;
    float: left;
    margin-left: 0;  ;
    width: 100%;
    display: block;
}
```

图 9-9 针对不同设备自动创建的 3 个 CSS 样式

（5）在"设计"视图中，将光标移至名为 menu 的 DIV 中，将多余文字删除，输入导航菜单项，然后分别为每个导航菜单项添加超链接。

（6）转换到 style.css 文件，在"代码"视图中，分别修改 3 个名为#menu 的 CSS 样式如下。

```
#menu {
    clear: both;
    float: left;
    margin-left: 0;
    width: 100%;
    display: block;
    margin-top: 3px;
    margin-right: 0px;
    margin-bottom: 3px;
}
```

☎提示：针对移动设备、平板电脑、桌面电脑 3 种设备，当修改 CSS 样式或者创建新的 CSS 样式时，需要修改相应的 3 个 CSS 样式，或者在不同的位置创建 3 个新的 CSS 样式。

（7）为导航菜单设置 CSS 样式。在 style.css 的代码视图中，针对移动设备、平板电脑、桌面电脑 3 个设备，分别创建名为#menu a 的 CSS 样式。

```
#menu a {
    color: #000;
    text-decoration: none;
    display: block;
    float: left;
    height: 21px;
    width: 60px;
    text-align: center;
    background-color: #FEC0E5;
    margin-left: 2px;
    padding-top: 3px;
}
#menu a:hover {
    color: #000000;
    background-color: #FF9;
}
```

导航菜单效果如图 9-10 所示。

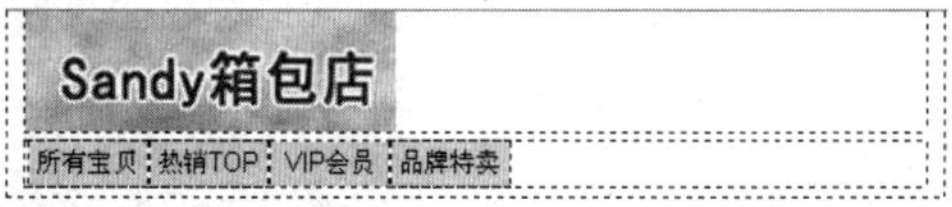

图 9-10 制作的导航菜单

（8）在"设计"视图中，将光标移到 ID 为 menu 的 DIV 之后，单击"插入→布局对象→流体网格布局 Div 标签"菜单命令，在光标位置插入名为 pic1 的 DIV。转换到 style.css 代码视图，分别修改 3 个名为#pic1 的 CSS 样式，修改后的 CSS 代码如下。

```
#pic1 {
    clear: both;
    float: left;
    margin-left: 3;
    width: 150px;
    display: block;
    color: #000;
    background-color: #FFC;
    text-align: center;
```

```
    margin-top: 3px;
    margin-right: 3px;
    margin-bottom: 5px;
    border: 1px solid #FA9AB6;
}
```

图 9-11　在 pic1 的 DIV 中插入图片和文字

（9）将光标置于名为 pic1 的 DIV 中，选择"插入→图像"菜单命令插入一幅图片，在图片的下面输入文字，并把文字设置为超链接文本。效果如图 9-11 所示。

（10）将光标移至 ID 为 pic1 的 DIV 之后，单击"插入→布局对象→流体网格布局 Div 标签"菜单命令，在光标位置插入名为 pic2 的 DIV。转换到 style.css 代码视图，分别修改 3 个名为#pic2 的 CSS 样式，修改后的 CSS 代码如下。

```
#pic2 {
    float: left;
    margin-left:3;
    width: 150px;
    display: block;
    background-color: #FFC;
    text-align: center;
    margin-top: 3px;
    margin-right: 3px;
    margin-bottom: 5px;
    border: 1px solid #FA9AB6;
}
```

（11）将光标置于名为 pic2 的 DIV 中，插入一幅图片，在图片的下面输入文字，并分别把文字设置为超链接文本，效果如图 9-12 所示。

（12）使用相同的方法，完成其他多个 pic 系列 DIV 的插入及内容制作，效果如图 9-13 所示。

图 9-12　在 pic2 的 DIV 中插入图片和文字

图 9-13　插入的多个 DIV 效果

（13）将光标移至 ID 为 pic6 的 DIV 之后，单击"插入→布局对象→流体网格布局 Div 标签"菜单命令，在光标位置插入名为 footer 的 DIV。转换到 style.css 代码视图，分别修改 3 个名为#footer 的 CSS 样式，修改后的 CSS 代码如下。

```
#footer {
    clear: both;
    float: left;
    margin-left: 0;
    width: 100%;
    display: block;
    background-color: #FEC0E5;
    text-align: center;
}
```

（14）在名为 footer 的 DIV 中，输入设置超链接的文本和版权信息。转换到 style.css 代码视图，在 3 个不同的位置，分别创建名为 text 的类别选择器，CSS 代码如下。

```
.text {
    font-size: 12px;
    color: #000;
    text-decoration: underline;
}
```

（15）选中要设置超链接的文本，分别为它们引用"text"样式。

（16）单击状态栏中的"平板电脑大小"按钮，可以查看在平板电脑中显示的效果，如图 9-14 所示。

图 9-14　在平板电脑中显示的效果

（17）单击状态栏中的"桌面电脑大小"按钮，可以查看在桌面电脑中显示的效果，如图 9-15 所示。

图 9-15　在桌面电脑中显示的效果

★**案例小结** 使用流体网格布局的网站,能够自动地适应桌面电脑、平板电脑和智能手机 3 种设备。在设置流体网络布局的网页时,如果修改 CSS 样式,或者创建新的 CSS 样式时,需要修改相应的 3 个 CSS 样式,或者在不同的位置创建 3 个新的 CSS 样式。

9.3 实训:使用流体网格布局宠物网

通过本节内容的训练,能够熟练掌握使用流体网格布局网页的方法和技能。

▶ 1. 实训目的
- 掌握使用流体网格布局网页的方法。
- 掌握创建网页模块内容的方法。
- 掌握流体网络布局网页的设置等。

▶ 2. 实训要求

创建流体网格布局页面,插入多个新的 DIV 模块,如图 9-16 所示,其中,在创建最下面的 footerleft 和 footerright 两个标签时,取消勾选"新建行"复选框,便于在调整屏幕的布局时,能够使 footerleft 和 footerright 占用同一行,如图 9-17 所示。

图 9-16 页面布局

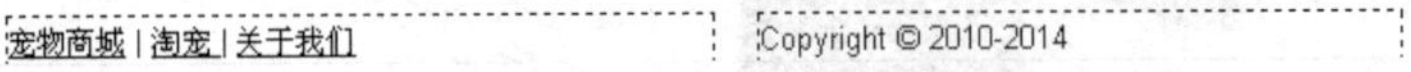

图 9-17 footerleft 和 footerright 两个标签占用同一行

参考代码如下。

```
#footerleft {
    clear: none;
    float: left;
    margin-left: 2.5641%;
    width: 50%;
    display: block;
}
#footerright {
    clear: none;
    float: right;
    margin-left: 2.5641%;
    width: 45%;
    display: block;
}
```

在各个 DIV 中,插入网页元素,并分别为它们设置 CSS 样式,自适应多种设备的多屏幕预览效果,如图 9-18 所示。

图 9-18　自适应多种设备的多屏幕预览效果

9.4　习题

一、填空题

1．_____Web 设计方式，可以让用户使用移动设备方便浏览网页内容。

2．Dreaweaver CS6 新增加了响应式 Web 设计工具_____，它可以创建自适应_____、_____、_____3 种设备的网页内容。

3．在"插入流体网格布局 Div 标签"对话框中，不勾选"新建行"复选框，表示_____，勾选"新建行"复选框，表示_____。

4．_____是基于 HTML5 的 CSS 样式文件，可确保在多个设备上渲染网页的方式保持一致。

5．流体网格布局默认为移动设备视图，可以通过_____切换移动设备、平板电脑和桌面电脑的视图。

二、选择题

1．由于流体网格布局是针对移动设备、平板电脑、桌面电脑 3 种设备，所以，在外部 CSS 样式表文件中，在不同的位置会创建（　　）个 ID CSS 样式。

　　A．1　　　　　　　　B．2　　　　　　　　C．3　　　　　　　　D．0

2．单击"文档"工具栏上的（　　）按钮，可以取消"流体网格布局参考线"选项的勾选。

　　A．　　　　　　　　B．　　　　　　　　C．　　　　　　　　D．

第10章 使用 Div 布局网页

网页布局是网页设计的核心工作，选择适合的网页布局方式至关重要。传统的表格布局、框架布局方式，虽然技术简单，但是网页维护和更新复杂，代码不够简洁，网页加载速度较慢。基于 Web 标准网页设计的核心理念在于内容与形式的分离，随着 Div 标签的引入，凭借 CSS 强大的样式设置功能，布局的网页更加规范，浏览器加载更快，受到技术人员的推崇。HTML5+CSS3 标准的正式提出，使得网页设计迈进了崭新时代。

本章学习要点：
- AP Div 的基本操作；
- Div 与 AP Div 的区别与联系；
- Div 与 Span 标记的区别与联系；
- 盒子模型；
- CSS 的定位属性；
- 常用布局版式及应用。

10.1 案例1：使用 AP Div 布局电影资讯网页

学习目标 在 Dreamweaver CS6 中，创建 AP Div 元素，在其内部插入文字和图像，并使用 CSS 设置网页元素的属性。

知识要点 AP Div 及其特点，AP Div 面板的属性设置，在 AP Div 中插入文字和图像，创建嵌套 AP Div 并设置其排列次序，使用 CSS 设置网页元素属性。案例效果如图 10-1 所示。

图 10-1 使用 AP Div 布局网页

10.1.1 AP Div 概述

在 Dreamweaver 中，具有绝对位置属性的 div 标签被视为 AP Div，也称为 AP 元素。在 Dreamweaver CS6 环境下，可以使用 AP Div 灵活方便地定位网页中的元素。网页元素放在 AP Div 中，通过控制 AP Div 的位置、堆叠次序、显示或隐藏等属性，从而实现网页的精确布局。

AP Div 最主要的特性在于它是浮动在网页内容之上的，因而不受网页中其他元素的影响，可以实现对 AP Div 元素的精确定位。通过定义 AP Div 的堆叠次序，可以实现文字阴影等效果；通过设置 AP Div 元素的显示或隐藏属性，可以实现 AP Div 内容的动态交替显示等效果。

AP Div 的属性可以通过"属性"面板或"AP 元素"面板进行设置。

10.1.2 AP Div 属性面板

在 Dreamweaver 中，可以通过"插入"面板中的"布局"选项卡创建 AP Div，也可以使用"插入→布局对象→AP Div（A）"菜单命令创建。选中创建后的 AP Div 元素，可在"属性"面板设置其属性，如图 10-2 所示。

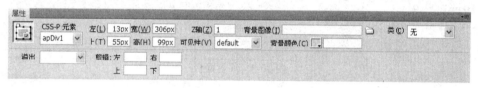

图 10-2　AP Div 的"属性"面板

AP Div 的"属性"面板中各选项含义如下。

- CSS-P 元素：为选中的 AP Div 元素指定一个 ID。名称由数字或字母组成，不能用特殊字符。每个 AP Div 元素的 ID 是唯一的。此 ID 用于在"AP 元素"面板和 JavaScript 代码中标识 AP 元素。
- 左、上：分别设置 AP Div 元素左边界和上边界相对于页面左边界和上边界的距离，默认单位为 px（像素）。也可以指定为 pc（pica）、pt（点）、in（英寸）、mm（毫米）、cm（厘米）或%（百分比）。
- 宽、高：设置 AP Div 元素宽度和高度，单位设置同"左"、"上"属性。
- Z 轴：设置 AP Div 元素的堆叠次序，数值越大，该 AP 元素越在前端显示。
- 可见性：设置 AP Div 元素的显示状态。"可见性"下拉列表框中包括四个可选项：
  ◇ default（默认）：不明确指定其可见性属性，在大多数浏览器中，该 AP Div 会继承其父级 AP Div 的可见性。
  ◇ inherit（继承）：继承其父级 AP Div 的可见性。
  ◇ visible（可见）：显示 AP Div 及其中内容，而不管其父级 AP Div 是否可见。
  ◇ hidden（隐藏）：隐藏 AP Div 及其中内容，而不管其父级 AP Div 是否可见。
- 背景图像：设置 AP Div 元素的背景图像。可以通过单击【浏览】按钮选择本地文件，也可以在文本框中直接输入背景图像的路径。
- 背景颜色：设置 AP Div 的背景颜色，值为空表示背景为透明。

- 类：指定用于设置 AP 元素样式的 CSS 类。
- 溢出：设置 AP Div 中的内容超过其大小时的处理方法。"溢出"下拉列表框中包括 4 个选项。
  - visible（可见）：当 AP Div 中内容超过其大小时，AP Div 会自动向右或者向下扩展。
  - hidden（隐藏）：当 AP Div 中内容超过其大小时，AP Div 的大小不变，也不会出现滚动条，超出的内容不被显示。
  - scroll（滚动）：无论 AP Div 中的内容是否超出 AP Div 的大小，AP Div 右端和下端都会显示滚动条。
  - auto（自动）：当 AP Div 内容超过其大小时，AP Div 保持不变，在 AP Div 右端和下端自动出现滚动条，以使其中的内容能通过拖动滚动条显示。
- 剪辑：设置 AP Div 可见区域大小。在"上"、"下"、"左"、"右"文本框中，可以指定 AP Div 可见区域上、下、左、右端相对于 AP Div 边界距离。AP Div 经过剪辑后，只有指定的矩形区域才是可见的。

☎ 提示：将光标定位于 AP Div 内部，属性面板样式如图 10-3 所示，可以为该 AP Div 设置和使用 CSS 样式。

图 10-3　属性面板

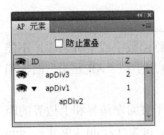

图 10-4　"AP 元素"面板

10.1.3 "AP 元素"面板

在 Dreamweaver 中，可以通过"AP 元素"面板对 AP Div 元素进行重命名、设置 AP Div 属性、设置 AP Div 元素叠放次序、修改 AP Div 元素的可见性。

选择"窗口→AP 元素"菜单命令或按<F2>键，均可打开"AP 元素"面板，如图 10-4 所示。

"AP 元素"面板各选项含义如下。

- 防止重叠：选中此选项，可以防止 AP Div 元素之间发生重叠。如不选中，则 AP 元素可以相互重叠。该选项主要用在 AP Div 和表格相互转换时，若要将 AP Div 转换为表格，为防止浏览器不兼容，则可选中该选项，以防止 AP 元素相互重叠。
- 👁 图标：如果某一个 AP 元素左侧有该图标，表示该 AP 元素可见，如果图标为 👁‍🗨，则表示不可见。如果没有该图标，表示该层继承其父级 AP Div 元素的可见性。如果没有父级 AP Div 元素，则父级 AP Div 元素可以看成其本身，通常情况下，这意味着是可见的。可以通过单击 👁 图标控制该 AP Div 的可见属性。
- ID：显示和编辑 AP Div 元素的 ID 值。如果想修改某 AP Div 元素的 ID 值，可以在"AP 元素"面板中双击相应值进行编辑。
- Z：该属性同"属性"面板"Z 轴"的设置。可以通过双击 AP Div 元素的 Z 值进行修改。

10.1.4 在 AP Div 中添加网页元素

首先在文档中创建 4 个 AP Div，分别调整其位置，然后依次添加图像和文字。通过设置标题文字的属性及叠加次序，实现文字的阴影特效，具体操作步骤如下。

（1）创建本地站点 ch10-1。新建一个空白 HTML 文档，将其以 10-1.html 为文件名保存。

（2）在网页中插入 AP Div。按下<Ctrl+F2>组合键，展开"插入"面板，切换到"布局"模式。在工具栏中选择"绘制 AP Div"菜单命令，在文档中绘制一个 AP Div，选中该 AP Div，在设置其"ID"为 showimg，如图 10-5 所示。

图 10-5　插入 AP Div 并设置其属性

（3）设置"showimg"的大小和位置。将"属性"面板切换到 CSS 选项卡，如图 10-6 所示。单击【编辑规则】按钮，打开"#showimg 的 CSS 规则定义"对话框，切换到定位选项卡，设置"Position"值为 absolute，"Width"值为 800px，"Height"值为 500px，"Top"值为 20px，"Left"值为 60px，如图 10-7 所示。

图 10-6　CSS 选项卡

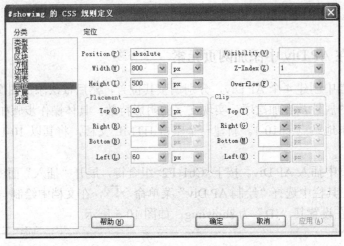

图10-7　CSS的"定位"选项卡

☎提示：Position属性规定元素的定位类型，其中absolute为绝对定位。元素的定位将在10.2.4节详细介绍。

（4）依照步骤（2），插入"ID"为content的AP Div元素，设置"Width"、"Height"、"Top"、"Left"值各为760px、80px、420px、74px。

（5）为网页添加阴影效果的标题。打开"AP元素"面板，确保"防止重叠"复选框未选中。将光标定位在"showimg"的内部，选择"插入记录→布局对象→AP Div"菜单命令，插入嵌套AP Div，设置其"ID"为caption。设置"Width"、"Height"、"Top"、"Left"值各为300px、60px、80px、50px。

☎提示：所谓嵌套AP Div，是指在一个AP Div中创建子AP Div元素。使用嵌套AP Div的好处是能确保子AP Div永远定位于父级AP Div内部。也可以通过从"布局"工具栏中拖动"绘制AP Div"图标 到已有AP Div中，创建嵌套AP Div。

（6）在"showimg"中创建AP Div元素"bgcaption"，设置"Width"、"Height"、"Top"、"Left"值各为300px、60px、81px、51px。在"AP属性"面板中将"caption"元素和"bgcaption"的"Z"轴属性分别设置为3、2，以确保"caption"元素位于"bgcaption"元素上方。此时"AP元素"面板如图10-8所示。

（7）使用AP Div布局的网页效果如图10-9所示。

图10-8　"AP元素"面板

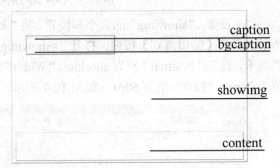

图10-9　网页布局效果

10.1.5 使用 CSS 美化页面

（1）将光标定位于"showimg"内部并插入背景图片"images/tw.jpg"。

（2）在"caption"、"bgcaption"中输入文字，并在属性面板中的"CSS"选项卡中设置"字体"为幼圆，"大小"为36px，设置"文字颜色"分别为#ffcc00 和#99cc66。

（3）在"content"中输入文字，设置 CSS 样式，为使文字和区块产生间距，设置"padding"值为6px。"#content"选择器的 CSS 样式代码如下。

```
#content {
    position: absolute;
    left: 74px;
    top: 420px;
    width: 760px;
    height: 80px;
    z-index: 2;
    padding:6px;
    font-size: 12px;
    line-height: 24px;
    background-color: #EFECD9;
    text-indent: 2em;
}
```

提示：如果在文档中有多个 AP Div 元素，为避免其相互影响，可在"AP 面板"中设置其为隐藏。

（4）添加图片和文字后的效果如图 10-10 所示。保存网页，并按<F12>键预览效果。网页最终效果如图 10-1 所示。

图 10-10　为 AP Div 添加文字和图片

案例小结　　使用 AP Div 布局网页，由于 AP Div 位置可以随意控制，因此布局较为简单。本案例介绍在网页中插入 AP Div 元素并设置其属性的方法，重点是嵌套 AP Div 的创建步骤，以及通过设置 AP Div 的堆叠次序，实现文字阴影特效的方法。

10.2　学习任务：使用 CSS+Div 布局网页基础

CSS 布局的基本元素是 Div 标签，它是文本、图像或其他页面元素的容器。使用

CSS 布局网页时，首先创建 Div 标签，然后在标签中添加内容并设置其 CSS 样式。可以用绝对方式（指定 x 和 y 坐标）或相对方式（指定与其他页面元素的距离）来定位 Div 标签，也可通过指定浮动、填充和边距设置 Div 标签之间的位置关系。

学习目标　了解 AP Div 与 Div 以及 span 与 Div 的区别与联系，了解 Div 标签在网页布局中的重要作用，掌握网页布局的盒子模型，掌握网页元素的定位方式，掌握 CSS 网页布局技巧及常用布局类型。

知识要点　Div 标签，盒子模型，与网页元素定位相关的 CSS 样式规则：float、position、z-index，网页布局技巧，常用 CSS+Div 网页布局版式及操作步骤。

10.2.1　AP Div 标签与 Div 标签

在 Dreamweaver 中可以通过"插入"面板创建 Div 元素，如图 10-11 所示。

在"插入"面板中，选择"布局"选项卡，可以展开"布局"工具栏。在"标准"模式下，和 Div 标签有关的是"插入 Div 标签"按钮 和"绘制 AP Div"按钮 。

- "插入 Div 标签"按钮 ：单击此按钮，在文档中插入一个 Div 标签。
- "绘制 AP Div"按钮 ：单击此按钮，将鼠标指针移到文档窗口中，鼠标指针变为"+"字状，按下鼠标并拖曳出一个 AP Div 元素。

在 Dreamweaver 中分别插入 Div 标签和 AP Div 元素，如图 10-12 所示。

在"设计"视图中，Div 标签由虚线框表示，而 AP Div 是实线框。用鼠标拖动标签，发现 Div 标签的位置不可移动，而 AP Div 可以任意移动位置。

图 10-11　"插入"面板　　　　图 10-12　Div 标签和 AP Div

切换到"代码"视图，网页部分代码如下。

```
...
<style type="text/css">
#apDiv1 {
    position:absolute;
    left:12px;
    top:44px;
    width:273px;
    height:100px;
    z-index:1;
}
</style>
...
<div id="apDiv1"></div>
<div>此处显示新 Div 标签的内容</div>
...
```

创建 AP Div 之后，Dreamweaver 自动为其添加了 CSS 样式，AP Div 标签的 position 属性为 absolute。由此可见，AP Div 是绝对定位的 Div 标签，是 Div 标签的特殊形式。

☏提示：可以将任何 HTML 元素（例如，一个图像）作为 AP 元素进行分类，方法是为其添加绝对定位属性，即设置其 CSS 样式中的 position 属性的值为 absolute。

10.2.2　Div 标签与 span 标签

在 HTML 中，Div 与 span 是常用标签。使用 CSS 控制其样式，可以实现各种布局效果。Div 标签在 HTML3.0 时代就已出现，直到 CSS 引入后才逐渐发挥其优势。span 标签直到 HTML4.0 时才被引入，是专门针对样式表而设计的标记。

Div 是区块容器标记，可以容纳文字、图片、表格等各种网页元素。在使用时，可以将 Div 中的内容视为独立的对象，通过定义 Div 的 CSS 样式控制内部元素的显示效果。

span 标签作为容器被广泛应用于 HTML 语言。在 span 标签中同样可以容纳各种 HTML 元素。

二者区别在于，Div 是块级元素，它可以实现自动换行；span 是行内元素，不会自动换行。由此可见，Div 标签用于网页布局，而 span 标签没有结构意义，是为应用样式而构造的标签。

在 Dreamweaver 中输入以下代码，并在"拆分"视图中观察显示效果，如图 10-13 所示。

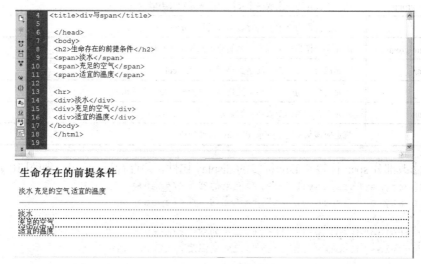

图 10-13　Div 标签和 span 标签

```
<h2>生命存在的前提条件</h2>
<span>淡水</span>
<span>充足的空气</span>
<span>适宜的温度</span>
<hr>
<div>淡水</div>
<div>充足的空气</div>
<div>适宜的温度</div>
```

可以看出，<span>标签中定义的内容在同行显示，而<div>标签定义的内容会另起一行显示。块元素和行内元素可以相互转换，可以通过定义 CSS 的 display 属性值实现。display 用于设置生成框的类型，通过设置不同属性，可以转换元素显示方式。display 属性值如表 10-1 所示。

表 10-1　diplay 属性值及描述

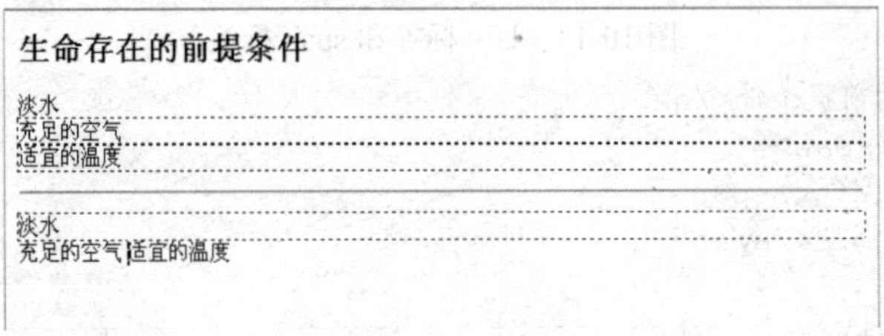

值	描述
none	此元素不会被显示
block	此元素将显示为块级元素，此元素前后会带有换行符
inline	默认。此元素会被显示为内联元素，元素前后没有换行符
inline-block	行内块元素。（CSS2.1 新增的值）
list-item	此元素会作为列表显示
run-in	此元素会根据上下文作为块级元素或内联元素显示
compact	CSS 中有值 compact，不过由于缺乏广泛支持，已经从 CSS2.1 中删除
marker	CSS 中有值 marker，不过由于缺乏广泛支持，已经从 CSS2.1 中删除
table	此元素会作为块级表格来显示（类似 <table>），表格前后带有换行符
inline-table	此元素会作为内联表格来显示（类似 <table>），表格前后没有换行符
table-row-group	此元素会作为一个或多个行的分组来显示（类似 <tbody>）
table-header-group	此元素会作为一个或多个行的分组来显示（类似 <thead>）
table-footer-group	此元素会作为一个或多个行的分组来显示（类似 <tfoot>）
table-row	此元素会作为一个表格行显示（类似 <tr>）
table-column-group	此元素会作为一个或多个列的分组来显示（类似 <colgroup>）
table-column	此元素会作为一个单元格列显示（类似 <col>）
table-cell	此元素会作为一个表格单元格显示（类似 <td> 和 <th>）
table-caption	此元素会作为一个表格标题显示（类似 <caption>）
inherit	规定应该从父元素继承 display 属性的值

分别修改部分 span 标签和 Div 标签的 display 属性，并查看显示效果。如图 10-14 所示。

```
<span style="display:block;">充足的空气</span>
<span style="display:block;">适宜的温度</span>
...
<div style="display:inline;">充足的空气</div>
<div style="display:inline;">适宜的温度</div>
```

图 10-14　使用 display 属性控制块级元素显示效果

10.2.3　盒子模型

CSS+Div 网页布局的精髓在于盒子模型。盒子模型（Box Model）用于描述一个为 HTML 元素形成的矩形盒子。盒子模型还涉及为各个元素调整外边距（margin）、边框

（border）、内边距（padding）和内容（content）的具体操作。图 10-15 是盒子模型的结构。

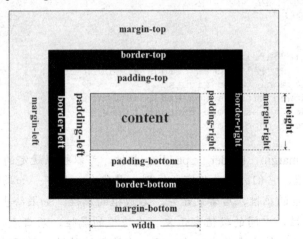

图 10-15　盒子模型

对于盒子模型，可以借助日常生活中的盒子理解。content 是盒子里盛的物体，padding 是盒子内壁和物体间的填充物，border 是盒子本身，margin 是盒子间的空隙。在网页中，content 指文字、图片等元素，也可以是嵌套盒子。与现实生活中盒子不同的是，CSS 的盒子是具有弹性的，内容可以大于盒子。

现举一个简单的例子说明盒子模型的作用。效果如图 10-16 所示。

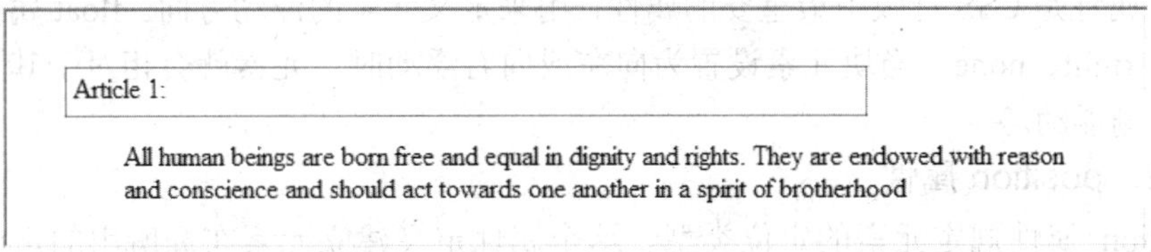

图 10-16　盒子模型在网页中的应用

本例包含了两个 Div 标签，分别设置其 ID 为 title 和 content。这两个元素的盒子模型如图 10-17 所示。

可以对 margin、border、padding 属性进行整体设置，依次为上、右、下、左顺时针方向，也可以单独设置某一侧的属性值，如 margin-left。本实例关于盒子模型的部分 CSS 代码如下。

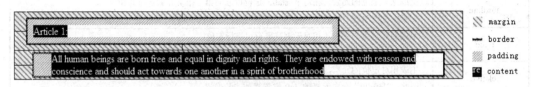

图 10-17　盒子模型解析

```
...
#title{
    margin:10px 200px 10px 20px;
    padding:10px;
    border:1px;
    }
#content{
```

```
        margin:4px 30px 4px 30px;
        padding:0px 0px 0px 30px;
        border:0px;
}
…
<div id="title">Article 1:</div>
<div id="content">All human beings are born free
and equal in dignity and rights.
They are endowed with reason and conscience
and should act towards one another in a
spirit of brotherhood</div>
…
```

📖 提示：对于 margin、border、padding 属性，可以按照规定的顺序，给出 2 个、3 个或者 4 个属性值，它们的含义将有所区别。具体含义如下：如果给出 2 个属性值，前者表示上、下边框的属性，后者表示左、右边框的属性；如果给出 3 个属性值，前者表示上边框的属性，中间的数值表示左、右边框的属性，后者表示下边框的属性；如果给出 4 个属性值，依次表示上、右、下、左边框的属性，即顺时针排序。

10.2.4 元素的定位

网页元素必须有合理的位置，从而构成有序的页面。网页元素的定位是通过 float、postion 和 z-index 等属性完成的。

▶ 1. float 属性

float 属性是 CSS 排版中最重要的属性，用来定义元素的浮动方向。float 属性有 3 个值：left、right、none，当块元素设置为向左或向右浮动时，元素就会相对于其父元素向左侧或右侧浮动。

▶ 2. position 属性

position 属性规定元素的定位类型。这个属性定义建立元素布局所用的定位机制。任何元素都可以定位，不过绝对或固定元素会生成一个块级框，而不论该元素本身是什么类型。相对定位元素会相对于它在正常流中的默认位置偏移。表 10-2 给出了 position 属性的值。

表 10-2 position 属性值

值	描述
absolute	生成绝对定位的元素，相对于 static 定位以外的第一个父元素进行定位 元素的位置通过 "left"、"top"、"right" 以及 "bottom" 属性进行规定
fixed	生成绝对定位的元素，相对于浏览器窗口进行定位 元素的位置通过 "left"、"top"、"right" 以及 "bottom" 属性进行规定
relative	生成相对定位的元素，相对于其正常位置进行定位， 因此，"left:20" 会向元素的 left 位置添加 20 像素
static	默认值。没有定位，元素出现在正常的流中（忽略 top、bottom、left、right 或者 z-index 声明）
inherit	规定应该从父元素继承 position 属性的值

3. z-index 属性

z-index 属性设置元素的堆叠顺序。拥有更高堆叠顺序的元素总是会处于堆叠顺序较低的元素的前面。该属性设置一个定位元素 Z 轴的位置，Z 轴为垂直于页面方向的轴。z-index 值大的网页元素位于上方，可以设置为正数或负数。z-index 层叠原理如图 10-18 所示。

10.2.5 常用 CSS+Div 布局版式

使用 CSS 布局网页，遵循内容与形式分离的原则。内容是网页的核心，形式是网页内容的直观表现，网页外观由内容和形式共同决定。在进

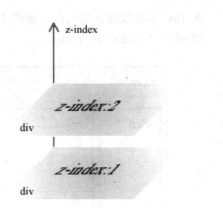

图 10-18 z-index 定位层叠关系

行布局时，首先整体使用 Div 标签分块，然后设置各区块的 CSS 样式，最后为各个区块添加内容。

使用 CSS 布局网页，真正实现网页内容与形式的分离，且排版灵活，更新容易，已经成为网页布局的主流技术。目前常见 CSS+Div 布局版式有网页内容居中布局、两列式布局、三列式布局等。两列式布局又可分为两列固定宽度居中布局、两列百分比布局、两列右列宽度自适应布局。下面以两列百分比布局、网页内容居中布局版式为例，介绍使用 CSS+Div 布局网页的步骤。

1. 两列式宽度自适应布局版式

（1）使用 Div 划分页面模块。在进行网页布局时，首先对页面进行整体规划，包括模块划分、模块间的嵌套关系等。简单网页通常由标题模块（banner）、导航模块（navigator）、内容模块（content）和版权信息模块（footer）构成。各模块间的有机组合，形成不同的网页版式。布局效果如图 10-19 所示。

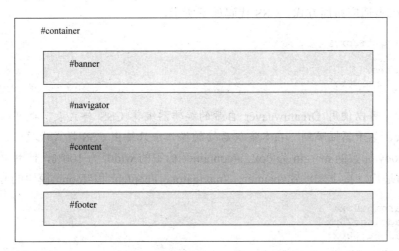

图 10-19 使用 Div 标签划分网页模块

在网页布局时，通常引入用于辅助定位的 Div 标签"#container"，将所有 Div 放在父级元素 container 中，以实现网页元素的整体定位。对于每个子 Div，可以在其内部加

入 Div 标签或者其他元素。如图 10-20 所示，在左侧的划分中，在 content 标签中插入"#left"、"#right"两个 Div。

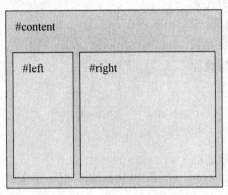 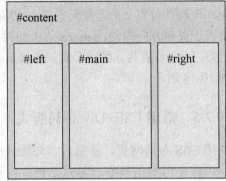

图 10-20　content 模块的两种划分

下面给出左侧划分的部分 HTML 代码。

```
<body>
 <div id="container">
   <div id="banner">#banner</div>
   <div id="navigator">#navigator</div>
   <div id="content">
     <div id="left">#left</div>
     <div id="right">#right</div>
   </div>
   <div id="footer">#footer</div>
 </div>
</body>
```

（2）使用 CSS 定位 Div 标签的位置。网页版块划分完毕，接着需要确定网页版块间的位置关系，即网页版式或网页布局类型，本节所涉及的版式是两列百分比布局版式。

在使用 CSS 设置样式时，页面整体定位效果由 body 标签和#container 标签设置，采用宽度 100%自适应布局方式。CSS 代码如下所示。

```
body{
    margin:0px;
}
#container{
    width:100%;
}
```

☎提示：可以使用 Dreamweaver 自带的编辑器编辑 CSS 样式表，也可以手工编写 CSS 样式表，鉴于篇幅限制，在本案例后续的操作中只给出 CSS 样式代码。

设置 body 标签的 margin 为 0px，#container 标签的 width 为 100%，使网页宽度和浏览器宽度自适应。接下来设置#banner、#navigator、#content 和#footer 模块的 CSS 样式。

```
#banner{
    margin:0px;
    padding:20px;
    height:60px;
}
#navigator{
    margin:0px;
    height:26px;
}
#content{
```

```
    margin:0px;
    height:auto;
}
#footer{
    margin:0px;
    height:40px;
}
```

分别设置#left 和#right 的 CSS 样式，并利用 float 属性设置其浮动属性为"left"。设置#left 的宽度为"20%"，#right 宽度为"80%"。

```
#left{
    float:left;
    width:20%;
    height:200px;   //假设高度为 200px;
}
#right{
    float:left;
    width:80%;
    height:200px;   //假设高度为 200px;
}
```

为防止#footer 模块被#content 中的元素覆盖，可以为其添加"clear:both;"属性，以清除 float 属性的影响。网页布局最终效果如图 10-21 所示。

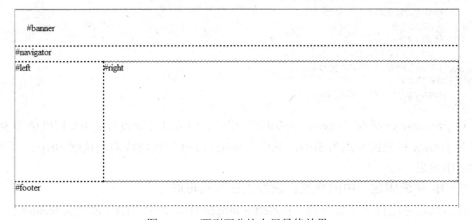

图 10-21　两列百分比布局最终效果

两列式布局模式还有一侧固定另一侧自适应版式。其中固定宽度只需将宽度值 width 设置为绝对像素值。对于左侧固定右侧自适应，只需设置左侧宽度值为绝对像素值，右侧 Div 的 margin-left 属性为 200px 即可。CSS 样式代码如下。

```
#left{
    float:left;
    width:200px;            /*设置宽度值为绝对像素值 200px*/
    height:200px;
}
#right{
    margin:0;
    margin-left:200px;      /*设置左侧 margin 值为 200px*/
    height:200px;
}
```

2．网页内容居中布局版式

所谓内容居中，又称为固定宽度且居中，通常是指#container 标签的宽度是固定的。网页宽度与显示分辨率有关。如果网页浏览者使用 1024px×768px 分辨率的显示器，需设置#container 的宽度为 1002px，如果使用 1280px×800px 分辨率的显示器，则设置#container 的宽度值为 1258px。即#container 与显示器宽度的像素差值为 22px。

实现固定宽度且居中的布局版式有多种方法。下面介绍两种常用方法。

（1）通过#container 的 margin 属性实现。代码如下所示。

```
body{
    margin:0px;
    text-align:center;
}
#container{
    width:1002px;
    margin:0 auto;
    text-align:left;
}
```

其中，代码"margin:0px；"指定 body 标签的间距为 0。"text-align:center;"将页面所有元素都设置为居中对齐。设置#container 的"margin:0 auto;"，使模块上下边界距离为 0，而左右自适应调整。最后设定"text-align:left;"，用来覆盖 body 标签设置的对齐方式，使#container 中的元素左对齐。

（2）margin 属性的另类使用。代码如下所示。

```
body{
    margin:0px;
}
#container{
    width:1002px;
    position:relative;
    left:50%;
    margin-left:-501px;
}
```

对于#container 采取"position:relative"相对定位方法，并设置其 left 属性值为 50%，即相对于 body 标签的距离为 50%。然后用 margin-left 属性将块向左拉回 501px，即实现整体居中效果。

▶ 3．两侧固定，中间宽度自适应式三列式布局

接两列百分比自适应式布局，在#left 和#right 中间添加"ID"属性为#center 的 Div 标签，如图 10-20 右图所示。

（1）调整"content" Div 内的 3 个 Div 标签的次序。

```
<div id="content">
    <div id="left">#left</div>
    <div id="right">#right</div>
    <div id="center">#center</div>
</div>
```

（2）设置 Div 标签的 CSS 样式。左右两侧 Div 宽度值为固定的 200px，中间的 Div 设置 margin 属性为"0 200px"，表示上下间距为 0，左右间距为 200px。通过设置 left、right Div 的"float"属性值分别为 left、right，实现左右固定，中间宽度自适应的版式。CSS 样式代码如下。

```
#left{
    float:left;
    width:200px;          /*设置宽度值为绝对像素值200px*/
    height:200px;
}
#center{
    margin:0px 200px;     /*设置左右间距的margin值为200px*/
```

```
        height:200px;
    }
#right{
    float:right;              /*设置右浮动*/
    width:200px;              /*设置宽度值为绝对像素值200px*/
    height:200px;
}
```

10.3 案例 2：定位在网页布局中的应用

学习目标 综合应用 Div 标签的盒子模型、position 属性、float 属性、z-index 属性进行网页布局。

知识要点 盒子模型，position、float、z-index 等 Div 标签的定位属性。

操作步骤如下。

(1) 创建本地站点 ch10-3，新建网页文件，将其以 10-3.html 为文件名保存在创建的本地站点文件夹中。

(2) 单击"插入"面板"布局"分类中的"插入 Div 标签"按钮，插入一个"ID"为 main 的 Div 标签。选中 main 标签，在"CSS 样式"面板的右下角单击【新建 CSS 规则】按钮，弹出"新建 CSS 规则"对话框，保持默认设置如图 10-22 所示。单击【确定】按钮。

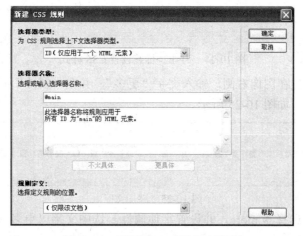

图 10-22 "新建 CSS 规则"对话框

(3) 在弹出的"#main 的 CSS 规则定义"对话框中，设置其"width"为 981px，"margin"依次为 10px、10px、10px、40px，"position"为 relative。设定完毕，单击【确定】按钮。切换到"代码"视图，可以看到，在<head>标签中，添加了 CSS 样式代码。

```
<style type="text/css">
#main {
    width: 981px;
    margin:10px 10px 10px 40px;
    position:relative;
}
</style>
```

(4) 选择"main"标签，单击"插入→图像"菜单命令，在弹出对话框中选择图像"images\hunsha.gif"，插入图像后效果如图 10-23 所示。

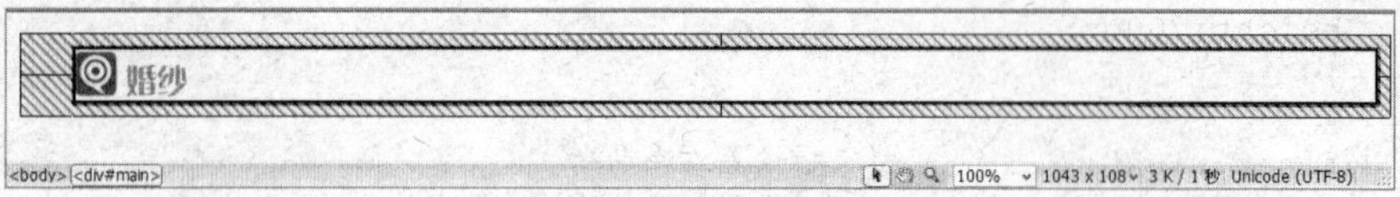

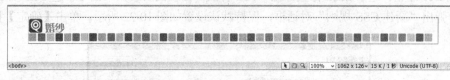

图 10-23 插入图像

（5）将光标定位在插入图像的右侧，设置"属性"面板中的格式为"标题 2"，切换到"代码"视图，可以看出，图像所在的行被转换为<h2>标题，代码如下所示。

```
<h2><img src="images/hunsha.gif" width="98" height="37" /></h2>
```

（6）为<h2>标签设置背景图片等属性。添加 CSS 样式，代码如下。页面效果如图 10-24 所示。

```
#main h2 {
    display: block;
    width: 100%;
    height: 60px;
    float: left;
    margin: 0px;
    position: relative;
    background-image: url(images/line.gif);
    background-repeat: no-repeat;
    background-position: left bottom;
}
```

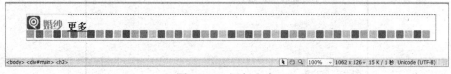

图 10-24 为<h2>标签设置 CSS 样式

（7）将光标定位在图像右侧，输入文字"更多"，并在"属性"面板设置其"链接"属性为空链接"#"，如图 10-25 所示。

图 10-25 添加文字

（8）新建类别选择器.more，并设置字体属性。选中文字"更多"，在属性面板中设置其"类"属性值为.more。

（9）接下来设置文字"更多"为右对齐。

● 使用 position 属性。对于<a>标签可以通过设置其"position"属性值为 absolute，使其绝对定位于<h2>标签内。.more 的 CSS 样式如下所示。

```
.more{
    position:absolute;            //绝对定位
    display:block;                //区块显示
    font-size:12px;
    text-decoration:none;
    color:#000;
    font-weight:normal;
    right:20px;                   //相对于<h2>右边框20px
    top:20px;                     //相对于<h2>上边框20px
}
```

提示：若要设置某元素的 position 属性为"absolute"，必须设置其父级容器的 position 属性为"relative"。否则该元素将相对于<body>标签绝对定位。

● 使用 float 属性。在<h2>标签中，有<img>标签和<a>标签两个容器。可以通过设置二者的 float 属性对齐定位。其中<img>标签为左对齐，<a>标签为右对齐。另外需要设置<a>标签的 margin 属性以增加和<h2>的间距。为二者添加的 CSS 样式代码如下所示。

```
.more{
    display:block;
    font-size:12px;
    text-decoration:none;
    color:#000;
    font-weight:normal;
    float:right;            //右浮动
    margin:20px;            //间距为 20px
}
#main h2 img {
    float:left;             //左浮动
}
```

提示：也可以通过单独设置<a>标签为右浮动完成同样效果，此时需要将<a>标签的内容放到相对于其右浮动的标签前。此时的 HTML 代码如下。

```
<h2><a href="#" class="more"> 更多 </a><img src="images/hunsha.gif" width="98" height="37" /></h2>
```

<a>标签的 CSS 样式设置不变。

float 属性虽然简单，但变化万千，其中的奥妙，唯有通过多加练习才能体会。

（10）保存网页。按<F12>键浏览最终效果，如图 10-26 所示。

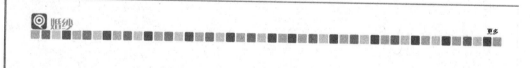

图 10-26　最终效果

案例小结　通过网页布局实例，初次见证了 CSS 应用于网页布局的强大功能。使用盒子模型定义容器的外观，使用 positon 和 float 定位容器的位置。由案例可见，不仅仅本章所介绍的<div>是容器，<a>、<img>、<h>还有案例未涉及的<p>、<ul>、<span>等标签都可以被 CSS 作为容器使用。

10.4　案例 3：使用 CSS+Div 布局个人 Blog

学习目标　使用 CSS+Div 布局个人 Blog。

知识要点　使用 CSS 对 Div 标签、列表标签、p 标签、h 标签等进行定位。网页最终效果如图 10-27 所示。

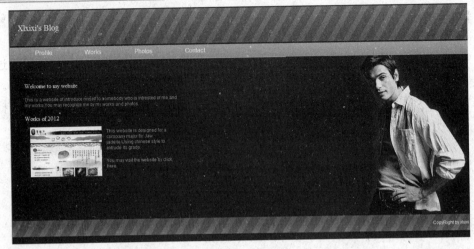

图 10-27 最终效果

操作步骤如下。

（1）创建本地站点 ch10-4，新建网页文件，将其以 index.html 为文件名保存在创建的本地站点文件夹中。

（2）设置页面标题为"Xlxixi's blog"。在<head>标签中添加内嵌式样式表，设置 CSS 样式，代码如下。

```
<style type="text/css">
html, body, ul, li,h1,h2{
    margin: 0;
    padding: 0;
    list-style: none;
}
img {
    border: 0;
}
body {
    background: #800000 0px 135px url(images/grad.jpg) repeat-x;
    font: 12px arial, sans-serif;
    color: #f09361;
}
</style>
```

按<F12>键预览页面效果，如图 10-28 所示。

图 10-28 设置背景的网页效果

（3）制作网页 banner 部分。插入 ID 为 "header" 的 Div 标签，并设置其 CSS 样式如下。

```
#header {
    background: 6px 0 url(images/header_bg.gif) repeat-x;
}
```

（4）在 header 中输入文字 "Xlxixi's Blog"，并设置<h1>标签的 CSS 样式如下，页面效果如图 10-29 所示。

```
h1 {
    height: 95px;
    color: #ffffff;
    font: 22px "times new roman";
    line-height: 95px;
    text-indent: 23px;
    width: 400px;
}
```

图 10-29　网页 banner 效果

（5）为网页制作导航条。在 header 标签后添加 "ID" 为 nav 的 Div 标签。在其内部输入导航内容并设置为列表标签，依次设置超链接为空链接，设置 CSS 样式如下。在浏览器中预览效果，如图 10-30 所示。

```
#nav {
    background: url(images/nav_bg.gif) repeat-x;
    height: 40px;
    font-size: 17px;
}
#nav ul {
    min-width: 780px;
    padding: 0;
    padding-top: 10px;
}
#nav li {
    float: left;
    padding-left: 50px;
    padding-right: 20px;
    margin: 0;
}
#nav a{
    color:#ffffcc;
    padding-left: 20px;
}
#nav a:hover {
    color: #550000;
```

```
}
```

图 10-30　网页导航

（6）制作网页内容区块。在 nav 标签后添加 ID 为 "container" 的 Div 标签，设置其 CSS 样式如下，效果如图 10-31 所示。

```
#container {
    background: -100px right url(images/body_bg.jpg) no-repeat;
    height:427px;
}
```

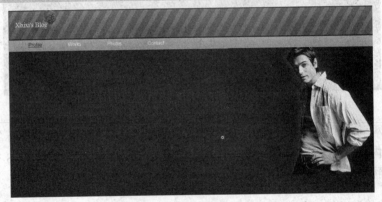

图 10-31　添加内容区块并设置背景

（7）添加内容区块。在 "container" 内部插入 "ID" 为 content 的 Div 标签，并设置其 CSS 样式如下。

```
#content {
    background: #760202;
    border: 1px solid #6a0101;
    width: 426px;
    margin: 48px 28px 8px 28px;
    padding:10px;
}
```

（8）在 "content" 内部添加图文混排内容区块，设置文字标题格式为 h2，普通文字格式为段落，并设置其 CSS 样式。效果如图 10-32 所示。

```
#content h2 {
    font: 16px "times new roman";
    font-weight: normal;
    color: #fff;
    clear: both;
}
```

```
#content img{
    margin: 10px;
    background: #9a0303;
    float: left;
    width: 200px;
    padding: 3px;
}
```

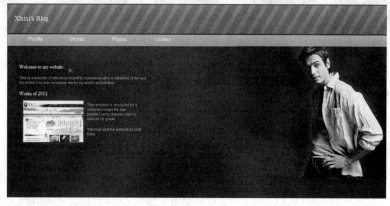

图 10-32　内容区块

（9）添加版权信息模块。在"container"标签后插入 ID 为"footer"的 Div 标签，在其内部输入段落文字，设置"footer"标签和段落的 CSS 样式。

```
#footer {
    clear:both;
    background: url(images/footer.gif) repeat-x;
    height: 46px;
}
#footer p{
    color:#ffffcc;
    line-height:46px;
    float:right;
    margin:0px;
}
```

（10）保存网页。按<F12>键浏览案例最终效果，如图 10-27 所示。

案例小结　本案例介绍使用 CSS+Div 进行网页布局的整体流程，主要技术包括使用列表标签设置导航条，使用 float 属性定位网页元素，背景图像的设置。

10.5　实训

本节重点练习 Div 标签在网页布局的使用，网页定位的方法，网页布局技巧。

10.5.1　实训一　网页定位与布局

1. 实训目的

- 掌握盒子模型在网页布局中的应用。
- 会使用 position、float 属性定位网页元素。

2. 实训要求

继续案例 2，在<h2>标签后添加<ul>标签，在列表项中加入图像和文字，并设置样式。

插入图像"最新作品",并设置其"position"属性为绝对定位。最终效果如图 10-33 所示。

图 10-33 最终效果

部分 CSS 样式表设置如下所示。

```
ul{
    list-style:none;
}
ul,li {
    margin:0px;
    padding:0px;
}
#main li {
    width: 168px;
    height: 137px;
    float: left;
    padding: 10px 10px 0px;
    margin-right: 6px;
    margin-bottom: 6px;
    background-image: url(images/bg_photo.gif);
    background-repeat: no-repeat;
}
#main li img.top {
    position: absolute;
    left: -9px;
    top: 164px;
    width: 143px;
    height: 41px;
}
#main li p {
    margin: 0px;
    display: block;
    width: 100%;
    text-align: center;
    height: 27px;
    font-size:12px;
    line-height: 27px;
}
#main li img {
    width: 168px;
    height: 104px;
    border:none;
}
```

10.5.2 实训二 使用 Div+CSS 布局页面

▶ 1. 实训目的

● 掌握 Div 标签在网页定位中的操作步骤。

- 领会 CSS 布局技巧。
- 能够使用常用布局版式进行网页布局。

2. 实训要求

使用 Div+CSS 布局学院教学成果申报网站，布局版式采用固定宽度且居中。网页使用 Div 标签划分为若干模块，并使用 CSS 设置样式。网页最终效果如图 10-34 所示。

图 10-34　网页最终效果

10.6　习题

一、填空题

1. 和 CSS 配合使用，常用于网页布局的标签为_____。
2. 若设置 AP 元素为不可见，其"可见性"属性值为_____。
3. 假设有如下 CSS 代码：

```
#myap {
    position:absolute;
    width:400px;
    height:24px;
    z-index:1;
    left: 110px;
    top: 320px;
}
```

则该 AP 元素的高度为_____。

4. 使用 position 属性对元素进行绝对定位，需要设置其父级容器的 position 属性为_____。
5. 在盒子模型中容器的宽度值为_____。

二、选择题

1. 如果用户想在网页上实现多个元素重叠的效果，可以使用（　　）。
   A．AP Div　　　　B．表格　　　　C．框架　　　　D．Spry
2. 以下哪种单位在 Dreamweaver 中不是合法的（　　）。
   A．px　　　　　　B．dot　　　　　C．pt　　　　　D．in

3. 若设置 AP Div 元素为"可见"，则其属性值为（ ）。

    A．scroll   B．visible   C．auto   D．hidden

4. 下列哪个属性不是构成 CSS 盒子模型的属性（ ）。

    A．border   B．margin   C．float   D．padding

5. 设置 Div 标签的堆叠次序，应使用的定位属性为（ ）。

    A．float   B．position   C．align   D．z-index

三、简答题

1. 简述 Div 标签在网页设计中广泛应用的原因。
2. 简述 CSS 的盒子模型。
3. 简述 Div 常用的定位属性及其区别。
4. 常用 CSS+Div 布局版式有哪些种？

第11章 多媒体网页与网页特效设计

随着网络技术和多媒体技术的发展，网页中的多媒体元素与特效不断多样化。适当使用多媒体元素与网页特效，可以使网页信息呈现多样化，也是增强网页表现力的一种手段。本章重点介绍在网页中添加 Flash 动画、音频等多媒体内容，以及使用行为设计网页特效的方法。

本章学习要点：
- 在网页中插入 Flash 动画；
- 在网页中嵌入 FLV 视频；
- 在网页中插入音频；
- 行为的基本概念；
- Dreamweaver 中的内置行为；
- 使用行为创建网页特效。

11.1 学习任务：在网页中插入多媒体对象

本节学习任务

在网页中添加声音、动画和视频等多媒体对象，可以增强网页的表现力。本节重点介绍多媒体对象的相关知识，通过实例制作介绍多媒体元素的插入方法。

11.1.1 插入 Flash 动画

Flash 动画采用的是矢量技术，它有文件小巧、速度快、特效精美、支持流媒体和交互功能强大等优点，是网页中最流行的动画格式。下面通过一个简单的电子相册页面制作，介绍在网页中插入 Flash 动画的具体方法。

（1）在 ch11 文件夹中创建本地站点 ch11-1，新建一个空白的网页文件，将其以 11-1.html 为文件名保存在创建的本地站点文件夹中。

（2）插入表格。插入一个 4 行 2 列、表格宽度为"800px"、边框为"0px"的表格，分别将第 1、第 4 行的两个单元格合并为一个单元格。

（3）插入 Flash 动画。将光标置于表格的第 1 行中，选择"插入→媒体→SWF"菜单命令，或者单击"插入"面板"常用"分类中的【媒体】按钮，在展开的列表中选择"SWF"，打开"选择 SWF"对话框。

（4）在对话框的"查找范围"下拉列表中选择存放 Flash 动画的文件夹（ch11\ch11-1\Flash），并从中选取 banner.swf 动画文件，如图 11-1 所示，单击【确定】按钮插入 Flash

动画。此时,Flash 占位符出现在文档窗口中,如图 11-2 所示。

图 11-1 "选择 SWF"对话框

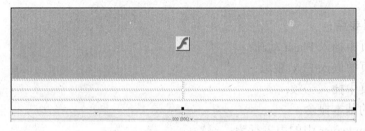

图 11-2 插入的 Flash 动画占位符

提示:在 Dreamweaver 中只支持.swf 格式的 Flash 动画,该格式的 Flash 动画是 Flash 源文件(.fla 格式)的压缩版本,已经进行了优化,便于在 Web 上查看。

(5)选中插入的 Flash 动画,在"属性"面板中可以查看并设置 Flash 动画的属性,如图 11-3 所示。

图 11-3 Flash 对象"属性"面板

主要的参数含义如下。

- 宽、高:分别用于指定动画被装入浏览器时所需要的宽度、高度,默认单位是像素。
- 文件:用于指定装入的 Flash 动画文件的路径。可以直接在输入框中输入文件的路径,也可以单击后面的按钮 ,在打开的"选择 SWF"对话框中选择加载的 Flash 动画文件。
- 背景颜色:用于设置动画的背景颜色。该颜色常常出现在动画播放完成之后或动画下载的过程中。
- 【编辑】按钮 编辑(E) :单击打开 Flash 软件,可对 Flash 动画进行编辑。
- 循环:选中该复选框,动画可以循环播放。
- 自动播放:选中该复选框,当页面载入时将自动播放动画。
- 垂直边距、水平边距:分别指定 Flash 动画和网页的上、下边距和左、右边距,以像素为单位。
- 品质：设置运行对象标签和嵌入标签的品质参数，其中有"低品质"、"自动低品质"、"自动高品质"和"高品质"。
- 比例：用于设置动画的缩放方式。
- 对齐：设置Flash动画的对齐方式。
- Wmode：用于设置SWF动画的背景是否透明，有3个选项，即窗口、不透明、透明。
- 播放：单击该按钮，可以在文档窗口中播放Flash动画，查看动画的播放效果。
- 参数：单击该按钮，将弹出"参数"对话框，显示出SWF附加参数，用户可以单击加号按钮 或减号按钮 来添加或删除附加参数。

（6）属性设置完毕，单击面板中的 播放 按钮预览动画效果。

（7）在表格的第2行中输入文本。将光标分别置于表格第3行的两个单元格中，用前面介绍的方法插入已经制作好的两个Flash动画。

（8）输入版权信息。将光标置于表格的第4行中，输入版权信息。

（9）添加CSS样式。创建外部CSS样式表文件style.css，用来设置页面文本的字体、大小和对齐方式，并将其保存到ch11-1文件夹中。样式表文件的CSS代码如下。

```css
.text1 {
    font-size: 24px;
    text-align: center;
    font-family: "华文隶书";
}
.text2 {
    font-size: 14px;
    text-align: center;
}
```

（10）选中表格的所有单元格，在"属性"面板中设置背景颜色为"#FFCCFF"。

（11）选中整个表格，在"属性"面板中设置对齐为"居中对齐"。至此，电子相册页面制作完成。

（12）保存文件，按下<F12>键预览网页效果，如图11-4所示。

图11-4 电子相册预览效果

☎提示：在网页中插入Flash动画、Java Applet小程序、ActiveX控件等多媒体素材，会使网页更加丰富多彩，但是这样有可能以牺牲浏览速度和兼容性为代价，所以，要合理运用多媒体素材。

11.1.2 添加声音

音效在网页中能起到画龙点睛的作用,可以给访问者留下深刻的印象。

1. 音频文件格式

在网页中可以添加的音频文件类型比较多,如 WMA、MIDI、RA、AIF 和 MP3 等,其中 MIDI 文件一般只用来做网页的背景音乐。在确定采用哪种格式和方法添加音频文件前,需要考虑添加声音的目的、文件大小、声音品质及不同浏览器的差异等因素。

下面介绍较为常见的音频文件格式,以及每一种格式在 Web 设计中的优缺点。

(1)WMA。WMA(Windows Media Audio)是微软公司开发的网络流式数字音频压缩技术。这种压缩技术的特点是同时兼顾了保真度和网络传输需求,即使在较低的采样频率上也能产生较好的音质。微软在 Windows 中加入了对 WMA 的支持,许多浏览器支持此类格式文件并且不需要插件。

(2)MIDI。MIDI(Musical Instrument Digital Interface,乐器指令数字接口),该格式文件的声音品质好,数据量小,许多浏览器支持 MIDI 文件并且不要求插件。但 MIDI 文件不能进行录制,并且必须使用特殊的硬件和软件在计算机上合成。

(3)RA。RA(Real Audio)是一种流式音频媒体格式,主要用来在低速率的网络上实时传输活动视频影像,可以根据网络数据传输速率的不同而采用不同的压缩比率,在数据传输过程中边下载边播放视频影像,从而实现影像数据的实时传送和播放。访问者必须下载并安装 Real Player 辅助应用程序或插件才可以播放这种文件。

(4)MP3。MP3(Motion Picture Experts Group Audio Layer-3,运动图像专家组音频,即 MPEG-音频-3)是一种压缩格式,是现在最流行的声音文件格式之一。该格式压缩率大,文件数据量较小,且声音品质较好,甚至可以和 CD 音质相媲美。新技术可以将文件"流式化",这样来访者无须等待下载整个文件便可以听到音乐。但是,MP3 文件比 RA 文件要大,因此用户下载整首歌曲可能仍要花较长的时间。播放 MP3 文件时,访问者必须下载并安装辅助应用程序或插件,如 QuickTime、Windows Media Player 或 Real Player 等。

(5)WAV。WAV 格式的音频文件具有较好的声音品质,许多浏览器支持此格式,并且不要求安装插件。可以利用 CD、磁带、麦克风等获取自己的 WAV 文件。但是,WAV 文件容量通常较大,在 Web 页面上不建议使用声音长度较大的 WAV 格式文件。

(6)AIF。AIF/AIFF 是音频交换文件格式(Audio Interchange File Format)的英文缩写,是 Apple 公司开发的一种声音文件格式,被 Macintosh 平台及其应用程序所支持。AIF 和 WAV 格式一样,有比较好的声音品质,很多浏览器不用插件也可以支持 AIF 文件。

2. 在网页中嵌入音频文件

嵌入音频文件可将声音直接集成到页面中,对于需要插件的音频文件,访问者需要安装相关插件,这样声音才可以播放。

在网页中嵌入音频文件的操作方法:单击"插入→媒体→插件"菜单命令,或者在"插入"面板的"常用"分类中单击【媒体】按钮,从弹出的菜单中选择"插件"选项,可在网页的指定位置插入插件占位符。

☎提示:音频文件需要占用大量的磁盘空间,一般情况下,在添加声音文件前最好能压缩声音文件。

11.1.3 插入 FLV 视频

随着宽带技术的发展和推广，出现了许多视频网站，如土豆网、优酷网等，越来越多的人选择观看在线视频。

1. 网络影像视频

下面介绍常见的网络影像视频文件。

（1）ASF 格式。ASF 的英文全称为 Advanced Streaming Format，它是微软为了和 Real Networks 公司竞争而推出的一种视频格式。由于它使用了 MPEG-4 的压缩算法，所以压缩率和图像的质量都很不错（高压缩率有利于视频流的传输，但图像质量肯定会有损失，所以有时候 ASF 格式的画面质量不如 VCD 是正常的）。ASF 最大优点就是体积小，因此适合网络传输，使用微软公司的最新媒体播放器（Microsoft Windows Media Player）可以直接播放该格式的文件。

（2）WMV 格式。WMV 格式的英文全称为 Windows Media Video，它也是微软推出的一种采用独立编码方式并且可以直接在网上实时观看视频节目的文件压缩格式。WMV 格式的主要优点包括本地或网络回放、可扩充的媒体类型、部件下载、可伸缩的媒体类型、流的优先级、多语言支持、环境独立性、丰富的流间关系以及扩展性等。

（3）RM 格式。Real Networks 公司所制定的音频视频压缩规范称为 Real Media，用户可以使用 Real Player 或 RealOne Player 对符合 Real Media 技术规范的网络音频/视频资源进行实况转播，并且 Real Media 可以根据不同的网络传输速率制定出不同的压缩比率，从而实现在低速率网络上的影像数据实时传送和播放。这种格式的另一个特点是用户使用 Real Player 或 RealOne Player 播放器可以在不下载音频/视频内容的条件下实现在线播放。另外，RM 作为目前主流网络视频格式，它还可以通过其 Real Server 服务器将其他格式的视频转换成 RM 视频并由 Real Server 服务器负责对外发布和播放。RM 格式的视频与 ASF 格式相比较，画面更柔和，而 ASF 视频则相对清晰一些。

（4）RMVB 格式。RMVB 格式是由 RM 视频格式升级延伸出的新视频格式，它的先进之处在于打破了原先 RM 格式那种平均压缩采样的方式，在保证平均压缩比的基础上合理利用比特率资源，就是说静止和动作场面少的画面场景采用较低的编码速率，这样可以留出更多的带宽空间，而这些带宽会在出现快速运动的画面场景时被利用。这样在保证了静止画面质量的前提下，大幅提高了运动图像的画面质量，从而图像质量和文件大小之间就达到了微妙的平衡。要想播放这种视频格式，可以使用 RealOne Player2.0 或 Real Player8.0 加 Real Video9.0 以上版本的解码器形式进行播放。

对于 ASF 格式、WMV 格式的视频文件，可以使用 Media Player 播放；RM 格式的视频文件，可以使用 Real Player 播放，若没有安装相应播放器，则无法正常观看。另外，由于这些文件容量过大、下载较慢，从网上直接播放不够流畅。所以，要解决播放器和容量的问题，可以将各类视频文件转换成 Flash 视频文件，即 FLV 视频。

2. FLV 视频

FLV 是 Flash Video 的简称，是随着 Flash MX 的推出而发展出来的视频格式。FLV

作为一种新兴的网络视频格式,具有文件体积小、加载速度快、视频质量好等特点,并且 FLV 视频可以不通过本地的微软或者 Real Player 播放器播放视频,成为当前视频文件的主流格式。目前许多在线视频网站都采用 FLV 视频格式,如搜狐视频、新浪播客、优酷网、土豆网等。

3. 插入 FLV 视频文件

在网页中插入 FLV 视频文件的具体方法:选择"插入→媒体→FLV"菜单命令,弹出"插入 FLV"对话框,如图 11-5 所示。设置完毕,单击【确定】按钮插入 FLV 视频占位符。选中插入的 FLV 视频占位符,在其"属性"面板中,可以继续修改视频文件的属性。

图 11-5　"插入 FLV"对话框

"插入 FLV"对话框的主要参数含义如下。

- 视频类型:用于指定 Flash 视频的类型,有"累进式下载视频"和"流视频"两种。若选择"累进式下载视频"选项,可以直接在 URL 文本框中输入 FLV 视频文件的相对或绝对地址;也可以单击【浏览】按钮,从弹出的"选择 FLV"对话框中选择要插入的 Flash 视频文件,扩展名为.flv。若选择"流视频"选项,则需要在"服务器 URL"文本框中输入服务器的地址,以 rtmp://格式开头,并且要在"流名称"文本框中输入流媒体的文件名。
- 外观:用于选择播放器的外观形状。
- 宽度和高度:用于显示和设置 FLV 视频文件的宽度和高度。
- 限制高宽比:选中该复选框,则会锁定宽度和高度的比例。
- 自动播放:选中该复选框,则在浏览器中加载该视频文件时,会自动播放。
- 自动重新播放:选中该复选框,则允许重复播放视频文件。

11.2　学习任务:认识行为

网页中的行为是由 JavaScript 代码实现的网页特效。行为是 Dreamweaver CS6 中一个非常强大的工具。使用行为，编程人员不用编写 JavaScript 代码便可实现多种动态网页特效。Dreamweaver CS6 提供了很多行为，这些行为放在其内置行为库中。

本节学习任务

认识行为，了解行为属性、事件、方法的含义，掌握"行为"面板的基本操作。

11.2.1 行为概述

行为是对象为响应某一事件而采取的动作，它由对象、事件和动作组成。

对象是产生行为的主体。网页元素可以作为对象，如图片、文字、多媒体文件等。此外，网页本身也可作为对象。

事件是触发动态效果的原因，它可以被附加于各种网页元素，即被附加到 HTML 标记中。事件是针对页面元素或标记而言，例如将鼠标指针移到网页元素上、把鼠标指针放在网页元素之外和单击鼠标左键，是与鼠标有关的 3 个最常见的事件（onMouseOver、onMouseOut、onClick）。不同浏览器支持的事件类型是不一样的。

动作是指最终需完成的动态效果，如交换图像、弹出信息、打开浏览器窗口、播放声音等都是动作。动作通常是一段 JavaScript 代码。在 Dreamweaver CS6 中使用内置行为时，系统会自动向页面中添加 JavaScript 代码，用户不必自己编写。

提示：JavaScript 是一种由 Netscape 的 LiveScript 发展而来的面向对象的客户端脚本语言，主要目的是为了解决服务器端编程语言如 Perl 速度过慢的问题，以便为客户提供更加流畅的浏览体验。JavaScript 的正式名称是"ECMAScript"，由 ECMA（European Computer Manufacturers Association，欧洲电脑厂商协会）组织发展和维护。ECMA-262 是正式的 JavaScript 标准。这个标准基于 JavaScript（Netscape）和 JScript（Microsoft），JScript 是微软为了取得技术优势，推出的脚本语言。

在 Dreamweaver CS6 中，对行为的管理主要通过"标签检查器"面板完成，选择"窗口→行为"菜单命令或按<Shift+F4>组合键，可以打开"标签检查器"面板，如图 11-6 所示。

图 11-6 "标签检查器"面板

在"标签检查器"面板中，右侧显示动作，左侧显示行为对应的事件类型。面板中各选项作用如下。

- **标签 <body>**：显示设置行为的标签。
- **显示设置事件**：仅显示附加到当前文档的那些事件。事件分为客户端或服务器端两类。显示设置事件是默认的视图。
- **显示所有事件**：按字母顺序显示所有事件。
- **添加行为**：单击该按钮，从弹出菜单中选择需要添加的行为类别。
- **删除事件**：从行为列表中删除所选的事件和动作。
- **增加事件值**：将当前选定的行为向前移动。
- **降低事件值**：将当前选定的行为向后移动。

11.2.2 动作与事件

用户与网页交互时产生的操作称为事件。事件可以由用户引发，也可能是页面发生改变，甚至还有看不见的事件（如 Ajax 的交互进度改变）。绝大部分事件由用户的动作所引发，如：用户单击鼠标触发 onClick 事件，若鼠标移动到目标时，触发 onMouseOver 事件等。

每个浏览器都提供一组事件，这些事件可以与"标签检查器"面板中单击【添加行为】按钮弹出菜单中列出的动作相关联。当网页的访问者与页面进行交互时（例如，单击某个图像），浏览器会生成事件；这些事件用于调用执行动作的 JavaScript 函数。Dreamweaver 提供多个可通过这些事件触发的常用动作。表 11-1 列出常用 JavaScript 事件。

表 11-1 常用的 JavaScript 事件

事件		事件说明
一般事件	onClick	鼠标点击时触发此事件
	onDblClick	鼠标双击时触发此事件
	onMouseDown	按下鼠标时触发此事件
	onMouseUp	鼠标按下后松开鼠标时触发此事件
	onMouseOver	当鼠标移动到某对象范围的上方时触发此事件
	onMouseMove	鼠标移动时触发此事件
	onMouseOut	当鼠标离开某对象范围时触发此事件
	onKeyPress	当键盘上的某个键被按下并且释放时触发此事件
	onKeyDown	当键盘上某个按键被按下时触发此事件
	onKeyUp	当键盘上被按下的键弹起时触发此事件
页面相关事件	onAbort	图片在下载时被用户中断触发该事件
	onBeforeUnload	当前页面的内容将要被改变时触发此事件
	onError	出现错误时触发此事件
	onLoad	浏览器加载网页时触发此事件
	onMove	浏览器的窗口被移动时触发此事件
	onResize	当浏览器的窗口大小被改变时触发此事件
	onScroll	浏览器的滚动条位置发生变化时触发此事件
	onStop	浏览器的停止按钮被按下时或者正在下载的文件被中断触发此事件
	onUnload	当前页面将被改变时触发此事件
表单相关事件	onBlur	当前元素失去焦点时触发此事件
	onChange	当前元素失去焦点并且元素的内容发生改变而触发此事件
	onFocus	当某个元素获得焦点时触发此事件
	onReset	当表单中 RESET 的属性被激发时触发此事件
	onSubmit	一个表单被递交时触发此事件

续表

	事 件	事件说明
滚动字幕事件	onBounce	在 Marquee 内的内容移动至 Marquee 显示范围之外时触发此事件
	onFinish	当 Marquee 元素完成需要显示的内容后触发此事件
	onStart	当 Marquee 元素开始显示内容时触发此事件
编辑事件	onBeforeCopy	当页面当前的被选择内容将要被复制到系统的剪贴板前触发此事件
	onBeforeCut	当页面中的一部分或者全部的内容将被移离当前页面(剪贴)并移动到系统剪贴板时触发此事件
	onBeforeEditFocus	当前元素将要进入编辑状态时触发此事件
	onBeforePaste	内容将要从浏览者的系统剪贴板传送[粘贴]到页面中时触发此事件
	onBeforeUpdate	当浏览者粘贴系统剪贴板中的内容时通知目标对象
	onContextMenu	当浏览者按下鼠标右键出现菜单时或者通过键盘的按键触发页面菜单时触发此事件
	onCopy	当页面当前的被选择内容被复制后触发此事件
	onCut	当页面当前的被选择内容被剪切时触发此事件
	onDrag	当某个对象被拖动时触发此事件(活动事件)
	onDragDrop	一个外部对象被鼠标拖进当前窗口触发此事件
	onDragEnd	当鼠标拖动结束时触发此事件
	onDragEnter	当被鼠标拖动的对象进入其容器范围内时触发此事件
	onDragLeave	当被鼠标拖动的对象离开其容器范围内时触发此事件
	onDragOver	当被拖动的对象在另一容器范围内拖动时触发此事件
	onDragStart	当某对象将被拖动时触发此事件
	onDrop	在一个拖动过程中,释放鼠标键时触发此事件
	onLoseCapture	当元素失去鼠标移动所形成的选择焦点时触发此事件
	onPaste	当内容被粘贴时触发此事件
	onSelect	当文本内容被选择时触发此事件
	onSelectStart	当文本内容选择将开始发生时触发此事件
数据绑定	onAfterUpdate	当数据完成由数据源到对象的传送时触发此事件
	onCellChange	当数据来源发生变化时触发此事件
	onDataAvailable	当数据接收完成时触发此事件
	onDatasetChanged	数据在数据源发生变化时触发此事件
	onDatasetComplete	当来子数据源的全部有效数据读取完毕时触发此事件
	onErrorUpdate	当使用 onBeforeUpdate 事件触发取消了数据传送时,代替 onAfterUpdate 事件
	onRowEnter	当前数据源的数据发生变化并且有新的有效数据时触发此事件
	onRowExit	当前数据源的数据将要发生变化时触发此事件
数据绑定	onRowsDelete	当前数据记录将被删除时触发此事件
	onRowsInserted	当前数据源将要插入新数据记录时触发此事件

续表

事件		事件说明
外部事件	onAfterPrint	当文档被打印后触发此事件
	onBeforePrint	当文档即将打印时触发此事件
	onFilterChange	当某个对象的滤镜效果发生变化时触发此事件
	onHelp	当浏览者按下 F1 或者浏览器帮助时触发此事件
	onPropertyChange	当对象的属性之一发生变化时触发此事件
	onReadyStateChange	当对象的初始化属性值发生变化时触发此事件

11.2.3 添加行为

Dreamweaver 内置了常用标准行为，以便用户使用。在"标签检查器"面板中，单击【添加行为】按钮 ，可以展开行为菜单，如图 11-7 所示。

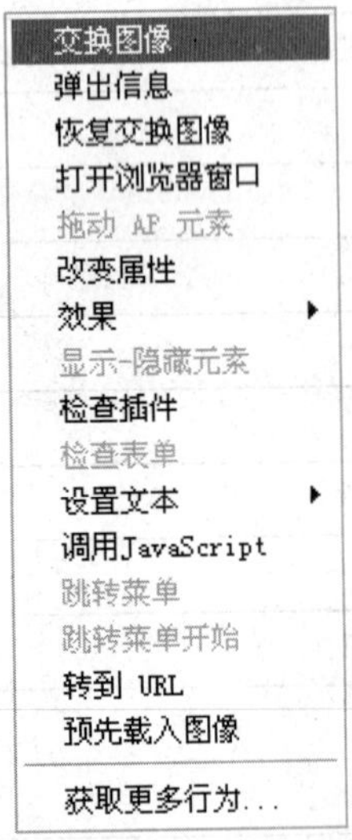

各菜单项功能如下。

- 交换图像：当发生所设置的事件后，用其他图像替代当前图像。
- 弹出信息：当发生所设置的事件后，弹出一个消息框。
- 恢复交换图像：恢复设置"交换图像"行为因为某种原因失去效果的图像。
- 打开浏览器窗口：打开一个新的浏览器窗口。
- 拖动 AP 元素：可以让浏览者拖动 AP 元素。
- 改变属性：可以改变相应对象的属性值。
- 效果：可将各种效果应用于页面上的相应元素。
- 显示-隐藏元素：可以显示、隐藏或恢复一个或多个页面元素的可见性。
- 检查插件：检查是否装有运行网页的插件。
- 检查表单：检测用户填写的表单内容是否符合预先设定的规范。
- 设置文本：可以在不同位置显示相应内容。
- 调用 JavaScript：当事件发生时，调用指定的 JavaScript 函数。
- 跳转菜单：制作一次可建立若干个链接的跳转菜单。
- 跳转菜单开始：在跳转菜单中选定要移动的站点后，只有单击"开始"按钮才可移动到链接的站点上。
- 转到 URL：选定事件发生后，可以跳转到指定站点或网页文档上。
- 预先载入图像：在下载图像之前预先载入一幅图像。
- 获取更多行为：除了 Dreamweaver 内置行为，也可以单击该选项后在浏览器中加载 Exchange for Dreamweaver Web（www.adobe.com/go/dreamweaver_exchange_cn）站点，下载并安装所需的扩展包。

图 11-7 "行为"菜单

11.3 学习任务：使用行为创建网页特效

本节学习任务

使用 Dreamweaver 可以为网页添加特效。本节通过多个实例，重点介绍使用行为创建网页特效的方法。要求学习者掌握弹出公告页、图像特效、设置状态栏文本、设置跳转菜单效果等特效的创建方法。

11.3.1 制作网页加载时弹出公告页

在 Dreamweaver 中，行为的设置是通过"标签检查器"面板完成的。创建行为的步骤如下：

（1）创建或选择要触发行为的页面元素；
（2）选择要应用的行为，并设置其参数；
（3）指定触发该行为的事件。

"打开浏览器窗口"是指在网页加载时弹出浏览器窗口。使用此行为，可以制作弹出通知、信息提示等网页特效。下面通过简单案例介绍创建"打开浏览器窗口"行为的方法。效果如图 11-8 所示。

图 11-8 在网页加载时弹出公告页

（1）创建本地站点 ch11-3-1，打开网页文件 sucai.html，如图 11-9 所示。
（2）选择"窗口→行为"菜单命令，打开"标签检查器"面板，单击【添加行为】按钮，在弹出的菜单中选择"打开浏览器窗口"命令，打开"打开浏览器窗口"对话框，如图 11-10 所示。

图 11-9　打开的网页文件

对话框各选项含义如下。
● 要显示的 URL：可以输入或通过单击【浏览】按钮选择要打开的网页文件。
● 窗口宽度：设置打开浏览器窗口的宽度，通常以像素（px）为单位。
● 窗口高度：设置打开浏览器窗口的高度。
● 属性：设置相应栏目是否在打开的浏览器窗口中显示。
● 窗口名称：新窗口的名称。如果用户通过 JavaScript 使用链接指向新窗口或控制新窗口，则应对新窗口命名。所命名不能包含空格或特殊字符。

（3）选择"body"标签，在"要显示的 URL"文本框中，选择网页文件 popup.html，设置"窗口宽度"和"窗口高度"为 300px，其他选项保持默认。

（4）单击【确定】按钮，添加"打开浏览器窗口"行为。设置动作的"事件"为 onLoad，即加载网页时，触发该行为。设置后的"标签检查器"面板如图 11-11 所示。

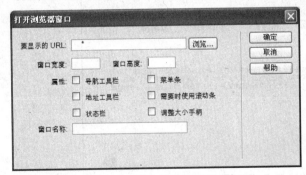
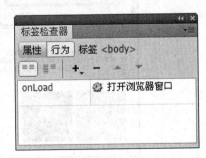

图 11-10　"打开浏览器窗口"对话框　　　图 11-11　设置行为后的"标签检查器"面板

（5）保存网页文档，按下<F12>键在浏览器中预览网页效果。

11.3.2　使用行为设置图像特效

Dreamweaver 内置了交换图像行为特效。"交换图像"行为通过更改<img>标签的 src 属性将一幅图像和另一幅图像进行交换。使用此行为可创建"鼠标经过图像"的效果以及其他图像效果(包括一次交换多个图像)。变换图像前后的效果分别如图 11-12 和图 11-13 所示。当鼠标移到页面左下角设置了"交换图像"行为的图像时,会用另一幅图像替代原图像,当鼠标离开时恢复原图像。

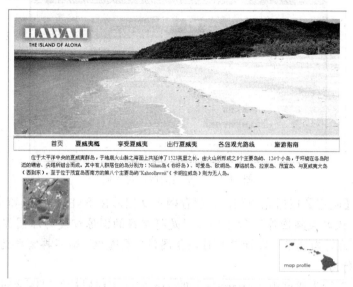

图 11-12　交换图像前

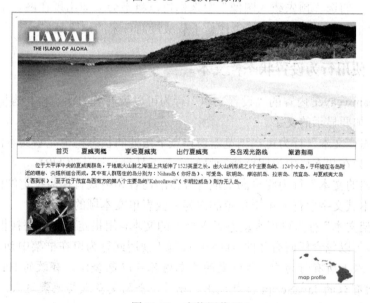

图 11-13　交换图像后

具体操作如下。

(1)创建本地站点 ch11-3-2。打开网页文件 sucai.html,将其另存为 11-3-2.html。

(2)将网页左下角的图像的 ID 属性设置为"swapImg"。选中图像"swapImg",单击"窗口→行为"菜单命令,打开"标签检查器"面板,单击面板中的 + 按钮,在弹出的菜单中选择"交换图像"命令,弹出"交换图像"对话框,如图 11-14 所示。

(3)在"图像"列表中选择"图像'swapImg'";单击【浏览】按钮,在打开的对话框中选择图像文件"ch11\ch11-3\images\tree.gif";选中"预先载入图像"复选框,以便预先缓存图像，防止因为交换图像下载缓慢而导致延迟；选中"鼠标滑开时恢复图像"复选框，当鼠标移到图像外边时恢复初始图像。

图 11-14 "交换图像"对话框

（4）单击【确定】按钮完成制作。保存网页文档，按下<F12>键预览交换图像效果。

☎提示："恢复交换图像"行为的作用是将交换的图像恢复为原图像。如果在添加"交换图像"行为时勾选了"鼠标滑开时恢复图像"复选框，则不再需要为案例设置"恢复交换图像"行为。

"交换图像"行为通过更改<img>标签的 src 属性实现鼠标经过图像时，图像发生交换显示的效果。勾选"预先载入图像"复选框可以将不会立即出现在网页上的图像载入到浏览器缓存中，防止由于网速导致图像下载缓慢而带来的浏览延迟。

11.3.3 使用行为设置状态栏文本

通过 Dreamweaver 内置的"设置文本"行为可以为网页的状态栏、容器、文本域、框架等元素添加要显示的文字。

"设置状态栏文本"行为可在浏览器窗口左下角处的状态栏中显示文本消息。例如，可以使用此行为在状态栏中说明链接的目标，而不是显示默认的 URL。

"设置容器的文本"行为将页面上现有容器的内容和格式替换为指定的内容。

"设置文本域文字"行为可用指定的内容替换表单文本域的内容。

"设置框架文本"行为可用来动态设置框架的文本，用指定的内容替换框架的内容和格式，该内容可以包含任何有效的 HTML 代码。使用此行为可在框架中动态显示信息。

☎提示：以上所有行为中，所设置的文本内容可以包含任何有效的 HTML 源代码，也可以是任何有效的 JavaScript 函数调用、属性、全局变量或其他表达式。若要嵌入一段 JavaScript 代码，需要将其放置在花括号{}中。

设置状态栏文本具体操作如下。

（1）创建本地站点 ch11-3-3，新建网页文件，将其以 11-3-3.html 为文件名保存在创建的本地站点文件夹中。

（2）在网页中添加两段文字，并适当设置文字的大小。单击"插入"面板"布局"类别中的【绘制 AP Div】按钮，在文档中绘制两个 AP Div 元素。将其 ID 属性分别设置为"flw1"、"flw2"。设置 AP Div 的宽和高分别为"114px"、"112px"，背景颜色为"#ccffff"，如图 11-15 所示。

图 11-15　插入 AP Div 并设置属性

（3）在 AP Div 元素中插入图片。插入图片后效果如图 11-16 所示。

图 11-16　在 AP Div 中插入图片

（4）选中"flw1"，按<Shift+F4>快捷键打开"标签检查器"面板，单击面板中的 按钮，在弹出的菜单中选择"设置文本→设置容器的文本"菜单命令，打开"设置容器的文本"对话框，如图 11-17 所示。

图 11-17　"设置容器的文本"对话框 1

（5）在"新建 HTML"文本框中添加 HTML 代码"<p class="tip">蔷薇</p>"。设置完毕后，单击【确定】按钮。

（6）在<style>…</style>间添加如下 CSS 样式。

```
.tip{
    color:red;
    font-size:24px;
}
```

（7）在"标签检查器"面板中设置该行为的事件为"onMouseOver"，即当鼠标移至"flw1"时触发该行为。

（8）继续为"flw1"添加"设置容器的文本"行为。在"新建 HTML"文本框输入"<img src="tree.gif">"，如图 11-18 所示。设置该行为的事件为"onMouseOut"，即当鼠标移开时恢复原图像。为"flw1"设置行为后的"标签检查器"面板如图 11-19 所示。

（9）依照上述步骤，为"flw2"添加"设置容器的文本"行为。

（10）设置完毕后，保存文档并在浏览器中预览效果，如图 11-20 所示。

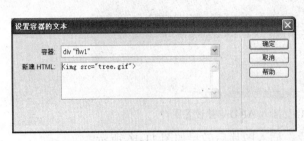

图 11-18　"设置容器的文本"对话框 2　　　图 11-19　添加的行为事件

图 11-20　在网页中预览效果

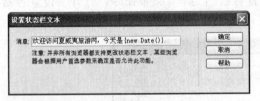

图 11-21　"设置状态栏文本"对话框

（11）为网页添加"设置状态栏文本"行为。选中<body>标签，单击"标签检查器"面板中的 + 按钮，在弹出的菜单中选择"设置文本→设置状态栏文本"菜单命令，打开"设置状态栏文本"对话框，在文本框中输入"欢迎访问夏威夷旅游网，今天是{new Date()}"，如图 11-21 所示。设置完毕后，单击【确定】按钮。

☞提示：在文本框中可以输入普通字符或者 JavaScript 代码，也可以是二者组合。new Date()是 JavaScript 的内置日期函数，通过调用此函数，可以显示系统日期。

（12）保存文档，按<F12>键在浏览器中预览效果，如图 11-22 所示。

图 11-22　设置状态栏文本后效果

11.3.4　使用行为设置跳转菜单效果

使用 Dreamweaver 内置的行为可以创建跳转菜单。跳转菜单是由下拉式菜单组成的超链接组，使用跳转菜单可以创建多个网页的链接，实现向多个目标网页的跳转，效果如图 11-23 所示。

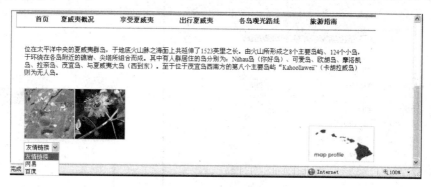

图 11-23　最终效果

具体操作步骤如下。

（1）创建本地站点 ch11-3-4，打开网页文件 sucai.html，将其以 11-3-4.html 为文件名保存在站点中。

（2）将光标定位到要插入跳转菜单的位置，在菜单栏中选择"插入→表单→跳转菜单"菜单命令，打开"插入跳转菜单"对话框，从中设置各项参数，如图 11-24 所示，设置完毕后，单击【确定】按钮。

"插入跳转菜单"对话框各选项含义如下。

- ⊞⊟按钮：增删菜单项里的子项。
- ▲▼按钮：对菜单项里的子项进行排序。
- 菜单项：列出跳转菜单中所有的子项。
- 文本：选中菜单项中的某个子项，可以设置该子项在跳转菜单里显示的文本。
- 选择时，转到 URL：选中菜单项中的某个子项，可以设置当单击该子项时，将要转向的 URL 地址。
- 打开 URL 于：选中菜单项中的某个子项，可以设置在框架网页中将要打开的子框架名称。
- 菜单 ID：选中菜单项中的某个子项，可以设置该子菜单的 ID。
- 选项：选中"菜单之后插入前往按钮"，可以在跳转菜单后插入一个【转向】按钮，通过单击该按钮实现网页跳转；选中"更改 URL 后选择第一个项目"，可以使 URL 改变后，网页中仍然显示菜单项中的第一个项目。

提示：也可以通过选择"插入"面板"表单"分类中的"跳转菜单"命令，打开"插入跳转菜单"对话框。

（3）选中跳转菜单，在"标签检查器"面板中已经添加了"跳转菜单"行为，如图 11-25 所示。"跳转菜单"行为的默认事件是"onChange"。

（4）如需修改"插入跳转菜单"的参数，可以通过以下几种方式进行。

- 在"标签检查器"面板中，双击"跳转菜单"动作，可以打开"跳转菜单"对话框。
- 选择文档中的"跳转菜单"，在"属性"面板对其进行相关设置，如图 11-26 所示。单击【列表值】按钮，打开如图 11-27 所示对话框，可以对列表值进行编辑。

图 11-24 设置"插入跳转菜单"参数　　　　图 11-25 添加的行为事件

图 11-26 "跳转菜单"的属性面板　　　　图 11-27 "列表值"对话框

11.4 实训

本节重点练习在 Dreamweaver 中为网页添加多媒体元素的方法，使用 Dreamweaver "标签选择器"面板创建行为的基本操作。

11.4.1 实训一 为宝贝相册网页添加背景音乐

1. 实训目的
- 熟悉声音文件的类型和特点。
- 掌握为网页添加背景音乐的方法。

2. 实训要求
为网页插入音频前，要求对本章前面介绍过的音频文件格式进行比较，选择已经准备好的音频，并将其插入到网页中。本实训要求为宝贝相册网页（ch11/ex11-1/ex11-1.html）添加背景音乐，提供的音乐文件请见 ch11/ex11-1/sound 文件夹。保存网页文件，测试插入背景音乐后的网页效果。

11.4.2 实训二 设置变换图像的导航栏

1. 实训目的
- 掌握"标签检查器"面板及行为的基本操作。
- 掌握使用"交换图像"行为设置导航栏图像的方法。

▶2. 实训要求

导航栏是网页重要的组成部分。变换图像的导航栏是网页常用的导航特效。当鼠标移动到导航按钮时，变换图像；当鼠标移开时，恢复原图像。鼠标经过导航栏前后的效果分别如图 11-28 和图 11-29 所示。

图 11-28　鼠标经过前的导航栏

图 11-29　鼠标滑过时的导航栏

11.5　习题

一、填空题

1. 网页制作常用的音频文件格式有_____、_____、_____、_____。
2. 网页中常用的视频文件格式有_____、_____、_____、_____。
3. 行为是对象为响应某一_____而采取的动作。
4. 在 Dreamweaver 中对行为的添加和控制主要通过_____实现。

5. 当网页的访问者与页面进行交互时（例如，单击某个图像），浏览器会生成事件；这些事件可用于调用执行动作的 JavaScript_____。

6. JavaScript 在网页中有两种简单的用法，一种是直接将 JavaScript 脚本语言嵌入到网页中，另一种是_____的方式。

二、选择题

1. 在网页中可以直接插入 Flash 动画，该动画的格式必须是（　　）。
   A. swf　　　　B. fla　　　　C. rm　　　　D. flv

2. "插入"面板"常用"分类中的【媒体：FLV】按钮图标是（　　）。
   A. 　　　　B. 　　　　C. 　　　　D.

3. 在网页中嵌入音频文件，会在 Dreamweaver 的文档窗口中出现一个插件占位符，该占位符的图标显示为（　　）。
   A. 　　　　B. 　　　　C. 　　　　D.

4. 当鼠标移动到某对象范围的上方时触发此事件的动作是（　　）。
   A. onMouseOut　　　　　　　　B. onClick
   C. onMouseOver　　　　　　　　D. onChange

5. JavaScript 脚本语言不可以放在文档什么标签内（　　）。
   A. head　　　　B. body　　　　C. div　　　　D. font

6. 在 Dreamweaver 中，按下（　　）键，可以展开"标签检查器"面板。
   A. <Shift+F4>　　B. <F12>　　　C. <Alt+F2>　　D. <F6>

7. （　　）动作可以在当前窗口或指定框架打开一个新的网页。
   A. 打开浏览器窗口　　　　　　B. 跳转菜单
   C. 转到 URL　　　　　　　　　D. 检查浏览器

8. 下列哪一项不是构成行为的要素（　　）。
   A. 对象　　　　B. 动作　　　　C. 事件　　　　D. 属性

三、简答题

1. 在网页中可以通过哪些方式插入 Flash 动画？
2. 什么是行为？
3. 什么是 JavaScript？在 HTML 中如何引用？

第12章 使用表单对象

表单用于收集用户填写的信息，比如某网站的会员注册、留言簿、问卷调查、网上报名等都会用到表单。表单可以说是一个容器，里面的表单对象类型不同，所表示的功能也不同。表单对象包括文本框、单选框、复选框、列表/菜单等，通过<input>标记体现它们的功能。

本章学习要点：
- 表单和表单属性设置；
- 表单对象及其属性设置；
- 表单对象的应用。

12.1 学习任务：表单和表单对象

表单是一个包含表单元素的容器，在动态网页中常用，它使网站管理者可以与 Web 站点的访问者进行交互，是收集客户信息和进行网络调查的主要途径。

本节学习任务

认识表单和表单对象，掌握创建表单、向表单中插入表单对象的方法，掌握表单及表单对象的属性设置。

12.1.1 表单

1. 认识表单

表单是网站管理者与浏览者沟通的纽带，也是一个网站成功的秘诀，更是网站生存的命脉。有了表单，网站就不仅仅是"信息提供者"，也是"信息收集者"。表单通常用于用户登录、留言簿、网上报名、产品订单、网上调查及搜索界面等。

使用 Dreamweaver 可以创建表单，可以在表单中添加表单对象，还可以通过使用"行为"来验证用户输入的信息的正确性。例如，可以检查用户输入的电子邮件地址是否包含"@"符号，或者某个必须填写的文本域是否包含值等。

2. 创建表单

在 Dreamweaver 文档中插入表单有两种方法：一种是使用菜单命令，另一种是使用【表单】按钮。

- 使用菜单命令插入表单：在文档窗口中选定插入点，选择"插入→表单→表单"菜单命令。
- 使用"表单"按钮插入表单：在文档窗口中选定插入点，单击"插入"面板"表单"分类中的【表单】按钮，或直接将【表单】按钮拖曳到文档中。

创建的表单会在文档中以红色的矩形虚线框显示，如图12-1所示。可在表单虚线框中插入诸如文本域、按钮、列表框、单选框、复选框等表单对象。

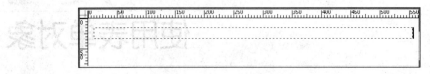

图12-1　创建的表单

提示：插入表单后，如果在页面中看不到表单边框，可选择"查看→可视化助理→不可见元素"菜单命令将红色虚线框显示出来。

需要注意的是，页面中的红色虚线框表示创建的表单，这个框的作用仅是方便编辑表单对象，在浏览器中不会显示。另外，可以在一个页面中包含多个表单，但是，不能将一个表单插入到另一个表单中（即标签不能重叠）。

3. 设置表单属性

在文档窗口中选中插入的表单，表单"属性"面板如图12-2所示。

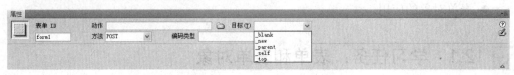

图12-2　表单"属性"面板

表单"属性"面板中各选项含义如下。

- 表单 ID：是<form>标签的 name 参数，用于标明表单的名称，每个表单的名称不能相同。命名表单后，用户就可以使用 JavaScript 或 VBScript 等脚本语言引用或控制该表单。
- 动作：是<form>标签的 action 参数，用于设置处理该表单数据的动态网页路径。用户可以在文本框中直接输入动态网页的完整路径，也可以单击文本框右侧的"浏览文件"按钮，选择处理该表单数据的动态网页。
- 方法：是<form>标签的 method 参数，用于设置将表单数据传输到服务器的方法。其列表中包含默认、GET 和 POST 3 项。
  ◇ 默认：使用浏览器默认的方法，通常默认值为 GET 方法。
  ◇ GET：将值附加到请求该页面的 URL 中，并将其传输到服务器。由于 GET 方法有字符个数的限制，所以适用于向服务器提交少量数据的情况。
  ◇ POST：在 HTTP 请求中嵌入表单数据，并将其传输到服务器，该方法适用于向服务器提交大量数据的情况。
- 编码类型：是<form>标签的 enctype 参数，用于设置对提交给服务器处理的数据使用的 MIME 编码类型。MIME 编码类型默认设置为 application/x-www-form-urlencode，通常与 POST 方法一起使用。如果要创建文件上传域，则指定为 multipart/ form-data MIME 类型。
- 目标：是<form>标签的 target 参数，用于选择打开目标浏览器的方式。各种方式在前面章节中已经介绍过，这里不再赘述。

12.1.2 表单对象

表单是用来存放表单对象的，并负责将表单对象的值提交给服务器端的某个程序处理，所以在添加文本域、按钮等表单对象之前，要先插入表单。

1. 向表单中插入对象

在 Dreamweaver CS6 中，表单对象是允许用户输入数据的网页元素。向表单中插入表单对象的方法有如下几种。

- 将光标定位于表单边界内（即红色虚线框内）的插入点，从"插入→表单"级联式菜单中选择表单对象。
- 将光标定位于表单边界内的插入点，在"插入"面板的"表单"分类中单击表单对象按钮。
- 在"插入"面板的"表单"分类中，选中要插入的表单对象按钮，按下鼠标左键将其直接拖曳到表单边界内的插入点位置。

2. 表单标签

表单标签是成对出现的<form>…</form>，它是一个容器标签，用来定义一个表单区域，定义的表单对象需要放在<form>与</form>之间。下面列出表单和主要表单对象的标签，并用<!-- -->注释对标签功能分别加以说明。

```html
<html>
  <head>
    <title>表单标签</title>
  </head>
  <body>
    <!--设置表单,并在表单中插入表单对象-->
    <form action="" method="post" enctype="multipart/form-data" name="form1" id="form1">
      <!--设置单行文本框-->
      <input type="text" name="textfield" id="textfield" />
      <br>
      <!--设置密码框-->
      <input type="password" name="textfield2" id="textfield2" />
      <br>
      <!--设置文本区域-->
      <textarea name="textarea" id="textarea" cols="45" rows="5"></textarea>
      <br>
      <!--设置单选按钮,name 属性值相同-->
      <input type="radio" name="radio" id="radio" value="radio" />
      <input type="radio" name="radio" id="radio2" value="radio2" />
      <br>
      <!--设置复选按钮,name 属性值不能相同 -->
      <input type="checkbox" name="checkbox" id="checkbox" />
      <input type="checkbox" name="checkbox2" id="checkbox2" />
      <!--设置列表/菜单-->
      <select name="select" id="select">
      </select>
      <br>
      <!--设置跳转菜单-->
      <select name="jumpMenu" id="jumpMenu" onchange="MM_jumpMenu ('parent', this,0)">
        <option>项目 1</option>
      </select>
```

```
            <br>
            <!--设置文件域-->
            <input type="file" name="fileField" id="fileField" />
            <br>
            <!--设置提交和重置按钮 -->
            <input type="submit" name="button" id="button" value="提交" />
            <input type="reset" name="button2" id="button2" value="重置" />
       </form>
   </body>
</html>
```

以上代码在网页中形成一个包含多个表单对象的表单。从代码中可见，在表单中用 `<input type="#">` 插入表单对象，其中#可选用 text、password、checkbox、radio、hidden、submit、reset。

3. 表单对象

表单对象包含文本字段、隐藏域、文本区域、复选框、单选框、列表/菜单、跳转菜单、图像域、文件域、按钮等。本节只要求用户认识表单对象，有关表单对象的属性设置将在后面案例中详细介绍。

- **文本字段 和文本区域**：接受任何类型的字母、数字、文本输入内容。文本可以单行或多行显示，也可以以密码域的方式显示，在这种情况下，输入文本将被替换为星号或项目符号，以保证输入信息的安全。插入的文本域如图 12-3 所示。

> **提示**：使用密码域输入的密码及其他信息在发送到服务器时并未进行加密处理，所传输的数据可能会以字母、数字、文本形式被截获并被读取，因此，应对要确保安全的数据进行加密。

- **隐藏域**：存储用户输入的信息，如姓名、电子邮件地址等信息，并在用户下次访问此站点时使用这些数据。隐藏域在网页中不显示，只是将一些必要的信息存储并提交给服务器。插入隐藏域后，Dreamweaver 会在表单内创建隐藏域标签。
- **复选框 和复选框组**：允许在一组选项中选择多个选项，如图 12-4 所示，在一组选项中选中了 3 个复选框。
- **单选按钮 和单选框组**：在一组选项中一次只能选择一项。也就是说，在一个单选按钮组（由两个或多个共享同一名称的按钮组成）中选择一个按钮，就会取消选择该组中的其他按钮。单选按钮组应用效果如图 12-5 所示。

图 12-3　文本字段

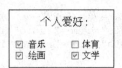

图 12-4　复选框

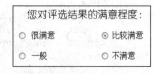

图 12-5　单选按钮

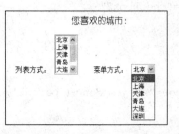

图 12-6　列表/菜单选项

- 选择（列表/菜单）：" 列表"选项在一个滚动列表中显示选项值，用户可以从该滚动列表中选择一个或多个选项。"菜单"选项在一个下拉菜单中显示出所有选项值，用户只能从中选择单个选项。列表/菜单选项的应用效果如图 12-6 所示。
- **跳转菜单**：可以是导航列表或弹出菜单，使用它们可以插入一个菜单，其中每个选项都链接到指定网页文件。如图 12-7 所示为插入的跳转菜单，从列表菜单中选择一项后（这里选择了"百度"），单击【前往】按钮，即可打开相关联的网页，如图 12-8 所示。

图 12-7 跳转菜单

图 12-8 链接到的网页

- 图像域：可以在表单中插入一幅图像，使其生成图形化的按钮，来代替不太美观的普通按钮。通常使用【图像】按钮来提交数据。
- 文件域：可以实现在网页中上传文件的功能。文件域的外观与其他文本域类似，只是文件域还包含一个【浏览】按钮，如图 12-9 所示。用户可以手动输入要上传的文件路径；也可以单击【浏览】按钮，在打开的"选择文件"对话框中选择需要上传的文件。
- 按钮：用于控制表单的操作。一般情况下，表单中设有 3 种按钮：提交按钮、重置按钮和普通按钮。其中，提交按钮是将表单数据提交到表单指定的处理程序中进行处理，重置按钮将表单内容还原到初始状态。插入的按钮如图 12-10 所示。

图 12-9 文件域

图 12-10 按钮

12.2 案例 1：设计网页中的留言簿

学习目标 通过本案例的学习，掌握创建表单、插入文本域及属性设置、插入按钮及属性设置等。

知识要点 创建表单，表单属性的设置，文本域的应用，按钮的应用等。案例效果如图 12-11 所示。

12.2.1 留言簿界面设计

当浏览者访问网页时，如果对网站有意见或建议，可以在留言簿中留言，并可得到网站管理者的答复，从而实现浏览者与网站管理者的信息交流。下面介绍留言簿的制作过程。

（1）创建本地站点 ch12-1，新建网页文件，将其以 12-1.html 为文件名保存在创建的本地站点文件夹中。

图 12-11　网页中的留言簿浏览效果

（2）用表格布局网页。插入一个 4 行 2 列、"表格宽度"为 650px、"边框"为 0px 的表格，分别将第 1、第 2、第 4 行的 2 个单元格合并为一个单元格。

（3）插入网页元素。将光标置于表格的第 1 行，输入导航文字，并在单元格"属性"面板中，设置"水平"为"右对齐"，使输入的导航文字水平方向居右对齐；将光标置于表格的第 2 行，插入一幅图像文件（ch12/ch12-1/images/pic-1.jpg）；将光标置于表格的第 3 行第 1 列，插入一幅图像文件（ch12/ch12-1/images/pic-2.jpg）。

（4）插入表单。将光标置于表格的第 3 行第 2 列，选择"插入→表单→表单"菜单命令插入一个表单。

（5）在表单中插入表格。将光标置于插入的表单内，插入一个 8 行 2 列、"表格宽度"为 100%、"边框粗细"为 1px 的表格。

（6）选中插入的表格，在表格"属性"面板中设置"填充"为 0、"间距"为 0。

（7）选中表格第 1 行的两个单元格，将它们合并为一个单元格；将光标置于第 1 行的单元格中，输入文本内容，然后在单元格"属性"面板中设置"水平"居中对齐，如图 12-12 所示。

图 12-12　在表单中插入的表格

（8）选中表单中的表格单元格，在"属性"面板中设置行高为"26"，在表格第 1 列中输入文本内容。此时留言簿界面效果如图 12-13 所示。

图 12-13　留言簿界面效果

12.2.2　创建文本域

通常使用表单的文本域来接收用户输入的信息，文本域包括单行文本域、多行文本域、密码文本域 3 种。一般情况下，当用户输入较少信息时，使用单行文本域；当用户输入较多信息时，使用多行文本域；当用户输入密码等保密信息时，使用密码文本域。

下面继续设计制作"网页中的留言簿"，操作步骤如下。

（1）在图 12-13 所显示的表格中，将光标置于"姓名："后面的单元格中，单击"插入"面板"表单"分类中的"文本字段"按钮 ，或者选择"插入→表单→文本域"菜单命令，打开"输入标签辅助功能属性"对话框，直接单击【确定】按钮，在光标处创建一个单行的文本域。

（2）选中插入的文本域，其对应的"属性"面板如图 12-14 所示。

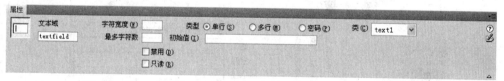

图 12-14　文本域"属性"面板

文本域"属性"面板中各选项含义如下。

- 文本域：用于标明该文本域的名称。每个文本域的名称都不能相同，它相当于表单中的一个变量名，服务器通过这个变量名来处理用户在该文本域中输入的值。
- 字符宽度：设置文本域中最多可显示的字符数。当设置该选项后，若是多行文本域，标签中增加 cols 属性，否则标签增加 size 属性。如果用户输入的字符超过了指定的字符宽度，则超出的字符将不被表单处理程序接收。
- 最多字符数：设置单行、密码文本域中最多可输入的字符数。当设置该项后，标签增加 maxlength 属性，当输入的字符超过最大字符数时，表单会发出警告声。
- 类型：设置文本域的类型，可在单行、多行、密码 3 个类型中任选一个。"单行"

类型将产生一个<input>标签，它的 type 属性为 text，表示此文本域为单行文本域；"多行"类型将产生一个<textarea>标签，表示此文本域为多行文本域；"密码"类型将产生一个<input>标签，它的 type 属性为 password，表示此文本域为密码文本域，此时，在文本域中接收的数据均以"●"显示，以保护数据不被其他人看到。
- 初始值：设置文本域的初始值，即在首次载入表单时文本域中显示的值。
- 类：将 CSS 规则应用于文本域对象。

（3）本案例设置文本域的"字符宽度"为 14，"类型"为单行。

（4）用同样的方法，分别在"密码"、"E-mail"、"联系电话"、"留言主题"后面对应的单元格中插入文本域，并进行属性设置。

（5）选中"密码"后面的文本域，在其"属性"面板中设置"字符宽度"为 8，"最多字符数"为 8，"类型"为密码。

（6）将光标置于"留言内容"后面的单元格中，单击"插入"面板"表单"分类中的"文本区域"按钮，在光标处插入一个文本区域。

（7）选中插入的文本区域，其"属性"面板如图 12-15 所示。和图 12-14 不同的是，图 12-14 中的"最多字符数"在图 12-15 中变为"行数"，用于设置文本域的高度。

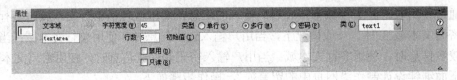

图 12-15 文本区域"属性"面板

（8）在文本区域"属性"面板中设置"字符宽度"为 34，"行数"为 4，"类型"为多行。此时的留言簿效果如图 12-16 所示。

图 12-16 添加文本域的留言簿效果

（9）选中表单中表格的第 1 行，在"属性"面板中设置"背景颜色"为#F0B39B；选中除第 1 行之外的其他所有单元格，在单元格"属性"面板中设置"背景颜色"为#FFFFBB，效果如图 12-17 所示。

图 12-17 填充背景颜色后的留言簿效果

12.2.3 创建按钮

按钮的作用是控制表单的操作,表单中一般设有提交按钮、重置按钮和普通按钮 3 种。设置按钮类型可在如图 12-18 所示的按钮"属性"面板中完成。

图 12-18 按钮"属性"面板

按钮"属性"面板中各选项含义如下。
- 按钮名称:用于输入选中按钮的名称,每个按钮的名称不能相同。
- 值:设置按钮上显示的文本。
- 动作:设置用户单击按钮时将发生的操作。包括 3 个选项:
  ◇ 提交表单:单击按钮时,将表单数据提交到表单指定的处理程序处理;
  ◇ 重设表单:单击按钮时,将表单域内的各对象值还原为初始值;
  ◇ 无:单击按钮时,选择为该按钮附加的行为或脚本。
- 类:将 CSS 规则应用于按钮。

下面为留言簿添加按钮,具体操作如下。

(1)选中表单中表格的最后一行,将最后一行的两个单元格合并为一个单元格。

(2)将光标置于表格的最后一行中,选择"插入→表单→按钮"菜单命令,在打开的"输入标签辅助功能属性"对话框中,直接单击【确定】按钮,在光标处插入一个【提交】按钮,如图 12-19 所示。

(3)用同样的方法,在【提交】按钮的后面再插入一个新的按钮。选中新创建的按钮,在按钮"属性"面板中设置"值"为"重置","动作"为"重设表单"。

(4)选中创建的两个按钮,在"属性"面板中设置"水平"为"居中对齐",效果如图 12-20 所示。

(5)输入网页版权信息。将光标置于外表格的最后一行,输入网页的版权信息,并在"属性"面板中设置单元格内容"水平"为"居中对齐"。

图 12-19 创建的"提交"按钮

图 12-20 设置属性后的按钮

（6）选中整个外表格，在"属性"面板中设置"对齐"为"居中对齐"，使网页内容在浏览器中居中显示。

（7）保存网页文件，按下<F12>键预览网页效果。

12.2.4 使用 CSS 样式美化留言簿网页

下面通过 CSS 样式美化留言簿网页，并为页面添加背景图片。具体方法如下。

（1）新建 CSS 样式表文件。在"CSS 样式"面板中，单击面板底部的"新建 CSS 规则"按钮，打开"新建 CSS 规则"对话框，在"选择器类型"下拉列表中选择"类（可应用于任何 HTML 元素）"选项，在"选择器名称"下拉列表框中输入".text1"，在"规则定义"下拉列表框中选择"（新建样式表文件）"选项。

（2）单击【确定】按钮将弹出"将样式表文件另存为"对话框，在"文件名"文本框中输入样式表文件名"style"，将其保存到 ch12-1 文件夹中。

（3）单击【保存】按钮，在弹出的".text1 的 CSS 规则定义（在 style.css 中）"对话框的"类型"一栏中，设置 Font-size 为"12px"、Font-family 为"宋体"，然后单击【确定】按钮。此时，创建的外部样式表文件 style.css 出现在"CSS 样式"面板和"文件"面板中。

（4）用同样的方法定义.text2 样式，设置 Font-size 为"14px"、Font-family 为"宋体"，并将其保存在外部样式表文件 style.css 中。外部样式表文件 style.css 中的 CSS 代码如下。

```
.text1 {
    font-size: 12px;
```

```
        font-family: "宋体";
}
.text2 {
        font-size: 14px;
        font-family: "宋体";
}
```

(5) 应用 CSS 样式。分别选中页面中的导航文本、网页版权信息，在"属性"面板的"类"下拉列表中选择 text1；选中表单中的留言簿文本内容，为文本应用 text2 样式。

(6) 为网页添加背景图像。将光标置于页面空白处，单击"属性"面板中的【页面属性】按钮，在打开的"页面属性"对话框中，选择背景图像（ch12/ch12-1/images/pic-3.jpg）。至此，网页中的留言簿制作完成。

(7) 保存网页文件，按<F12>键，在浏览器中预览网页效果。

📓 **案例小结**　留言簿是表单的重要应用之一。本案例详细地介绍了留言簿页面的设计制作方法，使用户在学习的过程中，熟练掌握单行文本域、多行文本域、密码域和按钮表单对象的创建及应用。

12.3　案例2：设计会员注册页面

🔖 **学习目标**　在许多网站上提供了会员注册功能，通过注册成为会员，能够更好地享受网站提供的服务。通过本案例的学习，要求用户重点掌握单选框、复选框、列表/菜单的创建及应用。

🔖 **知识要点**　单选框及属性设置，复选框及属性设置，列表/菜单及属性设置等。案例效果如图 12-21 所示。

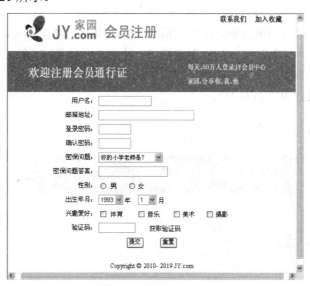

图 12-21　会员注册页面效果

12.3.1　会员注册界面设计

（1）创建本地站点 ch12-2，新建网页文件，将其以 12-2.html 为文件名保存在创建的本地站点文件夹中。

（2）用表格布局网页。插入一个 4 行 1 列、"表格宽度"为 650px、"边框"为 0px 的表格。

（3）插入网页元素。将光标置于表格的第 1 行，插入一幅图像文件（ch12/ch12-2/images/pic-1.jpg）；将光标置于表格的第 2 行，插入一幅图像文件（ch12/ch12-2/images/pic-2.jpg）；将光标置于第 4 行，输入网页版权信息。

（4）插入表单。将光标置于表格的第 3 行，选择"插入→表单→表单"菜单命令插入一个表单。

（5）在表单中插入表格。将光标置于插入的表单内，插入一个 11 行 2 列、"表格宽度"为 100%、"边框粗细"为 0px 的表格，效果如图 12-22 所示。

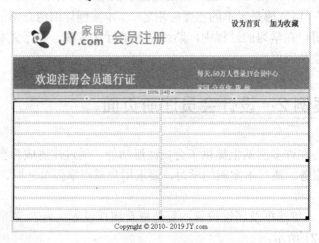

图 12-22　插入的表格

（6）选中表格所有的单元格，在单元格"属性"面板中设置单元格的"高"为 27px。

（7）将光标置于第 1 行第 1 列的单元格中，输入"用户名："，并设置单元格文本"右对齐"。请参照图 12-23 中的文本内容，用同样的方法在表格第 1 列的其他单元格中输入文本，并将它们设置为"右对齐"。

图 12-23　会员注册界面效果

(8) 用前面所学的知识, 分别在 "用户名"、"邮箱地址"、"登录密码"、"确认密码"、"密保问题答案"、"验证码" 后面的单元格中插入单行文本域。

(9) 分别选中插入的文本域, 在 "属性" 面板中设置它们的 "字符宽度"、"最多字符数" 及 "类型" 选项。选项的值由用户根据需要自行确定, 这里不统一要求。

12.3.2 创建单选按钮

单选按钮通常用于互相排斥的选项, 即只能选择一组中的某个按钮, 而且选择其中的一个选项就会自动取消对另一个选项的选择。

在表单中插入单选按钮时, 应先将光标放在表单轮廓内需要插入单选按钮的位置, 然后插入单选按钮。下面为会员注册页面添加单选按钮, 具体操作如下。

(1) 将光标置于 "性别:" 后面的单元格中, 单击 "插入" 面板 "表单" 分类中的【单选按钮】, 或者选择 "插入→表单→单选按钮" 菜单命令, 打开 "输入标签辅助功能属性" 对话框。如图 12-24 所示。

图 12-24 "输入标签辅助功能属性" 对话框

(2) 在 "标签" 后面的文本框中输入 "男", "位置" 选择 "在表单项后", 单击【确定】按钮, 将在光标处创建一个带有 "男" 标识文字的单选按钮。

(3) 用同样的方法, 在插入的单选按钮后面, 继续插入一个标识为 "女" 的单选按钮, 如图 12-25 所示。

(4) 分别选中插入的两个单选按钮, 其对应的 "属性" 面板如图 12-26 所示。

各选项含义如下。

- 单选按钮: 设置该单选按钮的名称。
- 选定值: 设置此单选按钮代表的值, 一般为字符型数据, 即当选定该单选按钮时, 表单指定的处理程序获得的值。
- 初始状态: 设置该单选按钮的初始状态, 即浏览器载入表单时, 该单选按钮是否处于被选中状态。一组单选按钮中只能有一个按钮的初始状态被选中。
- 类: 将 CSS 规则应用于单选按钮。

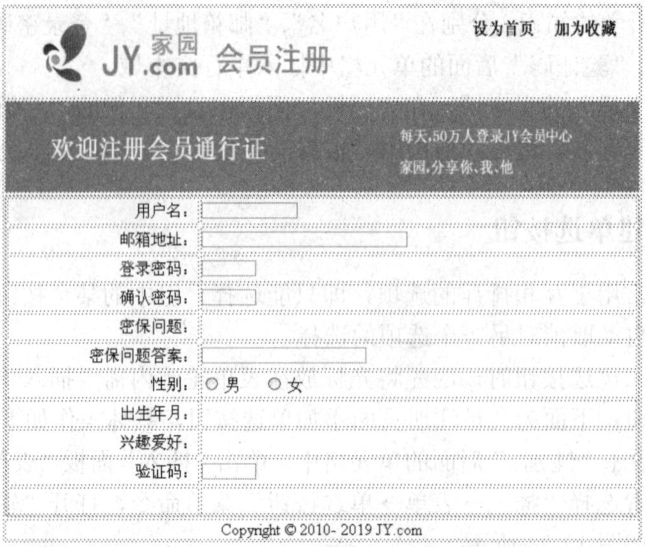

图 12-25　插入单选按钮

图 12-26　单选按钮"属性"面板

（5）设置单选按钮名称均为"radio"，初始状态为"未选中"。到此为止，单选按钮创建完毕。

（6）按<Ctrl+S>组合键保存网页文件。按<F12>键在打开的浏览器中测试单选按钮效果。

提示：在同一组中的两个或多个单选按钮的名称必须相同。

可以在表单中创建单选按钮组。具体方法：选择"插入→表单→单选按钮组"菜单命令，打开"单选按钮组"对话框，单击"单选按钮"右侧的 按钮或 按钮，来添加或删除一个单选按钮，这里单击 按钮 4 次，增加 4 个标签；单击"标签"的各行，可以修改单选按钮的标识内容，比如分别修改为红、绿、蓝、黑，如图 11-27 所示，单击【确定】按钮。创建的带有标识内容的单选按钮组如图 11-28 所示。

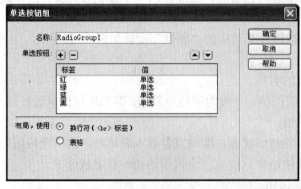

图 12-27　"单选按钮组"对话框　　　　　　　　图 12-28　单选按钮组

12.3.3 创建复选框

复选框用于在一组选项中选择多项。在一组复选框中，单击同一个复选框可以进行"关闭"或"打开"状态的切换，因此，可以从一组复选框中选择多个选项。

插入复选框时，应先将光标放在表单轮廓内需要插入复选框的位置，然后插入复选框。下面为会员注册界面添加复选框，具体操作如下。

（1）将光标置于"兴趣爱好："后面的单元格中，单击"插入"面板"表单"分类列表中的【复选框】按钮☑，或者选择"插入→表单→复选框"菜单命令，将打开"输入标签辅助功能属性"对话框。

（2）在"标签"后面的文本框中输入"体育"，单击【确定】按钮，将在光标处创建一个带有"体育"标识文字的复选框。

（3）用同样的方法，继续创建 3 个带有标识文字的复选框，如图 12-29 所示。

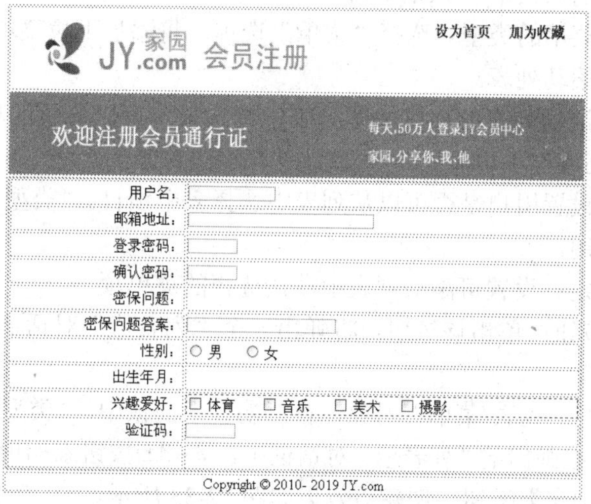

图 12-29　创建的复选框

（4）选中插入的复选按钮，其对应的"属性"面板如图 12-30 所示。复选框"属性"面板与前面介绍的单选框"属性"面板基本相同，这里不再一一介绍。需要注意的是，各个"复选框名称"不应该相同，需要分别为各个复选框设置不同的名称。

（5）按下<Ctrl+S>组合键保存网页文件。按下<F12>键测试复选框效果。

图 12-30　复选框"属性"面板

12.3.4 创建列表/菜单

"列表/菜单"使访问者可以从由多个选项所组成的列表中选择一项或多项。当页面空间有限，但又需要显示许多菜单选项时，使用"列表/菜单"会很方便。"列表/菜单"有两种形式：一种是下拉菜单，另一种是滚动列表。

下面为会员注册界面添加列表/菜单，具体操作如下。

（1）将光标置于"密保问题："后面的单元格中，单击"插入"面板"表单"分类列表中的"列表/菜单"按钮，或者选择"插入→表单→列表/菜单"菜单命令，打开"输入标签辅助功能属性"对话框，直接单击【确定】按钮，在光标处创建一个"列表/菜单"对象，其"属性"面板如图12-31所示。

图 12-31　列表/菜单"属性"面板

各选项含义如下。
- 选择：用于输入菜单/列表的名称。
- 类型：设置菜单的类型。选择"菜单"选项，将添加下拉菜单；选择"列表"选项，将添加滚动列表。
- 高度：设置滚动列表的高度，即列表中一次最多可以显示的项目数。"类型"为菜单时，"高度"不可用。
- 选定范围：设置用户是否可以从列表中选择多个项目。"类型"为菜单时，"选定范围"不可用。
- 初始化时选定：设置可滚动列表中默认选择的菜单项。
- 【列表值】按钮：单击该按钮，将弹出一个"列表值"对话框，用于设置菜单/列表项的值。

（2）选中插入的"列表/菜单"对象，在"属性"面板中，"类型"选择"菜单"，单击【列表值】按钮，在弹出的"列表值"对话框中，单击按钮添加项目标签，如图12-32所示，然后单击【确定】按钮。创建后效果如图12-33所示。

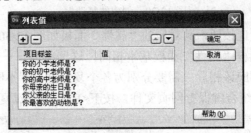

图 12-32　设置菜单项目标签

图 12-33　创建"密保问题"的"列表/菜单"对象

（3）用同样的方法，在"出生年月"后面的单元格中，创建一个带有"年"标签的"列表/菜单"对象，继续创建一个带有"月"标签的"列表/菜单"对象，如图12-34所示。

图 12-34　创建"出生年月"的"列表/菜单"对象

（4）选中带"年"标签的"列表/菜单"对象，在"属性"面板中，"类型"选择"列表"、"高度"为 1，单击【列表值】按钮，在弹出的"列表值"对话框中，单击⊕按钮添加项目标签，如图 12-35 所示。

用同样的方法，为带"月"标签的"列表/菜单"对象设置列表值，如图 12-36 所示。

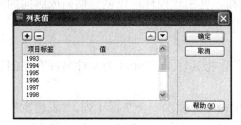 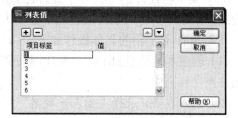

图 12-35　设置"年"列表值　　　　图 12-36　设置"月"列表值

（5）选中表格最后一行的两个单元格，将其合并为一个单元格，按前面介绍的方法，创建【提交】按钮和【重置】按钮。

（6）选中整个外表格，在"属性"面板中设置"对齐"为"居中对齐"，使网页内容在浏览器中居中显示。按下<Ctrl+S>组合键保存网页文件。

（7）最后，定义 CSS 样式美化表单，并为页面添加背景图像。到此为止，"会员注册"页面制作完成。按下<Ctrl+S>组合键保存网页文件。按下<F12>键预览"会员注册"网页效果。

案例小结　会员注册也是表单的应用之一。本案例详细介绍了会员注册界面的设计制作方法，并对界面中插入的单选按钮、复选框和列表/菜单的创建及属性设置进行了详细介绍，通过本案例的学习，希望用户能够熟练掌握会员注册类页面的设计制作。

12.4　案例 3：在网页中使用 Spry 布局对象

学习目标　认识 Spry 控件的功能，掌握 Spry 控件的插入和编辑。

知识要点　Spry 菜单栏，Spry 选项卡式面板，Spry 折叠式控件，Spry 可折叠面板控件。案例效果如图 12-37 所示。

图 12-37　在网页中使用 Spry 控件效果

12.4.1 插入 Spry 菜单栏

Spry 菜单栏控件是一组可导航的菜单按钮，使用该控件可以创建横向或纵向的网页下拉或弹出菜单，可在紧凑的空间中显示大量可导航信息。

插入 Spry 菜单栏的具体操作如下。

（1）创建本地站点 ch12-3，新建网页文件，将其以 12-3.html 为文件名保存在创建的本地站点文件夹中。

（2）插入表格。选择"插入→表格"菜单命令，插入一个 7 行 1 列、"表格宽度"为 950px、"边框"为 0px 的表格。在表格的第 1 行插入图片（ch12/ch12-3/images/pic-1.jpg）。

（3）将光标置于表格的第 2 行，选择"插入→布局对象→Spry 菜单栏"菜单命令，或者单击"插入"面板"布局"分类的【Spry 菜单栏】按钮，均能打开"Spry 菜单栏"对话框，如图 12-38 所示。

（4）选中"水平"单选项，单击【确定】按钮，在光标处添加一个横向水平放置的 Spry 菜单栏，如图 12-39 所示。

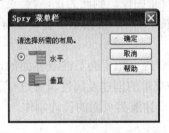

图 12-38 "Spry 菜单栏"对话框

图 12-39 插入的 Spry 菜单栏

（5）选中插入的 Spry 菜单栏，其对应的"属性"面板如图 12-40 所示。单击【+】或【–】按钮增加或删除菜单项目，设置每个项目的名称、下级项目的名称、菜单项链接的网页地址等，如图 12-41 所示。

图 12-40 Spry 菜单栏"属性"面板

图 12-41 设置 Spry 菜单栏

（6）保存文档，会弹出"复制相关文件"对话框，单击【确定】按钮，Dreamweaver 自动在网页文件保存的目录中创建一个 SpryAssets 文件夹，并将生成的文件保存到 SpryAssets 文件夹中。

（7）按下<F12>键预览网页效果，如图 12-42 所示。当单击菜单项的下拉箭头时，展开子菜单，鼠标离开时，子菜单自动收缩起来。

图 12-42　Spry 菜单栏预览效果

12.4.2　插入 Spry 选项卡式面板

对于 Windows 操作系统用户来说，选项卡功能并不陌生。在 Dreamweaver 中，可以借助 Spry 控件在网页中插入选项卡，并能选择各个主选项卡内的内容，对其进行编辑。

插入 Spry 选项卡式面板的具体操作如下。

（1）在表格的第 3 行中插入一幅图像（ch12/ch12-3/images/pic-2.jpg）。

（2）将光标置于表格的第 4 行，选择"插入→布局对象→Spry 选项卡式面板"菜单命令，或者单击"插入"面板"布局"分类中的【Spry 选项卡式面板】按钮，插入一个"Spry 选项卡式面板"控件，如图 12-43 所示。

图 12-43　插入的 Spry 选项卡式面板

（3）选中插入的"Spry 选项卡式面板"控件，在其"属性"面板中，单击【+】或【–】按钮增加或删除 Spry 选项卡式面板。

（4）在文档编辑窗口，将光标定位在第一个选项卡"Tab1"上，输入选项卡的标题名称，并且输入相对应的选项卡内容。

（5）用同样的方法分别更改其他选项卡名称，并添加相应的内容，如图 12-44 所示。

（6）选中 Spry 选项卡式面板，在其"属性"面板的"默认面板"下拉列表中可以选择某个面板为默认打开的面板，如图 12-45 所示。

图 12-44 编辑 Spry 选项卡名称和内容

图 12-45 Spry 选项卡式面板"属性"面板

（7）保存文档，按下<F12>键预览网页效果，如图 12-46 所示。

图 12-46 Spry 选项卡式面板预览效果

12.4.3 插入 Spry 折叠式控件

折叠式控件是一组可折叠的面板，可以将大量内容存储在一个紧凑的空间中。访问者可通过单击该面板上的选项卡来隐藏或显示存储在折叠式控件中的内容。在折叠式控件中，每次只能有一个内容面板处于打开且可见的状态。

插入 Spry 折叠式控件的具体操作如下。

（1）将光标置于表格的第 5 行，选择"插入→布局对象→Spry 折叠式"菜单命令，或者单击"插入"面板"布局"分类中的【Spry 折叠式】按钮，插入一个"Spry 折叠式"控件，如图 12-47 所示。

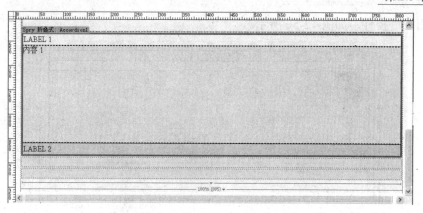

图 12-47　插入 "Spry 折叠式" 控件

（2）选中 Spry 折叠式控件，在其 "属性" 面板中，单击【+】或【-】按钮增加或删除 Spry 折叠式面板。

（3）在文档编辑区，将光标指向每一个折叠条的右侧，出现一个眼睛图标，单击该图标，展开第一个折叠条，从中进行内容的编辑。

（4）更改第一个折叠条的标题名称，在内容区输入文本内容，如图 12-48 所示。用同样的方法分别更改其他的折叠条名称，并添加相应的内容。

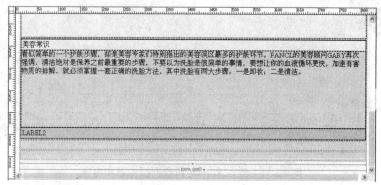

图 12-48　编辑 Spry 折叠式控件

（5）保存文档，按下<F12>键预览网页效果，如图 12-49 所示。

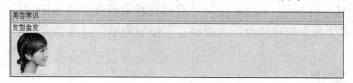

图 12-49　Spry 折叠式控件预览效果

12.4.4　插入 Spry 可折叠面板控件

可折叠式面板控件是一个面板，能将内容存储到紧凑的空间中，用户单击控制的选项卡即可隐藏或显示存储在可折叠面板中的内容。

插入 Spry 可折叠面板控件的具体操作如下。

（1）将光标置于表格的第 6 行，选择 "插入→布局对象→Spry 可折叠面板" 菜单命令，或者单击 "插入" 面板 "布局" 分类中的【Spry 可折叠面板】按钮，插入一个 "Spry

可折叠面板"控件,如图 12-50 所示。

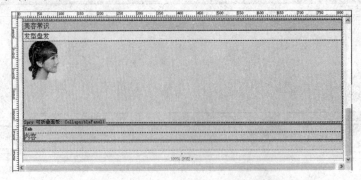

图 12-50 插入一个"Spry 可折叠面板"控件

（2）选中"Spry 可折叠面板"控件,在其"属性"面板中,设置 Spry 可折叠面板"显示"和"默认状态"为"打开"和"已关闭",并勾选"启用动画"。

（3）在编辑区,为 Spry 可折叠面板输入标题名称,并且输入内容,如图 12-51 所示。

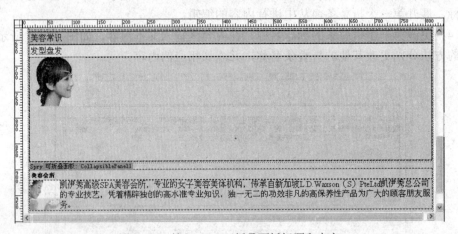

图 12-51 输入 Spry 可折叠面板标题和内容

（4）在表格的最后一行输入页面版权等信息。到此为止,案例制作完成。
（5）保存文档,按下<F12>键预览网页效果。

案例小结　　Spry 是 Adobe 公司针对目前越来越流行的 Ajax 技术而推出的 Ajax 框架。Spry 提供了易于构建和设计的控件,方便用户制作功能强大的网页。

12.5　实训

通过本章实训内容的练习,要求用户进一步掌握各种表单元素的创建及应用,能够熟练地设计并制作不同内容的表单。

12.5.1　实训一　设计网上报名页面

1. 实训目的

- 掌握表单的创建及属性设置。

- 熟练掌握文本域、单选按钮、复选框和文件域的创建及设置。
- 掌握网上报名页面的设计制作技能。

2. 实训要求

首先对网上报名页面进行布局，本案例使用表格布局页面，然后结合前面所学的知识，创建表单和表单对象。表单对象主要包括文本域、单选按钮、复选框和文件域。最后定义 CSS 样式对页面进行美化。网上报名页面效果如图 12-52 所示。

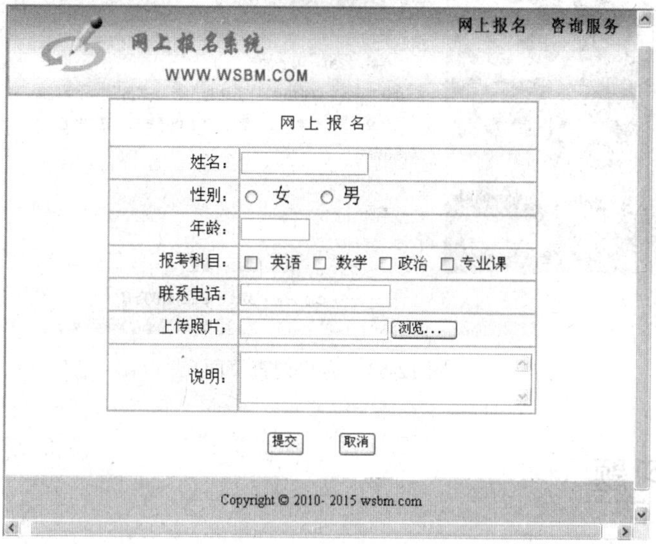

图 12-52　网上报名页面

12.5.2　实训二　设计客户调查页面

1. 实训目的

- 熟练掌握客户调查表单中表单对象的创建与属性设置。
- 掌握将创建的表单融合在网页中的技能。

2. 实训要求

首先对客户调查页面进行布局，然后在网页合适的位置创建表单和表单对象，并对表单对象进行属性设置。定义 CSS 样式美化页面，CSS 样式代码参考如下。

```
.text1 {
    font-size: 36px;
    font-family: "黑体";
    text-align: center;
}
.text2 {
    font-size: 14px;
    font-family: "宋体";
}
.tab {
    height: auto;
    border:1px solid #000;
}
```

通过本实训的练习，要求用户进一步提高设计制作网页表单的能力，为今后制作动态网页打下基础。客户调查页面效果如图 12-53 所示。

图 12-53 客户调查页面

12.6 习题

一、填空题

1. 表单的标签是_____。
2. 表单使_____可以与_____进行交互，是收集客户信息和进行网络调查的主要途径。
3. 在文本域"属性"面板中，"字符宽度"是指_____，"最多字符数"是指_____。
4. 插入表单后，如果在页面中看不到表单边框，可选择"查看→可视化助理→_____"菜单命令将红色虚线框显示出来。
5. 在表单对象中，_____通常用于互相排斥的选项，_____用于在一组选项中选择多项。
6. 文本字段的类型选择"密码"，浏览时输入的内容显示为_____。
7. Spry 控件有_____、_____、_____、_____等。

二、选择题

1. 下列关于表单说法不正确的一项是（　　）。
   A．表单通常用来做用户登录、留言簿、产品订单、网上调查及搜索界面等
   B．表单中包含了各种表单对象，如文本域、复选框、按钮等
   C．表单就是表单对象
   D．表单有两个重要组成部分：一是描述表单的 HTML 源代码，二是用于处理用户在表单域中输入信息的服务器端应用程序客户端脚本

2. 下列按钮中，用来插入"列表/菜单"的按钮是（　　）。
   A． 　　　　B． 　　　　C． 　　　　D．

3. 在 Dreamweaver 中，要创建表单对象，可执行（　　）菜单中的"表单"命令。
   A．插入　　　　B．编辑　　　　C．查看　　　　D．修改

4．隐藏域在网页中不显示,只是将一些必要的信息存储并提交给服务器。插入隐藏域后,Dreamweaver 会在表单内创建隐藏域标签（　　）。

A.　　　　　B.　　　　　C.　　　　　D.

5．文本字段是可以输入文本内容的表单对象,不包括（　　）。

A. 单行文本字段　　　　　　　　B. 多行文本字段

C. 密码字段　　　　　　　　　　D. 标签字段

三、简答题

1．表单的功能是什么?

2．单选框与复选框的主要区别是什么?

3．Spry 控件的主要功能有哪些?

第13章 创建基于模板的网页

设计制作一个风格统一的大型网站，使用模板和库是最佳且必需的选择。使用模板创建风格统一的多个网页，可以大大提高工作效率，并且便于网站的维护；使用库项目，可以方便、快捷地管理和更新不同页面中的相同网页元素。

本章学习要点：
- 创建与编辑模板；
- 管理与应用模板；
- 创建并应用库项目。

13.1 案例1：创建基于模板的时尚礼品网

学习目标 认识模板，掌握创建模板、编辑模板和管理模板的方法，通过创建基于模板的网页，从中领会到使用模板能够提高制作网站效率的精妙所在。

知识要点 创建模板，定义可编辑区域，制作基于模板的网页，管理模板等。基于模板的两个网页效果分别如图13-1和图13-2所示。

图13-1 基于模板的网页之一

13.1.1 模板概述

制作一个风格统一的大型网站，往往需要制作外观及部分内容相同的多个网页。如果每个网页都要制作一次，并且在需要更新时，也要每个网页逐个更新的话，工作量是可想而知的，只有将这些重复的操作简化，才能够提高工作效果。在 Dreamweaver 中使用模板功能，可以制作具有相同风格的多个网页，简化制作网站的操作过程。

图 13-2　基于模板的网页之二

　　Dreamweaver 中的模板是一种特殊类型的文档，其扩展名为.dwt。如果要制作大量相同或相似的网页，只需要在页面布局设计好之后将它保存为模板页面，然后就可以利用模板创建多个相同布局的网页。对于使用模板生成的网页文档，仍然可以进行修饰，当改变一个模板时，可以同时更新使用了该模板的所有文档，这样就大大提高了设计者的工作效率。

　　模板由可编辑区域和不可编辑区域两部分组成。不可编辑区域包含了所在页面中的共同元素，即构成页面的基本框架，称为锁定区域。不可编辑区域主要用来锁定体现网站风格的部分，包括网页背景、导航菜单、网站标志等内容。可编辑区域的相应内容是可以编辑的，是区别网页之间最明显的标志，该区域常用来定义网页的具体内容，从而得到与模板类似，但又有不同内容的新网页。

　　☎提示：无论是基于模板制作网站，还是利用库更新网页元素都需要在定义的站点中完成操作。

13.1.2　创建模板

　　在 Dreamweaver 中可以将现有的网页文档另存为模板，然后根据需要对其加以修改，也可以创建一个空白模板。

　　由于制作基于模板的网页需要在站点中操作，所以，在创建模板之前要先创建站点。Dreamweaver 将模板文件保存在站点中的 Templates 文件夹中，模板文件的扩展名为.dwt。如果该 Templates 文件夹在站点中尚不存在，Dreamweaver 将在保存新建模板时自动创建一个 Templates 子文件夹。

▶1. 创建空模板

创建空模板有以下几种方法。

方法一：使用菜单命令创建空模板。选择"文件→新建"菜单命令，弹出"新建文档"对话框，在最左侧一栏中选择"空模板"，在"模板类型"栏中选择需要的模板类型，如选择"HTML 模板"，在"布局"栏中选择模板的页面布局"无"，如图 13-3 所示，单击【创建】按钮。然后，像制作网页一样布局好版面内容，选择"文件→保存"菜单命令，在打开的"另存模板"对话框中，如图 13-4 所示，指定用于保存模板的站点、模板名，单击【保存】按钮即可创建一个空模板文件。

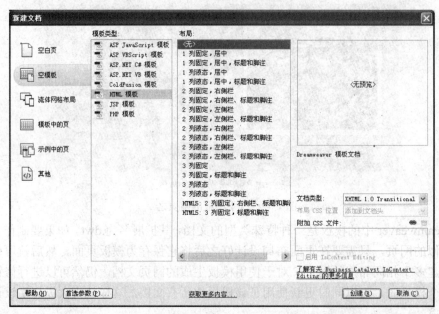

图 13-3 "新建文档"对话框

方法二：通过"资源"控制面板创建空模板。在打开的文档窗口中，单击"窗口→资源"命令打开"资源"控制面板，单击【模板】按钮，此时列表为模板列表，如图 13-5 所示。单击面板最下方的"新建模板"按钮，直接创建空模板。此时，新的模板添加到"资源"控制面板的"模板"列表中，然后为新建的模板命名，如图 13-6 所示。

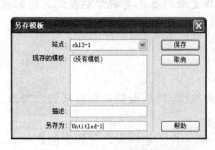

图 13-4 "另存模板"对话框

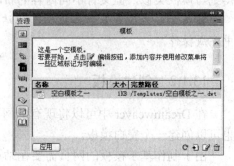

图 13-5 "资源"控制面板

方法三：使用"创建模板"按钮创建空模板。在打开的 Dreamweaver 文档窗口中，单击"插入"面板"常用"类别中的【模板】按钮，在打开的列表中单击【创建模板】按钮，打开"另存模板"对话框，指定用于保存模板的站点、模板名，单击【保存】按钮即可将当前文档转换为模板文档。

方法四：在"资源"控制面板的"模板"列表中单击鼠标右键，在弹出的快捷菜单中选择"新建模板"命令，如图13-7所示。

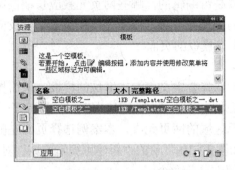

图13-6 新创建的模板

图13-7 "新建模板"菜单

▶ 2．将现有文档保存为模板

利用现成的网页创建新模板，实际上就是借助已有站点中的经典网页，或者在现有的网页基础上生成模板，以便在后期制作网页过程中使用。

下面通过具体操作，介绍将现有文档存为模板的方法。

（1）首先在Dreamweaver中打开已有的网页文档（ch13\ch13-1\13-1sucai.html），如图13-8所示。

图13-8 打开的网页文件

（2）选择"文件→另存为模板"菜单命令，打开"另存模板"对话框，在该对话框中的"站点"下拉列表中选择站点名称，在"另存为"文本框中输入模板名称template.dwt，单击【保存】按钮保存模板。新建的模板出现在"资源"面板中，如图13-9所示。

☎提示：不要将保存的模板移动到Templates文件夹之外，或者将任何非模板文件放在Templates文件夹中，也不要将Templates文件夹移动到本地根文件夹之外，否则会出现错误。

13.1.3 定义模板的可编辑区域

在默认情况下,新创建的模板所有区域都处于被锁定状态。要使用模板生成网页文档时,用户只能在可编辑区域中修改网页效果,不能修改网页模板中的锁定区域。所以,创建模板时需要指定模板文档中的哪些区域是可编辑的,哪些网页元素应长期保留、不可编辑。可编辑区域和锁定区域会用不同的颜色亮度显示。要让模板生效,模板应该至少包含一个可编辑区域,否则,将无法编辑该模板的页面。

定义模板的可编辑区域具体步骤如下。

(1) 在"资源"面板的"模板"列表中选择要定义可编辑区域的模板,单击控制面板右下方的【编辑】按钮☑或双击模板名后,就可以在文档窗口中编辑该模板了。

(2) 在文档窗口中选择要设置为可编辑区域的网页元素,本案例选择页面左侧的鲜花图片,然后用以下方法之一,均能启用如图 13-10 所示的"新建可编辑区域"对话框。

- 选择"插入→模板对象→可编辑区域"菜单命令。
- 单击"插入"面板"常用"类别中的【模板】下拉式按钮 ,在打开的列表中单击【可编辑区域】按钮☑。
- 按下<Ctrl+Alt+V>组合键。

图 13-9 新模板

图 13-10 "新建可编辑区域"对话框

(3) 在"新建可编辑区域"对话框中,"名称"后面的文本框中显示出默认的可编辑区域名称,用户也可以为可编辑区域输入新的名称 left,单击【确定】按钮,创建的可编辑区域在模板中用高亮显示的矩形框围绕,并在矩形框左上角显示出可编辑区域的名称,如图 13-11 所示。

图 13-11 定义的可编辑区域

（4）用同样的方法，在模板中为页面右侧的内容定义可编辑区域，定义的可编辑区域如图 13-12 所示。

图 13-12　定义的两个可编辑区域

☎提示：插入可编辑区域之前，要将文档另存为模板，否则会出现警告提示。另外，如果在文档中插入空白的可编辑区域，该区域的名称会出现在该区域内部。

定义可编辑区域时需要注意的问题。
- 为可编辑区域命名时，不能对一个模板中的多个可编辑区域使用相同的名称。
- 可编辑区域的名字不能使用特殊字符。
- 可以将整个表格或单独的表格单元格标志为可编辑的，但不能将多个表格单元格标志为单个可编辑区域。
- 在普通网页文档中插入一个可编辑区域时，系统会警告该文档将自动另存为模板。
- 不能嵌套插入可编辑区域。

☎提示：如果要重新锁定已经定义的某个可编辑区域，单击可编辑区域左上角的标签将其选中，选择"修改→模板→删除模板标记"菜单命令取消可编辑区域。

在模板中可以定义重复区域。重复区域是文档中重复显示的部分，例如，表格的行可以重复显示多次。在模板中定义重复区域，可以让用户在网页中创建可扩展的列表，并可保持模板中表格的设计不变。在模板中可以插入两种重复区域：重复区和重复表。可以将整个表格或者一个单元格定义为重复区域，但是不可以一次将多个单元格定义为重复区域，因为重复区域是不可编辑区，如果在重复区域中编辑不同的内容，必须在重复区域中插入可编辑区域。创建重复区域的方法：选中设置为重复区域的文本或内容，然后执行"插入→模板对象→重复区域"菜单命令，或者单击"插入"面板"常用"类别中的【模板】下拉按钮，在展开的列表中单击【重复区域】按钮。

13.1.4　创建基于模板的网页

创建模板后，接下来就可以使用模板创建新的网页文档。以模板为基础创建新的网页文档有两种方法：一种是使用"新建"命令创建基于模板的新文档；另一种是应用"资源"控制面板中的模板来创建基于模板的网页。

1. 使用新建命令创建基于模板的网页

（1）选择"文件→新建"菜单命令，打开"新建文档"对话框，单击"模板中的页"标签，在"站点"列表中选择存放模板的站点 ch13-1，在"站点'ch13-1'的模板"列表中，选择模板文件 template.dwt，如图 13-13 所示，单击【创建】按钮创建基于模板的新文档。

（2）在基于模板的新网页文档中，分别选中各个可编辑区域，然后向各个可编辑区域内添加新的网页内容。

（3）添加完毕，单击"文件→保存"菜单命令，保存新创建的网页文档。

（4）按下<F12>键预览网页效果。基于模板的网页效果如图 13-1 所示。

2. 使用"模板"面板创建基于模板的网页

（1）新建一个 HTML 文档，选择"窗口→资源"菜单命令，启用"资源"控制面板。

（2）在"资源"控制面板中，单击左下侧的【模板】按钮，在模板列表中选择模板文件 template.dwt，然后单击控制面板下面的【应用】按钮，即在文档中应用了选择的模板。

（3）向各个可编辑区域内添加新的网页内容。添加完毕，单击"文件→保存"菜单命令，保存新创建的文档。

（4）按下<F12>键预览网页效果。

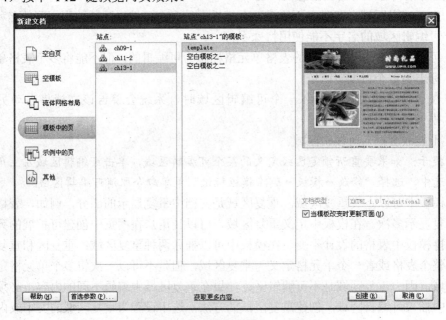

图 13-13 "新建文档"对话框

13.1.5 管理模板

创建模板后，可以对模板进行重命名、修改、更新或删除等操作。

1. 重命名模板文件

（1）在"资源"控制面板中，单击左下侧的【模板】按钮，控制面板右侧显示本站点的模板列表。

（2）在模板列表中，选中需要重命名的模板，单击鼠标右键，在弹出的快捷菜单中选择"重命名"命令，为模板输入一个新名称。

（3）按下<Enter>键重命名生效，此时弹出"更新文件"对话框，如图 13-14 所示。如果更新网站中所有基于此模板的网页，单击【更新】按钮，否则选择【不更新】按钮。

2．修改模板文件

因为模板和应用了模板的文档之间保持着链接关系，所以，在修改模板并将修改后的模板进行保存时，Dreamweaver 会提示是否更新所有应用了该模板的页面，这就是 Dreamweaver 网站批量更新功能。修改模板的具体方法如下。

（1）在"资源"控制面板中，单击左下侧的【模板】按钮，控制面板右侧显示本站点的模板列表。

（2）在模板列表中双击要修改的模板文件将其打开，根据需要修改模板内容。

3．更新站点

使用模板创建多个网页后，若更改模板中的某些网页元素，可直接在模板中更改，然后按下<Ctrl+S>组合键保存，会弹出"更新模板文件"对话框，单击【更新】按钮打开"更新页面"对话框自动更新，如图 13-15 所示。在保存模板的同时也更新了基于模板创建的所有网页。

"更新页面"对话框各项含义如下。

- 查看：设置是用模板的最新版本更新整个站点，还是更新应用特定模板的所有网页。
- 更新：设置更新的类别，此时选择"模板"复选框。
- 显示记录：设置是否查看 Dreamweaver 更新文件的记录。如果选择"显示记录"复选框，Dreamweaver 将提供关于其试图更新的文件信息，包括是否成功更新的信息。

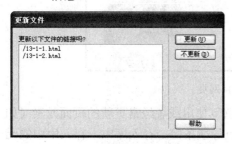

图 13-14　"更新文件"对话框

图 13-15　"更新页面"对话框

4．删除模板文件

在"资源"控制面板中，单击左下侧的【模板】按钮，控制面板右侧显示本站点的模板列表。在列表中选中要删除的模板，单击控制面板下方的删除按钮，并确认要删除该模板，将选中的模板文件从站点中删除掉。

案例小结　为了快速创建风格和布局统一的网站，最简便的方法就是使用定义了可编辑区域的模板。使用模板创建网站可以省去重复的操作，便于网站的维护，大大提高工作效率。

13.2 案例2：应用库项目

学习目标 认识库，掌握创建库、应用库的方法，通过库项目更新站点中所有运用该库元素的页面。

知识要点 创建库元素，应用库元素，管理库元素。效果如图13-16所示。

13.2.1 库概述

很多网页带有相同的内容，但是又不希望从同一模板中派生这些文档，此时就可以利用库项目将这些文档中的共有内容定义为库项目，然后放置到文档中。在需要更新时，只要改变库项目，就可以使整个站点相关页面同时得到更新。本章前面介绍的模板是从整体上控制了网页文档的风格，库项目则从局部上维护了文档的风格。

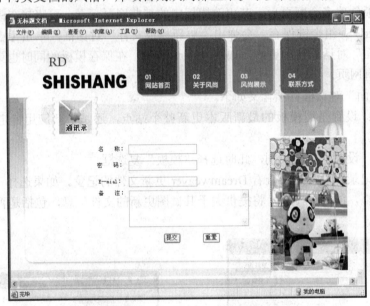

图13-16 应用库项目网页

在Dreamweaver中，用户可以把网站中需要重复使用或者经常更新的页面元素（如文本、图像、表格、表单、插件、版权声明、站点导航条等）存入库中，存入库中的元素称为库项目。库用来存储和管理存入库中的库项目。

在站点内的网页文档中插入库项目后，Dreamweaver将在文档中插入该库项目的HTML源代码的一份复件，并且创建一个链接外部库项目的参考信息，正是这个参考信息才能让网页更新。当对库项目进行了修改，就可以实现对站点内所有放入该库项目的文档进行更新。

Dreamweaver会自动将库项目存放在每个本地站点根目录中的Library文件夹中，并以.lbi作为扩展名。和模板一样，库项目应该始终在Library文件夹中，并且不要在该文件夹中添加任何其他类型文件。Dreamweaver需要在网页中建立来自每一个库项目的相应链接，以确保原始库项目的存储位置。

在 Dreamweaver 中，对库项目的创建、删除、编辑、改名等操作主要是通过"库"面板来实现的。打开"库"面板的方法是：选择"窗口→资源"菜单命令，打开"资源"面板，单击左侧的【库】按钮，即可切换到"库"面板，如图 13-17 所示。

13.2.2 创建库项目

（1）在 Dreamweaver 中打开网页文档（ch13\ch13-2\13-2sucai-1.html），如图 13-18 所示。

（2）选择文档中需要保存为库项目的页面内容，本案例选择页面顶部的导航条。

（3）单击"库"面板右下角的【新建库项目】按钮，在"库"面板中创建一个库项目，并为其命名为 top，这样，选择的网页元素就保存到库面板中，如图 13-19 所示。

（4）用同样的方法，将图 13-18 左侧的图片也保存到库面板中，如图 13-20 所示。

图 13-17 "库"面板

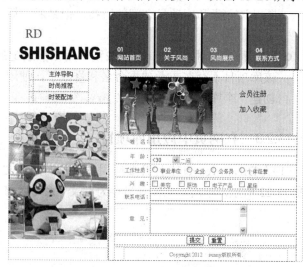

图 13-18 打开的网页

图 13-19 新建的 top 库项目

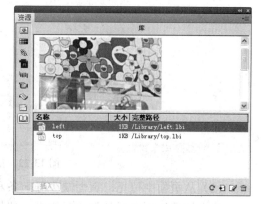

图 13-20 新建的 left 库项目

提示：Dreamweaver 保存的只是对被链接项目的引用，原始文件必须保留在自动的位置，这样才能保证库项目的正确引用。库项目也可以包含行为，但是在库项目中编辑行为有一些特殊的要求，生成的库项目不能包含样式表，因为这些元素的代码是 head 的一部分而不是 body 的一部分。

双击页面中的某个库项目，或者选择"窗口→属性"菜单命令，或者按下<Ctrl+F3>组合键，均能打开库项目"属性"面板，如图13-21所示。

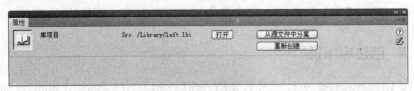

图 13-21　库项目"属性"面板

库项目"属性"面板各项含义如下。
- Src：显示库项目的文件名和路径。
- 【打开】按钮：单击该按钮，将打开库项目的源文件，可以对库项目进行再编辑。
- 【从源文件中分离】按钮：单击该按钮，可以修改页面上高亮显示的元素，从而断开该元素和库项目之间的链接。但是断开后页面元素将不会随库项目的更新而更新。
- 【重新创建】按钮：单击该按钮，用当前选定的内容覆盖库中的已有项目。如果该库项目不存在或者被重命名和修改了，使用这个按钮将会在"库"选项中重新创建一个库项目。

13.2.3　在网页中应用库项目

（1）在Dreamweaver中打开要应用库项目的网页文件（ch13\ch13-2\13-2sucai-2.htm2），如图13-22所示，单击"文件→另存为"菜单命令，将打开的网页文件另存为13-2.html。

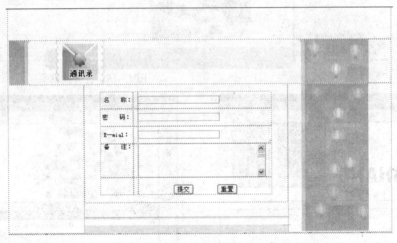

图 13-22　打开的网页文件

（2）从页面中可见，页面缺少导航条和一个图片，这正好与刚才创建的库项目相对应。将光标置于页面顶部的单元格中，选择"窗口→资源"菜单命令，打开"资源"面板，单击左下侧的【库】按钮切换到"库"选项，选中需要的库项目top.lbi，单击面板下面的【插入】按钮，在光标处插入选择的库项目。

（3）用同样的方法，在页面的左侧插入left.lbi库项目，效果如图13-23所示。添加完毕，单击"文件→保存"菜单命令，保存修改后的网页文档。

（4）按下<F12>键预览网页效果。

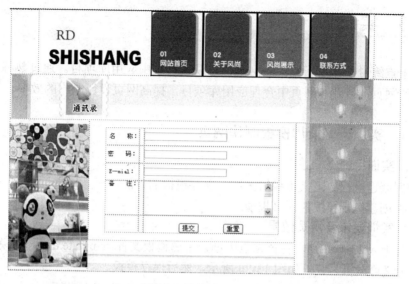

图 13-23　插入的库项目

13.2.4　更新库项目

当修改库项目时，Dreamweaver 会更新使用该项目的所有文档。如果选择不更新，那么文档将保持与库项目的关联，可以在以后进行更新。

在"资源"面板的"库"选项中，单击鼠标右键，弹出如图 13-24 所示的快捷菜单，可以对库项目进行多种操作，包括编辑、插入、重命名、删除、更新当前页、更新站点、复制到站点和在站点定位等。

对库项目进行修改之后，选择"更新当前页"命令，只更新当前页的库项目，站点中其他页面应用到的库项目不被更新；若选择"更新站点"命令，打开如图 13-25 所示的"更新页面"对话框，单击【开始】按钮，整个站点中的页面所引用到的库项目都被修改。

图 13-24　库项目快捷菜单

图 13-25　"更新页面"对话框

案例小结　对于网页布局各异，但具有相同网页元素的网站来说，使用库项目是不错的选择。库项目可以存储各种各样的网页元素，在网页上可以被重复使用，这样可以大大减少重复的劳动，提高工作效率。

13.3 实训

本节重点练习创建基于模板的网页,以及在网页中应用库项目。通过熟练掌握创建基于模板的网页,以及在网页中合理应用库项目,提高网页设计制作的效率。

13.3.1 实训一 使用模板制作网页

1. 实训目的
- 掌握创建模板、定义可编辑区域、保存模板的方法。
- 掌握创建基于模板的网页技能。

2. 实训要求及网页效果

(1) 新建 ex13-1 站点,在该站点中创建空白模板文件 template.dwt,在模板中布局页面,并定义可编辑区域,如图 13-26 所示,然后保存模板。

图 13-26 创建的模板

(2) 制作应用模板的网页,网页参考效果分别如图 13-27 和图 13-28 所示。

图 13-27 应用模板的网页效果一

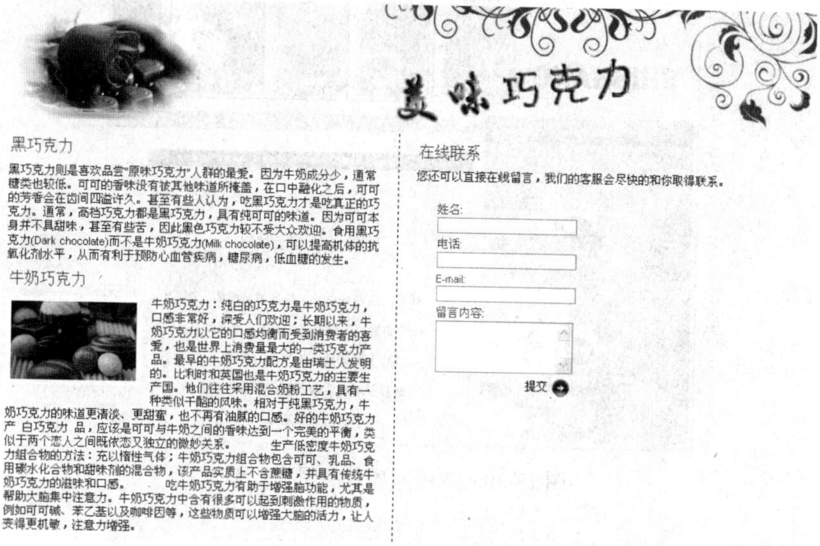

图 13-28 应用模板的网页效果二

13.3.2 实训二 在网页中应用库项目

▶ 1. 实训目的

- 掌握如何在网页中应用库项目。
- 理解通过库项目能够提高网页设计制作效率。

▶ 2. 实训要求及网页效果

打开网页文件 ex13-2sucai.html，如图 13-29 所示。根据网页所需，在网页中应用库项目，并练习库项目的更新等操作。本实训应用 13.2 节案例 2 中定义的库项目，应用库项目后的网页效果如图 13-30 所示。

图 13-29 打开的网页文件

图 13-30 应用库项目的网页效果

13.4 习题

一、填空题

1. Dreamweaver 模板是一种特殊类型的文档，其扩展名为_____。
2. 模板由_____和_____两部分区域组成。在默认情况下，新创建的模板所有区域都处于被锁定状态，因此，要使用模板，必须将模板中的某些区域设置为_____。
3. Dreamweaver 将制作的模板保存在_____文件夹中。
4. Dreamweaver 会自动将库项目存放在每个本地站点根文件夹内的_____文件夹中，并以_____作为扩展名。

二、选择题

1. 当编辑模板自身时，以下说法正确的是（　　）。
   A. 只能修改锁定区域的内容
   B. 只能修改可编辑区域中的内容
   C. 可编辑区域中的内容和锁定区域的内容都可以修改
   D. 可编辑区域中的内容和锁定区域的内容都不能修改

2. 在 Dreamweaver 文档窗口中，单击"插入"面板"常用"分类中的"创建模板"按钮（　　）创建空模板。
   A. 　　　　B. 　　　　C. 　　　　D.

3. 在新创建的模板中定义可编辑区域，使用"（　　）→模板对象→可编辑区域"菜单命令来完成定义。
   A. 插入　　　B. 修改　　　C. 命令　　　D. 编辑

4. 在"资源"控制面板中，单击左侧的"库"按钮（　　）切换到"库"面板。
   A. 　　　　B. 　　　　C. 　　　　D.

三、简答题

1. 什么是模板？制作风格统一的大型网站应用模板有什么好处？
2. 什么是库项目？在网站中应用库项目有什么好处？

第14章 测试、发布与维护网站

网站建设完毕，只有将其上传到 Internet 的服务器上，才能被用户访问。在上传之前，首先要在本地计算机上进行测试，测试内容包括页面内容的正确性、网站链接正确性、浏览器兼容性等。完成测试后，需要通过 ISP 注册域名和空间，这样才能在网上安家。网站上传之后，要进行宣传和推广，让更多的用户浏览网站。另外还要对网站进行后期维护，以保证其正常运行。

本章学习要点：

- 测试网站；
- 申请域名、空间；
- 发布网站；
- 宣传、推广网站。

14.1 学习任务：测试站点

将网站上传到服务器之前，需要对网站进行测试。Dreamweaver 自带了强大的测试功能，可以对网站进行全面的检测。测试的主要内容有浏览器的兼容性、链接的正确性、网站站点报告等。

本节学习任务

利用 Dreamweaver 测试网站性能，包括浏览器的兼容性测试、链接的正确性测试、网站站点报告。

14.1.1 测试浏览器的兼容性

不同浏览器对网页显示效果可能会有很大区别，特别是对于使用 CSS+Div 布局的网页，CSS 样式的兼容性是非常复杂的问题。为了保证网页能够在不同浏览器中正常运行，Dreamweaver 提供了测试浏览器兼容性的功能。"浏览器兼容性"测试功能对 HTML 文档进行测试，检查是否有目标浏览器所不支持的标签或属性。

浏览器兼容性测试可在文档、目录或整个站点上运行。需要注意的是，浏览器兼容性测试并不检查站点中的 JavaScript、VBScript 脚本语言。

提示："浏览器兼容性"功能使用名为"浏览器配置文件"的文本文件确定特定浏览器所支持的标签。Dreamweaver 包含 Netscape Navigator 2.0 及其更高版本、Microsoft Internet Explorer 2.0 及其更高版本和 Opera 2.1 及其更高版本的预定义配置文件。

浏览器兼容性测试的步骤如下。

（1）在 Dreamweaver 中新建网站"studio"，设置其文件夹为"demo"，如图 14-1 所示。

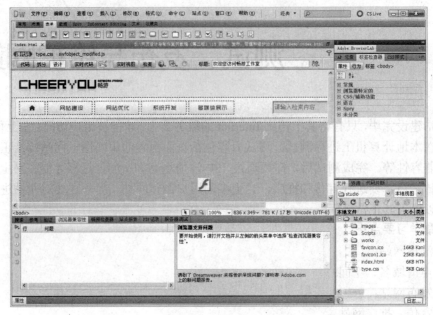

图 14-1 "studio"站点

（2）在菜单栏中，选择"文件→检查页→浏览器兼容性（B）"菜单命令，展开"结果"面板，如图 14-2 所示。

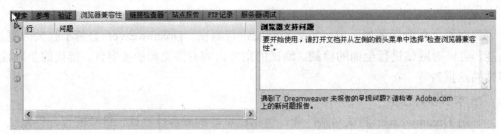

图 14-2 "浏览器兼容性"面板

（3）单击"结果"面板左侧的【检查浏览器兼容性】按钮，弹出如图 14-3 所示的选项菜单，单击"设置"命令，打开如图 14-4 所示的"目标浏览器"对话框，该对话框用来设置浏览器最低版本。

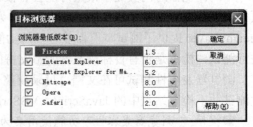

图 14-3 打开菜单选项　　　　　　　　　图 14-4 "目标浏览器"对话框

（4）在"目标浏览器"对话框中，保持"浏览器最低版本"为默认状态，单击【确定】按钮。

（5）单击"结果"面板左侧的【检查浏览器兼容性】按钮，在弹出的菜单中选择【检查浏览器兼容性】按钮，进行浏览器兼容性测试。测试结果如图 14-5 所示。

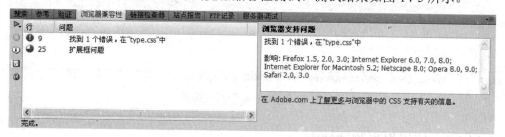

图 14-5 "浏览器兼容性"测试结果

（6）在图 14-5 中，选择检测出的兼容性问题，在右侧的"浏览器支持问题"中可以查看该问题所影响的浏览器类型和版本。根据问题及提示对网页进行修改，直至问题全部解决。

14.1.2 测试链接

链接测试功能用于搜索断开的链接和孤立的文件（所谓孤立的文件，指文件仍然位于站点中，但站点中没有任何其他文件链接到该文件）。可以测试打开的文件、本地站点的某一部分或者整个本地站点的链接状况。

链接测试的步骤如下。

（1）在 Dreamweaver 的菜单栏中，选择"文件→检查页→链接"菜单命令，在"属性"面板下方展开"结果"面板，如图 14-6 所示。

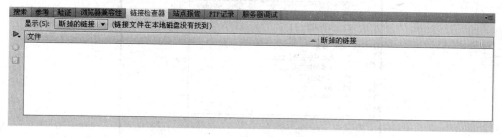

图 14-6 "链接"测试面板

（2）单击面板左侧的链接测试按钮，弹出如图 14-7 所示的选项菜单，通过菜单选择需要检查的链接对象。

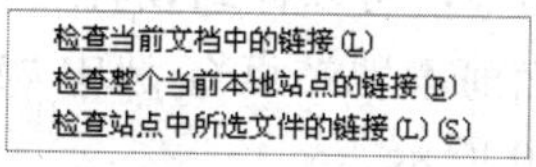

```
检查当前文档中的链接(L)
检查整个当前本地站点的链接(E)
检查站点中所选文件的链接(L)(S)
```

图 14-7 展开"链接"测试菜单

（3）这里选择"检查整个当前本地站点的链接"，进行整个网站链接测试，测试结果如图 14-8 所示。通过测试结果，可以查看当前站点的链接状况，如断掉的链接、外部链接、孤立文件等。

根据测试的结果，对网站断掉的链接进行修改，直至所有链接正常。

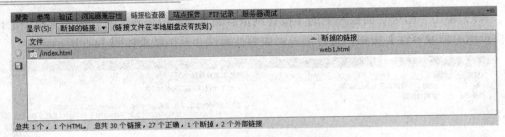

图 14-8 "链接"测试结果

14.1.3 使用报告测试站点

在测试站点时,通过使用站点测试报告命令,能够检查站点的外部链接、合并嵌套字体标签、遗漏的替换文本、冗余的嵌套标签、可移除的空标签和无标题文档等。在发布站点之前,可以检查所选文档或者整个站点是否存在这些 HTML 语言方面的问题。

运行报告后,可将报告保存为 XML 文件,然后将其导入模板实例、数据库或电子表格中,再将其打印出来或在 Web 站点上进行显示。

使用报告测试站点的步骤如下。

(1) 在 Dreamweaver 的菜单栏中,选择"站点→报告"菜单命令,打开"报告"对话框,如图 14-9 所示。

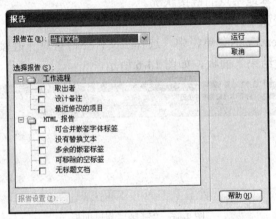

图 14-9 "报告"对话框

(2) 在"报告在"下拉列表框中,选择查看对象是"当前文档"还是"整个当前本地站点"。在"选择报告"列表框中,可以详细设置要查看的工作流程和 HTML 报告的详细信息。如果选择的是"整个当前本地站点",选中"HTML 报告"内的选项,单击"运行"按钮,运行结果将如图 14-10 所示。

图 14-10 站点报告结果

(3) 通过站点测试报告可以查看网站存在问题,并进行修改。

14.2 学习任务:注册域名、申请空间及发布网站

网站上传到 Internet 之前,需要注册域名和申请网络空间。空间是在 Internet 服务器上存放网站文件的场所,相当于网站的"家"。通过在浏览器中输入网站域名,用户就可以浏览网站。域名相当于网站的地址。

本节学习任务

掌握域名基本概念及分类,了解域名注册的方法和步骤;掌握空间的申请方法,网站发布的步骤。

14.2.1 注册域名

域名是用于识别和定位互联网上计算机层次结构的字符标识,与该主机的 IP 地址相互对应。域名和 IP 地址相比,更容易理解和记忆。域名服务(Domain Name Service)是互联网的一项基本服务。

1. 域名的分类

域名可分为不同级别,包括顶级域名、二级域名等。

顶级域名又分为两类:一是国家顶级域名,目前 200 多个国家都按照 ISO 3166 国家代码分配了顶级域名,例如中国是 cn,美国是 us,日本是 jp 等;二是国际顶级域名,如表示工商企业的 com,表示网络提供商的 net,表示非盈利组织的 org 等。

二级域名是指顶级域名之下的域名,在国际顶级域名下,它是指域名注册人的网上名称,如 ibm、 yahoo、 microsoft 等;在国家顶级域名下,它是表示注册企业类别的符号,如 com、 edu、gov、net 等。

我国在国际互联网络信息中心正式注册并运行的顶级域名是 cn,这也是我国的一级域名。在顶级域名之下,我国的二级域名又分为类别域名和行政区域名两类。类别域名共 6 个,包括用于科研机构的 ac,用于工商金融企业的 com,用于教育机构的 edu,用于政府部门的 gov,用于互联网络信息中心和运行中心的 net,用于非盈利组织的 org。而行政区域名有 34 个,分别对应于我国各省、自治区和直辖市。三级域名用字母(A~Z, a~z)、数字(0~9)和连接符(-)组成,三级域名的长度不能超过 20 个字符,各级域名之间用实点(.)连接。如无特殊原因,建议采用申请人的英文名(或者缩写)或者汉语拼音名(或者缩写)作为三级域名,以保持域名的清晰性和简捷性。

例如,新浪中国的域名:www.sina.com.cn,其中,cn 是中国顶级域名,com 是二级域名,sina 是新浪公司申请的三级域名。

2. 域名注册

域名的注册遵循先申请先注册原则,管理机构对申请人提出的域名是否违反了第三方的权利不进行任何实质审查。同时,每一个域名的注册都是独一无二、不可重复的。因此,在网络上,域名是一种相对有限的资源,它的价值随着注册企业的增多而逐步为人们所重视。

在注册域名的时候，要遵循两个基本原则。
- 域名应该简明易记，便于输入。这是判断域名好坏最重要的因素。一个好的域名应该短而顺口，便于记忆，最好让人看一眼就能记住，而且读起来发音清晰，不会导致拼写错误。例如，淘宝网的域名 taobao。此外，域名选取还要避免同音异义词。
- 域名要有一定的内涵和意义。用有一定意义和内涵的词或词组作域名，不但便于记忆，而且有助于实现企业的营销目标。如企业的名称、产品名称、商标名、品牌名等都是不错的选择，这样能够使企业的网络营销目标和非网络营销目标达成一致。例如，联想以其商标 lenovo 作为域名。

14.2.2 申请空间

域名注册之后，就要为网站在 Internet 上申请服务器空间，以便用户通过 Internet 访问网站。

网络空间分为免费和收费两种，对于非商业用户，可以申请免费空间。目前，网上有很多提供免费空间的服务商，现介绍在 5944 网上申请免费空间的步骤。

（1）在 IE 浏览器地址栏输入 http://cn.5944.net，打开该网站，如图 14-11 所示。

图 14-11　5944 网站首页

（2）如果尚未注册，单击【注册】按钮，打开注册页面，如图 14-12 所示。

（3）填写注册信息后，单击【注册】按钮完成免费的空间和域名注册，如图 14-13 所示。

图 14-12　打开注册页面

图 14-13 注册成功

（4）在 IE 浏览器的地址栏中输入申请空间的域名，可以访问刚申请的空间，如图 14-14 所示。该空间尚未上传网站。可以使用 Dreamweaver 上传站点，也可以下载 CuteFTP 等软件上传站点。

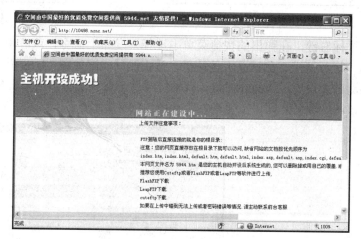

图 14-14 访问空间

免费空间美中不足之处是网站空间有限、提供服务质量一般、空间不是很稳定、不能绑定独立域名。若有更多需求可以考虑到大的服务提供商申请收费空间，以获得高质量的服务，有条件的公司，可在企业内部建立专门的网络服务器，以提升网站的服务质量。

14.2.3 发布站点

申请了域名空间，就可以将站点发布到服务器中，供用户访问浏览。

（1）在 Dreamweaver 的菜单栏中选择"站点→管理站点"菜单命令，弹出"管理站点"对话框，如图 14-15 所示。

（2）在"管理站点"对话框中，选择已有的站点"school"，单击【编辑】按钮，在弹出"school 的站点定义为"对话框中，切换到"高级"选项卡，在"分类"列表框中选择远程信息，按照申请的免费域名空间，配置站点的远程服务器属性，如图 14-16 所示，配置完毕后，单击【确定】按钮。

（3）设置好信息后，在 Dreamweaver 中的"文件"面

图 14-15 "管理站点"对话框

板中选择要发布的站点"school",如图 14-17 所示。

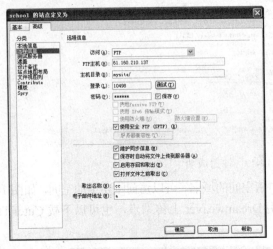

图 14-16 设置远程服务器参数

图 14-17 选择站点

(4) 单击鼠标右键,在弹出的快捷菜单中选择"发布"命令,或者单击"文件"面板中的 ⇧ 按钮,进行链接、测试并上传站点。链接测试状况如图 14-18 所示。

(5) 链接测试无误后,Dreamweaver 自动将网站上传到服务器上。上传完毕,在 IE 浏览器中输入该网站域名,即可浏览网站,如图 14-19 所示。

图 14-18 上传站点　　　　　　　　图 14-19 在 IE 浏览器中浏览站点

☎提示:可以使用 FlashFXP、LeapFTP、CuteFTP 等软件上传和维护网站,也可以通过 IE 浏览器内置的 FTP 服务功能上传和维护网站。

14.3 案例:为网站在 Internet 上安个家

🔔学习目标　登录万网申请域名,通过互易中国 ISP 租用的 Web 空间,使用 CuteFTP 上传网站并通过浏览器访问站点。

🔔知识要点　域名的申请,租用 ISP 空间,使用 CuteFTP 上传网站。

建好的网站,若想上传到网站上以供访问,必须要申请域名、租用空间,待域名备案审核通过后，再使用 FTP 软件将网站上传到空间中。现通过具体实例介绍其步骤。

（1）打开浏览器，输入网址"http://www.net.cn"，登录万网网站（若没有万网账号，需要先注册一个账号）。单击导航栏中的"域名注册"，注册域名。输入域注册的中文域名，并选择域名后缀，检索该域名是否可以注册，如图 14-20 所示。

图 14-20　检索域名

（2）选择想要注册的域名，单击网页下面的"所选域名加入购物车"按钮，使用网银或支付宝进行结算。结算后可以进入个人中心管理所注册的域名，如图 14-21 所示。

图 14-21　管理域名

（3）域名申请完毕，需要通过 ISP 向工业和信息化部提交备案申请。备案通过后，该域名才能使用。备案步骤及注意事项请参考有关资料或咨询 ISP 服务商。

（4）服务器空间的租用。不同的 ISP 所提供的服务器空间大小、支持的程序和数据库都是有所不同的。目前国内有很多优秀的服务器提供商，例如万网、互易中国等。打开浏览器，输入网址"http://www.53dns.com"，输入用户名密码，登录互易中国网站（若没有互易中国的账号，需要先行注册）。在导航栏中单击"云主机"，在弹出的导航菜单中选择需要申请的主机类型，如图14-22所示。

图14-22　申请虚拟主机

（5）申请完毕后，通过网银或支付宝等进行付费。进入会员中心，单击"虚拟主机管理"，可对虚拟主机进行管理，如图14-23所示。

图14-23　虚拟主机信息

（6）单击"控制面板"图标，可对虚拟主机信息进行维护和管理，如图14-24所示。重要的模块有FTP设置、域名绑定、默认首页等。其中在"域名绑定"模块输入在万网申请的域名。

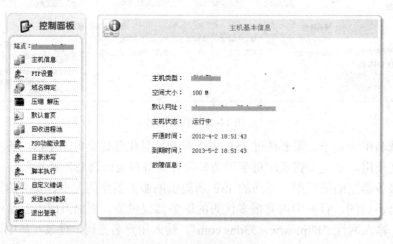

图14-24　虚拟主机管理

(7)域名和空间申请完毕后,可以将网站上传到服务器。打开 CuteFTP 软件,输入申请虚拟主机的 IP 地址、账号、密码,端口为 FTP 默认端口 21,单击"连接"按钮,连接到所申请的服务器。选择本地磁盘上的网站文件,右击鼠标并选择"上传"命令,将网站传到服务器上,如图 14-25 所示。

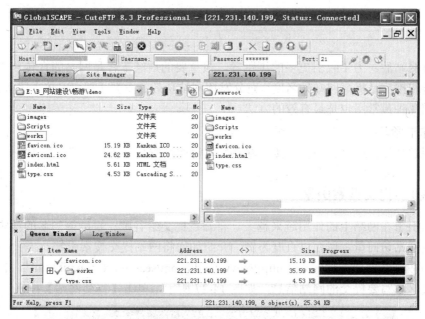

图 14-25　使用 CuteFTP 上传网站

(8)输入网址"http//www.cheeryou.cn",浏览网站。效果如图 14-26 所示。

图 14-26　浏览网站

★**案例小结**　网站最终要上传到 Web 服务器上才能被用户浏览。案例介绍了域名的申请、虚拟主机租用，以及将网站通过 FTP 工具上传到服务器的具体步骤。由于篇幅所限，未提及的内容如域名备案等，可以查阅相关文档。

14.4　学习任务：网站的宣传

建好网站后，为了吸引更多的浏览者，很重要的后续工作是网站的宣传和推广。网站的宣传和推广是提高网站知名度、充分发挥网站功效的重要手段。宣传手段多种多样，下面介绍几种最常用也是最有效的方法。

☆**本节学习任务**
掌握登录搜索引擎、交换链接、网络广告等网站宣传和推广手段。

14.4.1　提交搜索引擎

搜索引擎在网络上的作用越来越大。将站点提交给谷歌、百度等知名的搜索引擎，可以提高网站访问量。现在以百度为例，介绍如何将网站提交搜索引擎。

（1）在浏览器地址栏输入"http://www.baidu.com/search/url_submit.html"，打开百度登录网页，填写要提交的网站信息，如图 14-27 所示，单击【提交网站】按钮。

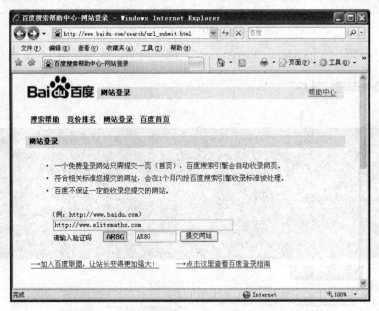

图 14-27　打开百度网站登录并提交搜索信息

（2）大约两个星期后，通过审核的网站就可以被搜索引擎搜索到。通常，搜索引擎是通过网站 <title>、<meta name=keywords> 等标记来确定搜索的关键字的，检索结果如图 14-28 所示。

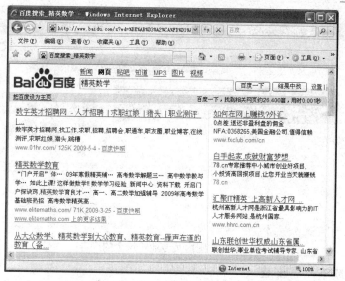

图 14-28　检索结果

14.4.2　友情链接

友情链接可以给一个网站带来稳定的客流，还有助于网站在百度、谷歌等搜索引擎中提升排名。

最好能链接一些流量比自己高的、有知名度的网站，或者是和自己内容互补的网站，或者是同类网站，链接同类网站时要保证自己网站有独特、吸引人之处。

为其他网站设置友情链接时，要做到链接和自身网站风格一致，保证链接不会影响自己网站的整体风格。同时也要为自己的网站制作链接 Logo 以供交换链接。

14.4.3　网络广告

网络媒介的主要受众是网民，有很强的针对性，借助于网络媒介的广告是一种很有效的宣传方式。目前，网络上广告铺天盖地，足以证明网络广告在宣传推广方面的威力。网络广告投放虽然需要一定花费，但是给网站带来的流量却是很可观的，不过如何花最少的钱，获得最好的效果，就需要许多技巧。

▶ 1. 低成本，高回报

怎样才能做到如此效果呢？如果希望尽快提升网站知名度，可以到门户网站投放广告，但价格通常很昂贵。如果只是为了增加网站流量，可以选择一些名气不大但流量大的专业性网站。在这些网站上投放广告，价格一般都不贵，但是每天可以带来几百次的单击率，比起竞价排名实惠多了。图 14-29 是国内某著名网站。该网站浏览群体相对固定，大都是网站建设爱好者，抓住这点，投放具有针对性的广告，可以达到良好的宣传效果，并且价格比门户网站要低很多。

图 14-29　国内某专业论坛上的广告

▶2．高成本，高收益

这个收益不是流量，而是收入。对于一个商务网站，客流的质量和客流的数量一样重要。此类广告投放要选择的媒体非常有讲究。首先，要了解网站潜在客户群的浏览习惯，然后寻找客户群浏览频率比较高的网站投放广告。价格稍微高些，但是客户针对性较高，所以带来的收益也比较高。比如：卖化妆品的网站在某著名女性网站投放广告，价格虽然稍高，但是效果肯定很好，浏览者成为自己网站客户的也比较多，因此可获得很好的收益。对于商业网站，高质量的客流很重要，广告投放一定要有目标性。

图 14-30 是某门户网站上的广告，这是一个专门针对女性的网站，流量很大，并且用户群固定，在此类网站上进行网站推广，效果自然不错。

图 14-30　某专业门户网站上的广告

14.4.4　邮件广告

使用广告邮件，用户针对性强，节省费用，但广告邮件大都被视为垃圾邮件，主要的原因是因为邮件地址选择、邮件设计等原因。广告邮件要精心设计，发给特定的用户群，才能发挥其功效。

在制作广告邮件时，邮件标题要吸引人、简单明了。在内容上，最好采用 HTML 格式,另外排版一定要清晰,同时要保证广告内容的真实性。广告邮件不宜盲目地乱发,否则可能会取得适得其反的效果。

14.4.5 使用留言板、博客

在访问流量较高的论坛或博客时,可以考虑在这个网站的留言板上留下赞美的留言,并把自己网站的简介、地址留下,以达到网站宣传推广的目的。

14.5 实训:注册免费空间并提交搜索引擎

1. 实训目的
- 掌握注册域名空间的方法。
- 掌握将网站提交搜索引擎的方法。

2. 实训要求

在百度中搜索免费空间,注册免费域名和空间。使用 FTP 工具,将个人网站上传到免费空间,使用浏览器访问自己的网站,并将网站提交给百度、谷歌等搜索引擎。

14.6 习题

一、填空题

1. 网站测试的主要内容包括_____、_____、_____、_____。
2. 域名是用于识别和定位互联网上计算机层次结构的字符标识,与该主机的_____相互对应。
3. 顶级域名分为两类:一是_____,二是_____。如表示工商企业的 com,表示网络提供商的 net,表示非盈利组织的 org 等。
4. 网站宣传的方法主要有_____、_____、_____等。

二、选择题

1. 提供域名服务的基本互联网服务的英文简称是( )。
   A. FTP　　　　　　B. HTTP　　　　　C. DNS　　　　　　D. ISP
2. 下列哪项不是国际顶级域名( )。
   A. edu　　　　　　B. org　　　　　　C. com　　　　　　D. cn
3. 哪个工具不是上传站点的工具( )。
   A. Dreamweaver　　B. Fireworks　　　C. FlashFTP　　　　D. CuteFTP

三、简答题

1. 如何在 Dreamweaver 中发布站点?
2. 比较几种常见网站推广方式,分析其利与弊。
3. 搜索国内著名的 ISP,并总结其提供的虚拟主机类型及特点。

第15章
综合应用案例1：设计制作工作室网站

网站按照主题分为个人网站、政府网站、教育网站、公司网站、电子商务网站等。不同类型的网站有不同的风格。对于小型网站，通常为了展示公司形象，介绍业务范围和产品特色等，页面都是HTML静态页面，没有后台，更新频率较低。本章以Div+CSS作为技术架构，介绍某小型工作室网站的建设流程及静态页面设计步骤，以期对网页布局形成整体认识，提升网页设计水平。

本章学习要点：
- 网站建设的流程；
- 网站需求分析；
- 网站原形设计；
- 创建站点；
- 网站首页设计；
- 栏目页设计。

15.1 网站建设流程

网站的风格各异，建站需求也不尽相同，网站建设却遵循相同的流程。大体来说，网站建设的流程主要包括需求分析、原型设计、交互设计、界面设计、程序编写、网站发布等，如图15-1所示。

（1）需求分析。明确客户建站的诉求。需求分析通常基于针对特定商业目标的调研活动，主要内容是获取竞争对手及自身优势劣势，及用户品牌方向信息。通过收集调研数据，形成调研报告。通过用户访谈获取用户习惯及用户体验目标，最终形成需求文档，并进行需求评审。

（2）原型设计。根据需求分析绘制系统业务流程图，主要表现形式是原型界面。以此供内部评审使用，内部评审通过后，送专家评审，在此基础上形成设计方案。

（3）交互式Demo设计。根据原型设计方案完成交互式Demo，交互式Demo可以使用Axure等软件设计，或使用Excel设计，以此模拟网站欲实现的全部功能和业务流程，给客户以直观的效果展示。

（4）视觉界面。对于大部分中小型网站来说，原型设计和Demo设计可能会被忽略，但是页面效果图的设计是必不可少的，首页效果图的设计需要由具有一定专业水准的平面设计人员完成，他必须深刻了解用户的需求，具有很好的整体把握能力。视觉界面设计主要包括页面风格及布局确定、关键界面设计、文字及其他元素设计等，设计完毕后进行 GUI 评审，直至方案确定。

（5）代码切割。使用 Photoshop 等图像处理软件，按模块将网页效果图进行切割，并以此设计静态页面，通过浏览器展示给用户，根据用户体验，收集 bug 并进行进一步优化。

（6）发布跟踪。测试后的网页，通过服务器发布并提交给用户，进一步收集用户操作数据，监测各个反馈渠道的信息，并在此基础上进行数据筛选，形成用户检测报告。若有问题，再进入需求分析阶段，以此循环，直至客户满意。

由此可见，对于网站界面设计来说，最重要的环节是网站需求分析和界面设计。

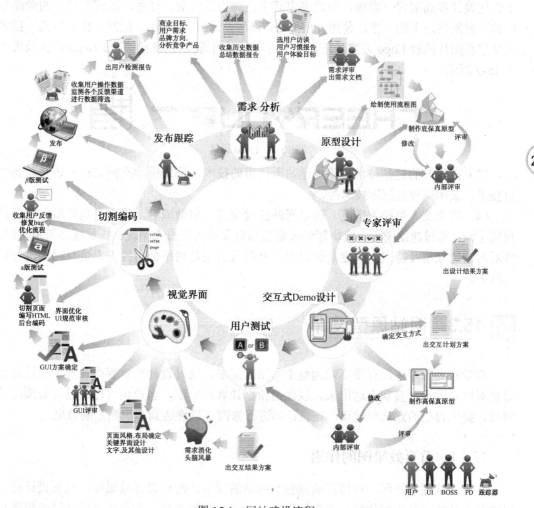

图 15-1　网站建设流程

15.2　网站需求分析

需求分析是网站建设成功与否的基石。网站需求分析要立足实际，对网站的背景、现状等内在因素和客户特点进行详细调查，然后根据网站要达到的功能对网站进行整体规划。

对于网站需求分析，有条件的话，可以进行问卷调查，通过对调查问卷结果的分析，得出结论，撰写需求分析报告，供相关人员参阅。网站整体需求主要包括以下几个方面。

（1）网站建设背景。主要包括网站的性质、服务对象、网站的背景等，以及通过网站建设要达到的目标；分析同领域网站建设现状，并进行归类总结，找出同类网站建设的优点和不足，在后期建设过程中弥补不足，发挥优势。

（2）网站整体风格。网站风格是在网站整体需求分析的基础上，通过明确网站设计的目的和用户需求、访问者的特点等得出的结论。本实例是某网络工作室的网站，注重个性化设计和高端客户需求，因此确定其主色调为黑白灰、红色，版式为规整的骨骼型结构。根据网站主题风格，使用 Illustrater 软件设计网站 Logo。根据工作室特点，拟采用文字和图片两种 Logo 方案，充分考虑用户在不同场合对 VI 的需求。Logo 设计效果如图 15-2 所示。

图 15-2　Logo 设计

（3）拟采取的建站技术。确定建站所使用的技术，是采用静态网页技术还是动态网页技术，采用何种数据库技术等。

（4）资金及人员投入情况。确定网站建设规模，申请域名，确定是购置服务器还是租用空间；通过建站需求、模块划分确定建站资金和人员投入情况；核算建站所需时间；针对网站的规模及特点，确定是公司内部专门人员还是网络公司技术人员对网站进行后期维护。

15.3　网站原型设计

视觉界面的好坏，直接影响到整个网站的质量。通过设计视觉界面，网页设计师可以把对网站的理解直观表达出来，以此为依据让客户审核，客户也可以通过对效果图的审核，提出自己的意见和建议，让设计师进行修改。最终达到客户满意的效果。

15.3.1　首页效果图的作用

首页效果图的好坏，直接影响到整个网站的质量。通过设计效果图，网页设计师可以把对网站的理解以图像的方式表现出来，让客户进行审核，客户也可以通过效果图提出改进的意见和建议，再让设计师进行修改。最终完成符合客户需要的设计效果。

（1）网站视觉界面是网站需求的集中体现。视觉界面的设计是在需求分析的基础上完成的。网站的 VI 决定网站版式设计和配色的整体风格。网站模块划分集中体现在网站导航栏的设计。网站功能决定网站首页内容的编排。

（2）网站视觉界面是技术和艺术的结合。大多数客户对网站的感知是理性的。优秀的设计者能够将客户感性的理念转化为理性的思维，以专业的视角解析客户实际需求，具备整体的把握能力和细节的领悟能力。网页设计师同时要精通平面设计相关理论和技术，能将用户抽象的描述通过作品形象展示。艺术的领悟能力和表现力是最重要的，令客户欣喜的视觉震撼是设计师永恒的追求。

（3）网站视觉界面是设计师和客户沟通的桥梁。客户的需求只能通过语言的描述或线条的勾勒抽象的表达，设计师则需要将抽象的信息转化为图形界面。对于客户和设计师来说，如何进行最有效的沟通往往是网站建设成功与否的关键。网站视觉界面自身的特点，决定了它是沟通的桥梁。网站需求通过视觉界面展示，对于客户来说对其更具备话语权，而设计师需要对视觉界面的设计进行合理解释，对客户进行适当的引导。

15.3.2 首页效果图的设计

网站首页效果图设计是通过专业的图像处理软件完成的。比较著名的有 Adobe 公司的 Photoshop、Illustrator、Fireworks 等。其中 Photoshop 是位图处理软件，而 Illustrator 和 Fireworks 是矢量图处理软件。通常可以选择一种软件作为网页设计的工具。本案例使用 Photoshop CS6 设计工作室网站首页效果图，如图 15-3 所示。

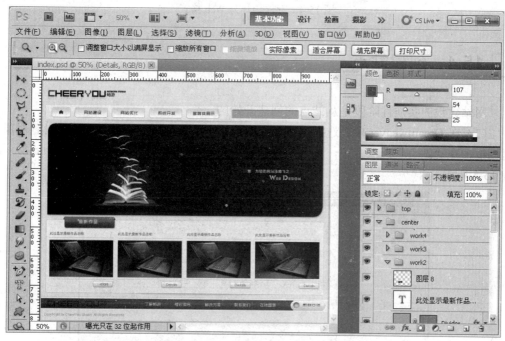

图 15-3　使用 Photoshop 设计首页效果图

在 Photoshop 中，可以使用切片工具对图像进行切割，并将其导出为符合 Web 标准的图像格式。单击"文件→存储为 Web 和设备所用格式"菜单命令，在弹出对话框中作相应设置。具体参数如图 15-4 所示。

☎提示：建议使用 Photoshop 作为网站首页效果图设计软件。Photoshop 作为专业图像处理软件，以其强大的图像处理功能及对 Web 的支持，受到业界好评。使用 Photoshop 的"存储为 Web 和设备所用格式"功能可以直接生成 Web 页。

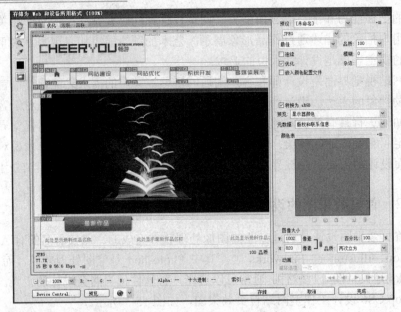

图 15-4　存储切片为 Web 格式

15.4　创建站点

网站建设的实质性阶段是从站点的创建开始的。

（1）在 Dreamweaver 中，选择"站点→新建站点"菜单命令，弹出"站点设置对象"对话框，在"站点"选项卡中，输入站点名称"studio"，配置站点路径 ch15\ studio，如图 15-5 所示。

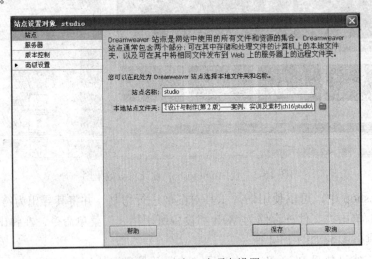

图 15-5　"站点"选项卡设置

（2）继续选择"高级设置→本地信息"选项卡，设置"默认图像文件夹"的路径，默认文件夹为"images"，如图 15-6 所示。将切割的图片复制到 images 文件夹中。

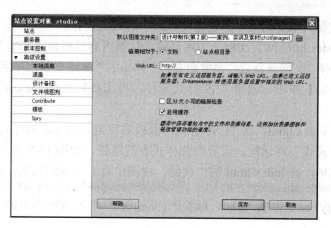

图 15-6 设置图像文件夹路径

（3）单击【保存】按钮，站点设置完毕。

15.5 网站首页设计

网站首页采用 Div+CSS 布局，根据首页效果图，设计网站首页布局效果如图 15-7 所示。其中"#banner"等是 Div 标签的 ID。

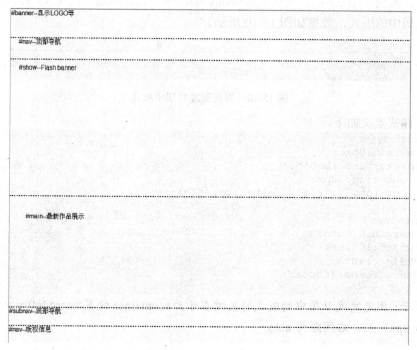

图 15-7 首页布局

15.5.1 设置固定宽度且居中版式

网页通过浏览器才能浏览。网页布局方式通常分为自适应和固定宽度且居中两种版式。自适应指网页随着浏览器窗口进行等比例缩放，固定宽度的网页则不随浏览器窗口大小的改变而改变。本案例采取固定宽度且居中的版式设计。

(1) 新建 index.html 网页文档,为网页输入标题内容"畅游工作室",保存网页在站点根目录下。选择"文件→新建"菜单命令,在弹出的"新建文档"对话框中选择"CSS"选项,单击【确定】按钮,创建 CSS 样式文件,将其命名为"type.css",并保存在站点根目录下。

(2) 切换到 index.html,在"CSS 样式"面板右下角单击【附加样式表】按钮 ,打开"链接外部样式表"对话框,设置附加样式表的路径,如图 15-8 所示。

(3) 链接完毕,在 index.html 的"代码"视图中查看生成的代码,如下所示:
`<link href="type.css" rel="stylesheet" type="text/css" />`

(4) 在<body>标签中插入 Div 标签"container"作为网页内容的容器,如图 15-9 所示。

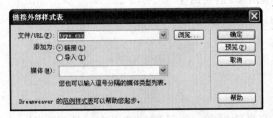
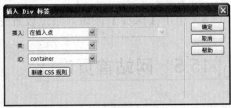

图 15-8 "链接外部样式表"对话框　　　　图 15-9 插入 Div 标签

(5) 切换到"type.css",通过设置<body>标签和"container"的 CSS 样式,实现固定宽度且居中的版式,效果如图 15-10 所示。

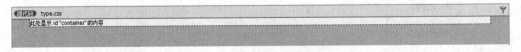

图 15-10 固定宽度且居中版式

CSS 样式定义如下。
```
html,body{
    margin:0px;
    background:#b5b5b6;
    font-size:12px;
    font-family:Arial, Helvetica, sans-serif;
    }
#container{
    margin:0 auto;
    width:1002px;
    height:auto;
    background:#e5e5e5;
    }
```

提示:固定宽度且居中的版式的关键在于为#container 设置"margin:0 auto;",即上、下间距为 0px,左、右间距为 auto。

15.5.2 顶部 Banner 设计

网页顶部 Banner 由网页 Logo 和一段文字组成。

(1) 在"ID"为 container 的标签中插入 Div 标签"banner",如图 15-11 所示。

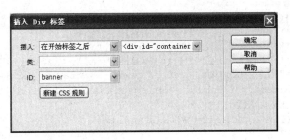

图 15-11 插入 Div 标签

也可以切换到"代码"视图，手工输入 Div 标签的代码。
```
<div id="banner"> </div>
```
（2）设置"banner"的 CSS 样式并保存。效果如图 15-12 所示。
```
#banner{
    width:1002px;
    height:70px;
    margin:0px;
    background:url(images/01.jpg) no-repeat 0px -6px;
    }
```

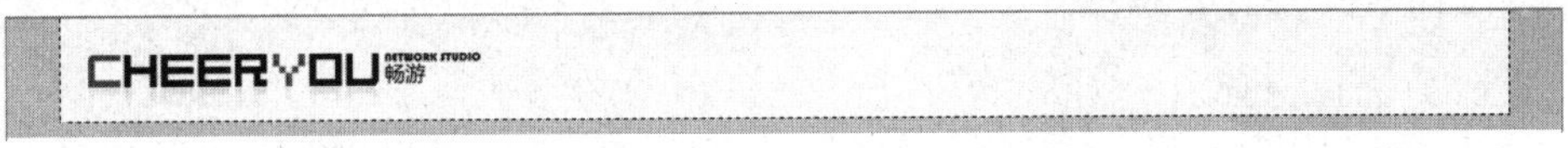

图 15-12 banner 标签

（3）切换到"代码"视图，在"banner"中插入<span>标签"infoshow"并输入文字，在 CSS 样式表中设置其样式。效果如图 15-13 所示。
```
#infoshow{
    position:relative;
    left:820px;
    top:30px;
    font-size:12px;
    color:#999;
    }
```

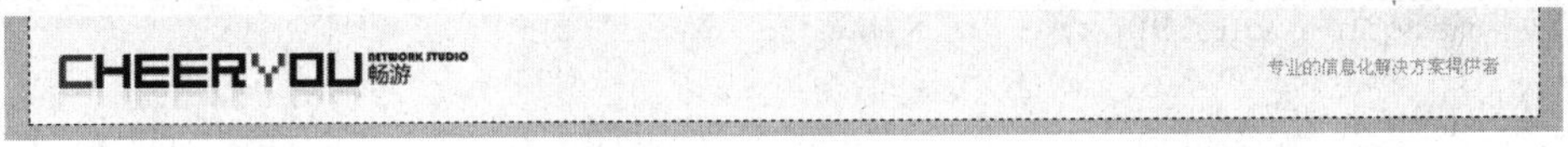

图 15-13 banner 标签

（4）至此，网页顶部 banner 制作完毕。

15.5.3 导航栏设计

在网页中，通常使用<ul>标签制作导航栏。
（1）在"banner"的下部，插入 ID 为"nav"的 Div 标签，并设置其 CSS 样式。
```
#nav{
    height:52px;
    background:url(images/04.jpg) no-repeat;
    padding-left:20px;
    }
```
（2）将光标定位在"nav"内部，插入项目列表，并设置其 CSS 样式。
导航栏的 HTML 代码如下。
```
<ul class="navigator">
  <li class="li1"><a href="index.html"></a></li>
```

```
            <li class="li0"><a href="webDesign.html"></a></li>
            <li class="li01"><a href="seo.html"></a></li>
            <li class="li02"><a href="sysDev.html"></a></li>
            <li class="li2"><a href="MultiMedia.html"></a></li>
            <li class="li3"><input type="text" class="txtSearch" onfocus=
"changeclass('onfocus');" onblur="changeclass('txtSearch');" value="请输入检
索内容" onclick="this.value=''"/></li>
            <li class="li4"><a href="#"></a></li>
        </ul>
```

CSS 样式设置如下。

```
        #nav{
            height:52px;
            background:url(images/04.jpg) no-repeat;
            padding-left:20px;
        }
        .navigator{
            margin:0px;
            padding:0px;
            margin-top:9px;
            float:left;
            list-style:none;
        }
        .li0,.li01,.li02{
            float:left;
            width:115px;
            margin-right:8px;
        }
        .li1{
            float:left;
            width:65px;
            margin-right:8px;
        }
        .li2{
            float:left;
            width:115px;
            margin-right:100px !important;
            margin-right:90px;
        }
        .li3{
            float:left;
            width:231px;
            margin-right:8px;
        }
        .li4{
            float:left;
            width:63px;
        }
        .li1 a{
            display:block;
            width:66px;
            height:33px;
            background:url(images/nav.png);
        }
        .li1 a:hover{
            display:block;
            width:66px;
            height:33px;
            background:url(images/nav2.png);
        }
        .li0 a{
```

```css
    display:block;
    width:116px;
    height:33px;
    background:url(images/nav.png) -80px;
}
.li0 a:hover{
    display:block;
    width:116px;
    height:33px;
    background:url(images/nav2.png) -80px;
}
.li01 a{
    display:block;
    width:116px;
    height:33px;
    background:url(images/nav.png) -210px;
}
.li01 a:hover{
    display:block;
    width:116px;
    height:33px;
    background:url(images/nav2.png) -210px;
}
.li02 a{
    display:block;
    width:116px;
    height:33px;
    background:url(images/nav.png) -340px;
}
.li02 a:hover{
    display:block;
    width:116px;
    height:33px;
    background:url(images/nav2.png) -340px;
}
.li2 a{
    display:block;
    width:116px;
    height:33px;
    background:url(images/nav.png) -470px;
}
.li2 a:hover{
    display:block;
    width:116px;
    height:33px;
    background:url(images/nav2.png) -470px;
}
.txtSearch{
    background:url(images/nav.png) -630px;
    width:231px;
    height:32px;
    border:none;
    padding-left:4px;
    line-height:32px;
    color:#666;
}
.onfocus{
    background:url(images/nav2.png) -630px;
```

```
        width:231px;
        height:32px;
        border:none;
        padding-left:4px;
        color:#ddd;
        line-height:32px;
        }

.li4 a{
        display:block;
        width:67px;
        height:33px;
        background:url(images/nav.png) -870px;
        }
.li4 a:hover{
        display:block;
        width:67px;
        height:33px;
        background:url(images/nav2.png) -870px;
        }
```

使用<ul>制作导航栏的关键是，设置<ul>、<li>标签的 margin 和 padding 值都为 0，以消除间距；设置<li>标签的 float 值为"left"，以实现水平排列。使用<a>标签的 hover 状态实现导航栏图像的切换。注意<a>标签使用 background 属性设置背景图像，display 属性为"block"，设置其区块显示。背景图像定位是目前 CSS 网页设计常用的技术，技巧是使用 background-position 设定背景图像的位置。在浏览器中预览效果如图 15-14 所示。

图 15-14　网页导航栏效果图

15.5.4　插入 Flash 动画

在网页中适量使用动画效果可以增强其表现力，提升网页整体视觉效果。

（1）在"nav"下方插入 ID 为"show"的 Div 标签。继续在"show"标签内插入 ID 为"flv"的 Div 标签。设置其样式如下。

```
#show{
    width:982px;
    height:323px;
    background:url(images/29.jpg) no-repeat;
    padding-top:11px;
    padding-left:21px;
    }
#flv{
    width:961px;
    height:312px;
    }
```

（2）在 flv 标签中，单击"插入→媒体→swf"菜单命令，插入 flash 文件"banner.swf"。保存文件，弹出"复制相关文件"对话框，如图 15-15 所示。单击【确定】按钮，将播放 flash 的相关文件复制到站点根目录下。效果如图 15-16 所示。

图 15-15 "复制相关文件"对话框

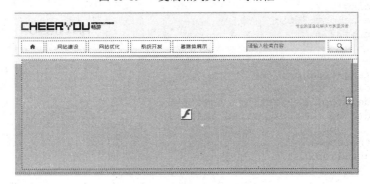

图 15-16 插入 flash 文件

15.5.5 最新作品模块设计

"最新作品"模块展示工作室的最新作品,作品信息由作品名称、缩略图和"查看详情"按钮组成。使用<div>标签定义每个作品的样式。具体步骤如下。

(1) 在"show"标签下方,插入 ID 为"main"的 Div 标签。

(2) 在"main"标签内部插入<div>标签,定义其 class 为"works"。

(3) 在"div"标签内部插入段落标记<p>并输入相应文字,作为案例的名称,设置其 class 为"works_title";插入图像标签<img>,并设置其 class 为"example",用于放置图像;插入<a>标签,作为超链接样式。

(4) 复制 class 为"works"的 Div 标签及其内容,并将其复制两份,将最后一个 Div 的 class 设置为"works_end"。

设置"最新作品"模块 CSS 样式如下。

```
#main{
    margin:0px;
    padding:40px;
    width:922px;
    height:192px;
    background:url(images/33.jpg) 16px 0px no-repeat;
}
.works{
    margin:0px;
    padding:0px;
    float:left;
    width:223px !important;
    width:213px;
    height:192px;
    margin-right:10px !important;
    margin-right:9px;
}
```

```css
.works_end{
    margin:0px;
    padding:0px;
    float:left;
    width:223px !important;
    width:213px;
    height:192px;
    }
.works_title{
    margin:0px;
    padding:0px;
    line-height:36px;
    color:#333;
    }
.example{
    padding-top:7px;
    padding-bottom:7px;
    border-top:1px dotted #c4c4c4;
    border-bottom:1px dotted #c4c4c4;
    margin:0px;
    width:200px;
    height:110px;
    }
.works a,.works_end a{
    background:url(images/40.jpg) no-repeat;
    display:block;
    width:95px;
    height:21px;
    float:right;
    }
.works a:hover,.works_end a:hover{
    background:url(images/40_1.jpg) no-repeat;
    display:block;
    width:95px;
    height:21px;
    }
```

该模块效果如图 15-17 所示。

图 15-17 "最新作品"模块

15.5.6 底部导航栏设计

底部导航和网站顶部导航栏的设计思路相同,效果如图 15-18 所示。具体设计方法不再详述。

图 15-18 底部导航模块

15.5.7 版权信息模块设计

版权信息模块用来放置网站版权信息。该模块操作步骤如下。

（1）在底部导航模块之后插入 ID 为"footer"的 Div 标签。
（2）在 Div 标签内部插入<p>标签，并输入版权信息。
（3）设置 footer 及 p 标签的 CSS 样式如下。

```css
#footer{
    width:1002px;
    height:40px;
    margin:0px;
    padding:0px;
    float:left;
    background:#e5e5e5;
}
#footer p{
    text-align:left;
    margin:0px;
    padding:0px;
    margin-left:10px;
    margin-top:14px;
    color:#979797;
    font-size:10px;
    font-family:Arial, Helvetica, sans-serif;
    float:left;
}
```

至此，工作室网站首页制作完毕，按<F12>键预览效果，如图 15-19 所示。

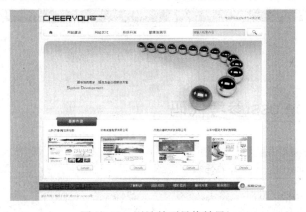

图 15-19　网站首页最终效果

15.6　栏目页设计

由于教材篇幅所限，畅游工作室网站栏目页详细制作过程不再赘述，用户可以根据首页效果自行完成栏目页的设计制作。其中的"网站建设"二级页参考效果如图 15-20 所示，其他的二级页面制作效果，请参考本教材提供的站点素材（ch15\studio）。

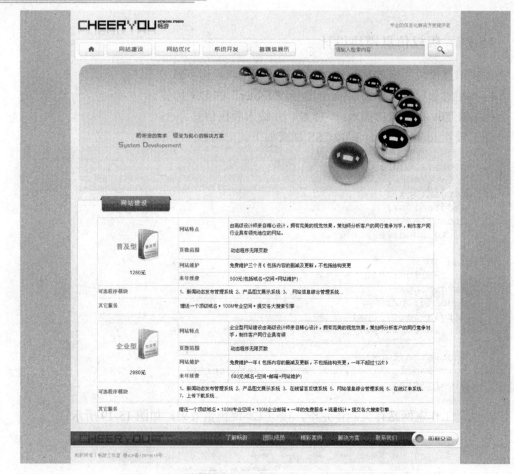

图 15-20 "网站建设"栏目二级页

15.7 type.css 参考代码

```
@charset "utf-8";
/* CSS Document Index 的样式*/
html,body{
    margin:0px;
    background:#b5b5b6;
    font-size:12px;
    font-family:Arial, Helvetica, sans-serif;
    }
img{
    border:none;
    }
#container{
    margin:0 auto;
    width:1002px;
    height:auto;
    background:#e5e5e5;
    }

/*banner*/
#banner{
```

```css
    width:1002px;
    height:70px;
    margin:0px;
    background:url(images/01.jpg) no-repeat 0px -6px;
}
#infoshow{
    position:relative;
    left:820px;
    top:30px;
    font-size:12px;
    color:#999;
}

/*nav 在 IE6.0 中，使用 margin-left 产生兼容性问题，故改为 padding-left*/
#nav{
    height:52px;
    background:url(images/04.jpg) no-repeat;
    padding-left:20px;
}
.navigator{
    margin:0px;
    padding:0px;
    margin-top:9px;
    float:left;
    list-style:none;
}
.li0,.li01,.li02{
    float:left;
    width:115px;
    margin-right:8px;
}
.li1{
    float:left;
    width:65px;
    margin-right:8px;
}
.li2{
    float:left;
    width:115px;
    margin-right:100px !important;
    margin-right:90px;
}
.li3{
    float:left;
    width:231px;
    margin-right:8px;
}
.li4{
    float:left;
    width:63px;
}
.li1 a{
    display:block;
    width:66px;
    height:33px;
    background:url(images/nav.png);
}
.li1 a:hover{
    display:block;
    width:66px;
    height:33px;
```

```css
        background:url(images/nav2.png);
    }
    .li0 a{
        display:block;
        width:116px;
        height:33px;
        background:url(images/nav.png) -80px;
    }
    .li0 a:hover{
        display:block;
        width:116px;
        height:33px;
        background:url(images/nav2.png) -80px;
    }
    .li01 a{
        display:block;
        width:116px;
        height:33px;
        background:url(images/nav.png) -210px;
    }
    .li01 a:hover{
        display:block;
        width:116px;
        height:33px;
        background:url(images/nav2.png) -210px;
    }
    .li02 a{
        display:block;
        width:116px;
        height:33px;
        background:url(images/nav.png) -340px;
    }
    .li02 a:hover{
        display:block;
        width:116px;
        height:33px;
        background:url(images/nav2.png) -340px;
    }
    .li2 a{
        display:block;
        width:116px;
        height:33px;
        background:url(images/nav.png) -470px;
    }
    .li2 a:hover{
        display:block;
        width:116px;
        height:33px;
        background:url(images/nav2.png) -470px;
    }
    .txtSearch{
        background:url(images/nav.png) -630px;
        width:231px;
        height:32px;
        border:none;
        padding-left:4px;
        line-height:32px;
        color:#666;
    }
    .onfocus{
```

```css
    background:url(images/nav2.png) -630px;
    width:231px;
    height:32px;
    border:none;
    padding-left:4px;
    color:#ddd;
    line-height:32px;
    }
.li4 a{
    display:block;
    width:67px;
    height:33px;
    background:url(images/nav.png) -870px;
    }
.li4 a:hover{
    display:block;
    width:67px;
    height:33px;
    background:url(images/nav2.png) -870px;
    }
/*show*/
#show{
    width:982px;
    height:323px;
    background:url(images/29.jpg) no-repeat;
    padding-top:11px;
    padding-left:21px;
    }
#flv{
    width:961;
    height:312px;
    }
/*main*/
#main{
    margin:0px;
    padding:40px;
    width:922px;
    height:192px;
    background:url(images/33.jpg) 16px 0px no-repeat;
    }
.works{
    margin:0px;
    padding:0px;
    float:left;
    width:223px !important;
    width:213px;
    height:192px;
    margin-right:10px !important;
    margin-right:9px;
    }
.works_end{
    margin:0px;
    padding:0px;
    float:left;
    width:223px !important;
    width:213px;
    height:192px;
    }
.works_title{
    margin:0px;
    padding:0px;
```

```css
        line-height:36px;
        color:#333;
        }
.example{
        padding-top:7px;
        padding-bottom:7px;
        border-top:1px dotted #c4c4c4;
        border-bottom:1px dotted #c4c4c4;
        margin:0px;
        width:200px;
        height:110px;
        }
.works a,.works_end a{
        background:url(images/40.jpg) no-repeat;
        display:block;
        width:95px;
        height:21px;
        float:right;
        }
.works a:hover,.works_end a:hover{
        background:url(images/40_1.jpg) no-repeat;
        display:block;
        width:95px;
        height:21px;
        }
/*subnav*/
#subnav{
        width:1002px;
        height:45px;
        background:url(images/36.jpg) no-repeat;
        margin:0px;
        float:left;
        }
#navbar{
        width:876px;
        height:45px;
        margin:0px;
        padding:0px;
        float:left;
        }
/*在IE6.0中，margin-left兼容性有问题，故设置为IE7以上使用!important;*/
.nav2{
        margin:0px;
        padding:0px;
        margin-top:14px;
        margin-left:360px !important; margin-left:340px;
        list-style:none;
        }
.nav2 li{
        float:left;
        margin:0px;
        margin-left:40px;
        }
.nav2 a{
        font-size:14px;
        text-decoration:none;
        color:#ddd;
        }
.nav2 a:hover{
        font-size:14px;
        text-decoration:none;
```

```css
        color:#7bc100;
        }
#qq{
    float:left;
    width:126px;
    height:45px;
    margin-top:4px;
    }
#qq a{
    background:url(images/38.jpg);
    display:block;
    width:123px;
    height:37px;
    }
#qq a:hover{
    background:url(images/38_1.jpg);
    display:block;
    width:123px;
    height:37px;
    }
/*footer*/
#footer{
    width:1002px;
    height:40px;
    margin:0px;
    padding:0px;
    float:left;
    background:#e5e5e5;
    }
#footer p{
    text-align:left;
    margin:0px;
    padding:0px;
    margin-left:10px;
    margin-top:14px;
    color:#979797;
    font-size:10px;
    font-family:Arial, Helvetica, sans-serif;
    float:left;
    }
```

第16章
综合应用案例2：设计制作企业类网站

企业类网站不同于其他网站，整个页面的设计不仅要体现出企业鲜明的形象，而且还要注重对企业业务和产品的宣传，方便浏览者从网上了解企业性质，吸引客户。

本章学习要点：
- 掌握企业类网站设计风格；
- 掌握企业类网站的实现方式；
- 掌握使用 Div+CSS 布局网页的方法。

16.1 规划网站首页的布局

不同的企业网站拥有不同的企业文化背景，因而页面的用色应该有较大的区别，要通过合理的页面色彩设计来体现网站的特色和企业文化。而且，色彩也是消费者把众多品牌区别开的重要方法，例如看到红色会想到可口可乐，看到蓝色就想到百事可乐一样。

企业类网站页面布局设计不要太复杂，也不宜有太多的文字叙述，能够体现出大方、简洁的风格，这样才能体现出企业类网站的真正意义。

搭建一个既经典又有特色的企业类网站，网站的首页布局尤其重点。本节以晓闻家纺公司网站设计为例，介绍网站首页布局和实现的方式。首页效果如图 16-1 所示。

16.1.1 网站首页的布局

本例采用 Div+CSS 布局方式，网站首页布局结构如图 16-2 所示。

首页布局实现的代码如下。

```
<body>
  <div class="litlemian" id="litlemian">
    <div class="main" id="main">
      <div class="head" id="head" >
        <div class="daohang" id="daohang"></div>
      </div>
      <div class="headdown" id="headdown"></div>
      <div class="banner" id="banner"></div>
      <div class="middmain" id="middmain">
        <div class="middmainleft" id="middmainleft">
          <div class="middmainleftcontent" id="middmainleftcontent">
            <div class="leftcon" id="leftcon" ></div>
            <div class="leftcon" id="leftcon" >
              <div class="title2" id="title2"></div>
              <div class="liul" id="liul">
                <p class="title2" id="title2"> </p>
              </div>
```

```html
            </div>
            <div class="leftcon" id="leftcon">
                <div class="title2" id="title2">
                    <div class="liul" id="liul"> </div>
                </div>
            </div>
            <div class="midd" id="midd">
                <div style="float:left; padding-top:3px;"></div>
            </div>
            <div class="buttom" id="buttom">
                <div class="leftbuttom" id="leftbuttom"> </div>
                <div class="rightbuttom" id="rightbuttom"> </div>
            </div>
        </div>
    </div>
</div>
</body>
```

图 16-1 晓闻家纺网站效果图

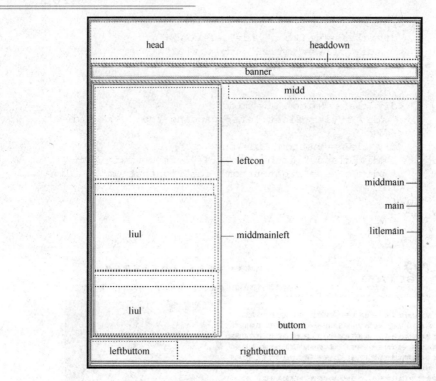

图 16-2　首页 Div+CSS 布局结构

最外层 Div 引用的 CSS 样式是 litlemain，第 2 层 Div 引用的 CSS 样式是 main，它们分别用来控制整个页面。通过 body 标签，定义了整个网站的文字大小、字体，以及内容对齐方式等。它们的 CSS 代码分别如下。

```
body{
    font-size: 13px;
    font-family: "宋体";
    margin: 0px;
    text-align: left;
}
.litlemian{
    padding-top: 5px;
    width: 744px;
    float: left;
    height: auto;
    padding-left: 5px;
    margin-right: auto;
    margin-left: auto;
}
.main{
    width: 741px;
    float: left;
    background: #FFF;
    margin-right: auto;
    margin-left: auto;
}
```

16.1.2　搭建首页页头的 Div

首页的页头部分包含网站 LOGO 部分和网站的导航部分，页头部分的效果如图 16-3

所示。

图 16-3 首页页头设计效果图

首页页头的关键代码如下所示。

```html
<div class="head">
    <div class="daohang">
        <a href="index.html" target="_self">首页</a>
        <a href="cpjs.html" target="_self">产品介绍</a>
        <a href="#"> 网上订购</a>
        <a href="#"> 顾客反馈</a>
        <a href="#"> 会员注册</a>
        <a href="#"> 联系我们</a>
    </div>
</div>
```

上面的代码中，引用了名为 head、daohang 这两个 CSS。其中，head 定义了页头的大小，并为页头添加了带有网站 LOGO 的背景图片；daohang 只定义了页头导航的 padding 属性和文字大小。CSS 代码分别如下。

```css
.head{
    height: 81px;
    float: left;
    width: 738px;
    background-image: url(images/head.jpg);
}
.daohang{
    float:left;
    padding-left:3px;
    padding-top:58px;
    font-size:14px;
}
```

从图 16-3 中可见，当鼠标指向导航菜单时，导航菜单文字变为灰色，产生互动效果，是通过定义超链接的 CSS 样式实现的，CSS 代码如下。

```css
a,a:link,a:visited{color:#000; text-decoration:none;}
a:hover{color:#999;text-decoration:none}
```

16.1.3 搭建"公司简介"部分的 Div

"公司简介"部分的 Div ID 是 banner，效果如图 16-4 所示。

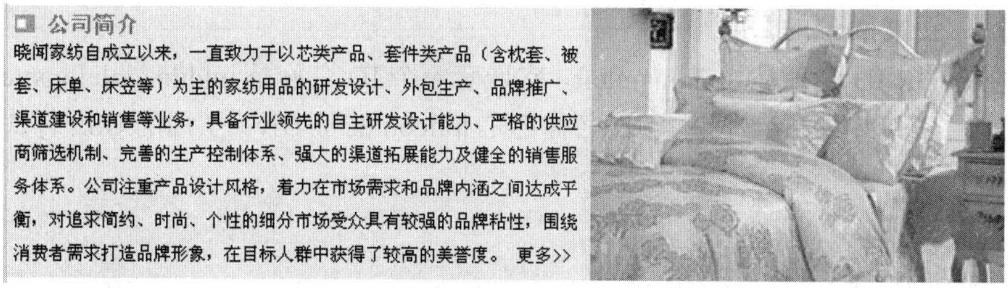

图 16-4 "公司简介"部分效果图

这部分的内容比较简单，实现代码如下。

```html
<div class="banner" id="banner">
    <span class="title-text">
      <img src="images/dian.jpg" width="15" height="13" />公司简介
    </span>
    <span class="banner-text"><br /> 晓闻家纺自成立以来，一直致力于以芯类产品、套件类产品……
        <a href="#">更多&gt;&gt;</a>
    </span>
</div>
```

上面的代码中，引用了名为 banner、title－text、banner－text 共 3 个 CSS。CSS 代码分别如下。

```css
.banner{
    width: 727px;
    height: auto;
    float: left;
    padding: 5px;
    font-family: "宋体";
    font-size: 13px;
    margin-top: 5px;
    background-image: url(images/01.jpg);
}
.title-text {
    font-family: "宋体";
    font-size: 16px;
    font-weight: bold;
    color: #DC5E6A;
}
.banner-text {
    font-family: "宋体";
    line-height: 24px;
}
```

16.1.4 首页主体部分的 Div

网站首页的主体 Div ID 名称是 middmain，在它的内部嵌套了 middmainleft、midd 和 buttom 这 3 个子 Div。实现的 HTML 代码在 16.1.1 中已经列出，下面主要介绍引用的 CSS 样式。middmain 的 CSS 样式如下。

```css
.middmain{
    width: 738px;
    height: auto;
    float: left;
    margin-top: 6px;
}
```

1. 正文部分的 Div

左侧的 Div ID 名称是 middmainleft，它嵌套一个 ID 名称是 middmainleftcontent 的子 Div，在该子 Div 中又嵌套了 3 个 ID 名称都是 leftcon 的子 Div。引用的 CSS 样式代码分别如下。

```css
.middmainleft{
    width: 293px;
    float: left;
    height: auto;
}
.middmainleftcontent{
```

```css
    width: 275px;
    height: 660;
    border-top-width: 5px;
    border-right-width: 5px;
    border-bottom-width: 5px;
    border-left-width: 5px;
    border-top-style: solid;
    border-bottom-style: solid;
    border-left-style: solid;
    border-top-color: #FAB8D4;
    border-right-color: #FAB8D4;
    border-bottom-color: #FAB8D4;
    border-left-color: #FAB8D4;
    padding: 5px;
}
.leftcon{
    width: 280px;
    padding-top: 5px;
    float: left;
    margin-top: 3px;
    height: 195px;
}
```

左侧以"产品品质"和"成长历程"为标题的两部分内容，分别嵌套在 leftcon 子 Div 中。"产品品质"和"成长历程"的 ID 名称分别是 title2，"产品品质"下面对应内容的 ID 名称是 liul，"成长历程"下面对应内容的 ID 名称是 liu2。引用的 CSS 代码如下。

```css
.title2{
    line-height: 24px;
    height: auto;
    width: 270px;
    float: left;
    margin-top: 4px;
}
#liul{
    width: 273px;
    float: left;
    height: auto;
}
#liu2 {
    float: left;
    height: auto;
    width: 255px;
    padding-left: 20px;
}
```

右侧的 Div ID 名称是 midd，引用的 CSS 样式代码如下。

```css
.midd{
    width: 415px;
    float: right;
    height: auto;
    border-top-width: 5px;
    border-right-width: 5px;
    border-bottom-width: 5px;
    border-left-width: 5px;
    border-top-style: solid;
    border-bottom-style: solid;
    border-left-style: solid;
    border-top-color: #FAB8D4;
    border-right-color: #FAB8D4;
    border-bottom-color: #FAB8D4;
    border-left-color: #FAB8D4;
```

```
        margin-left: 5px;
        padding-top: 8px;
        padding-right: 5px;
        padding-bottom: 5px;
        padding-left: 5px;
}
```

2. 页脚部分的 Div

最下面的 Div 是页脚部分，其 ID 名称是 buttom，它嵌套两个子 Div，ID 名称分别是 leftbuttom、rightbuttom。引用的 CSS 样式代码别如下。

```
.buttom{
    width:741px;
    float:left;
    height:50px;}
.leftbuttom{
    font-size: 11px;
    color: #e2dada;
    text-align: center;
    padding-top: 10px;
    width: 200px;
    height: 38px;
    float: left;
    background-color: #FE82CA;
    margin-top: 6px;
}
.rightbuttom{
    padding-top: 15px;
    padding-left: 35px;
    width: 506px;
    height: 35px;
    float: left;
    background-color: #F8E3F6;
    padding-bottom: 5px;
}
.rightbuttom li{
    line-height:32px;
    text-align:center;
    float:left;
    width:85px;
    list-style-type:none;
}
```

16.2 栏目页设计

本节以"产品介绍"栏目为例，介绍栏目页的设计，页面效果如图 16-5 所示。在该页面中，使用 Flash 动画向浏览者展示公司的产品，并设置了"产品系列"和"最新产品"模块的内容。

"产品介绍"栏目页面的 Div+CSS 布局方式和网站首页布局方式基本一致，不同的是，在 ID 是 banner 的 DIV 中插入的是 FLASH 动画，在页面左侧的 mainleft 中设置"产品系列"列表项，栏目页 Div+CSS 布局结构如图 16-6 所示。

实现"产品介绍"栏目页面的代码如下。

```
<div class="litlemian">
    <div class="main">
        <div class="head"> </div>
```

```
    <div class="cpjsbanner" id="banner"> </div>
    <div class="middmain">
      <div class="mainleft" id="mainleft">
        <div class="leftcon" id="leftcon"> </div>
      </div>
      <div class="mainright" id="mainright">
        <div style="float:left; padding-top:3px;"> </div>
      </div>
      <div class="buttom">
        <div class="leftbuttom"> </div>
        <div class="rightbuttom"> </div>
      </div>
    </div>
  </div>
</div>
```

图 16-5　产品介绍栏目页效果图

图 16-6　栏目页面 Div+CSS 布局结构

16.2.1　Flash 动画展示部分的 Div

Flash 技术在网页设计和网络广告中的应用非常广泛。在网页中插入 Flash 动画元素，由于它具有良好的视觉效果，能够大大增加网页的艺术效果，对于展示产品和企业形象具有明显的优越性。

在 banner 的 Div 中插入 SWF 格式的 Flash 动画，效果分别如图 16-7 和图 16-8 所示。

图 16-7　Flash 动画效果 1

图 16-8　Flash 动画效果 2

引用的 CSS 代码如下。

```css
.cpjsbanner{
    width: 738px;
    height: 30px;
    float: left;
    padding: 0px;
    font-family: "宋体";
    font-size: 13px;
    margin-top: 5px;
}
```

16.2.2 搭建"产品系列"部分的 Div

页面左侧的"产品系列"效果如图 16-9 所示。

引用的 CSS 代码如下。

```css
.mainleft{
    width: 200px;
    height: 690px;
    float: left;
    border-top-width: 1px;
    border-right-width: 1px;
    border-bottom-width: 1px;
    border-left-width: 1px;
    border-top-style: solid;
    border-bottom-style: solid;
    border-left-style: solid;
    border-top-color: #FAB8D4;
    border-right-color: #FAB8D4;
    border-bottom-color: #FAB8D4;
    border-left-color: #FAB8D4;
    padding: 5px;
    border-right-style: solid;
    margin-left: 3px;
}
.leftcon {
    float: left;
    height: auto;
    width: 200px;
    margin-top: 5px;
    padding-top: 3px;
}
```

图 16-9 产品系列

在 leftcon 中实现超链接的 CSS 样式如下。

```css
.liu{
    width: 195px;
    float: left;
    height: auto;
}
.liu li{
    list-style-type: none;
    padding-left: 22px;
    line-height: 22px;
    width: 170px;
    float: left;
    height: 23px;
    background-color: #F8E3F6;
    border-bottom-width: 1px;
    border-bottom-style: solid;
```

```
        border-bottom-color: #FAB8D4;
        padding-top: 5px;
}
```

  由于教材篇幅所限，网站其他栏目页的设计制作不再赘述，用户可以根据上面介绍的栏目页及网站首页设计效果，自行完成其他栏目页的设计制作。